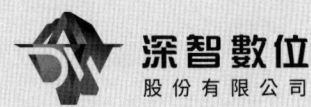

前言

2022 年底，由 OpenAI 發佈的 ChatGPT 展現了人工智慧（Artificial Intelligence，AI）與人類進行流暢對話和問答的專業能力，剛一發佈就引發了巨大關注。作為生成式 AI 領域的第一個現象級產品，ChatGPT 已經在搜尋、程式設計、客服等多個領域顯著提升了人類的工作效率。人們不僅對 AI 模型目前的能力感到驚訝，更對其跨行業多領域的應用潛力感到振奮，許多人甚至認為一個由人工智慧驅動的第四次工業革命已經拉開序幕。

ChatGPT 的成功不僅歸功於其出色的模型架構，還得益於其在工程方面的極致最佳化—這個龐大的模型基於巨量網際網路文字資料，在由超過一萬張 GPU 組成的計算集群上進行了數月的訓練。這不僅需要在穩定性和性能方面對分散式訓練策略進行極致最佳化，還充分挑戰了當前軟體和硬體的極限，成為了 AI 工程領域的里程碑。

AI 系統工程（AI Systems Engineering）是 AI 演算法與系統的交叉領域。從訓練到部署，所有涉及軟體和計算叢集的部分幾乎都可以劃為 AI 系統工程的範圍，包括持續最佳化的 GPU 硬體架構、建立高速互聯的 GPU 資料中心、開發使用者友善且可擴充的 AI 框架等。目前市面上有許多關於 AI 演算法和模型架構方面的書籍和課程，但關於 AI 系統工程的資料卻非常缺乏。這些工程實踐技巧通常散落在使用者手冊、專家部落格，甚至 GitHub 問題討論中，由於覆蓋面廣且基礎知識分散，新入行的工程師在系統性建構 AI 系統工程知識系統時面臨諸多挑戰。

i

因此，本書致力於實現以下兩個目標：

- 從深度學習訓練的角度講解 AI 工程中必要的軟硬體元件，幫助讀者系統性地了解深度學習性能問題的根源。詳盡分析硬體參數和軟體特性對訓練效果的影響，並提供了一套從定位問題、分析問題到解決問題的流程。

- 深入探討應對資料和模型規模快速增長的具體策略。從顯示記憶體最佳化到訓練加速，從單機單卡到分散式訓練的最佳化，系統地介紹提升模型訓練規模和性能的多種途徑。我們希望讀者能夠理解這些策略各自的優勢與侷限，並根據實際情況靈活應用。

本書將透過 PyTorch 程式實例演示不同的特性和最佳化技巧，儘量避免使用晦澀難懂的公式，透過簡單的例子講清問題的來龍去脈。然而，AI 系統工程是個非常寬泛的交叉領域，無論是書籍的篇幅還是筆者的實際經驗都有一定的局限性，因此本書很難面面俱到地涵蓋所有內容，比如：

- 本書不涉及模型架構的演算法講解。我們假定讀者已經對要解決的問題和可能使用的模型架構有所了解，甚至已經有一些可執行的雛形程式，以此作為性能或顯示記憶體最佳化的基礎。

- 本書通常不會介紹 PyTorch 等工具的 API 介面和參數設置細節，除非這些資訊與最佳化直接相關。這類資訊在各工具的官方文件中已有詳盡的描述和豐富的程式範例，且可能隨版本更新發生變化。如果讀者在使用這些介面時遇到問題，建議直接參考相關文件。本書的目標並不是成為這些文件的中文版本，而是闡釋其中的原理和想法，讓讀者能夠更靈活地使用這些工具。

- 本書不涵蓋專門針對推理部署設計的演算法、性能最佳化和專用加速晶片等知識。模型推理的技巧通常與特定應用緊密相關，有時為了追求極致的性能，甚至需要採用一些非常規的技巧。因此，模型推理不是本書的重點，我們將聚焦於更具通用性的訓練部分。

- 本書在討論自訂運算元時會簡要提及 CUDA 語言，但不會深入講解如何使用 CUDA 撰寫高性能運算元。CUDA 身為專業性很強的程式語言，需要對 GPU 硬體架構和平行計算有深入了解。然而，即使沒有 CUDA 相關背景，也不影響對本書內容的理解和應用。希望深入研究 CUDA 的讀者，可以在網上找到大量高品質的書籍和教學。

本書將從工程的角度著手，解決模型訓練中的規模和效率問題。即讓讀者不熟悉這些內容，也無須擔心。如圖 0-1 所示，書中內容將分為 10 章，由淺入深地進行講解。

第 1～4 章從硬體和軟體的基礎知識入手，詳細介紹深度學習所需的軟硬體知識和定位性能瓶頸所需的工具。

第 5～8 章結合具體的程式實例，逐一探討訓練過程中的最佳化策略背後的原理和想法。

第 9 和 10 章重點介紹綜合最佳化的方法和實踐。結合 GPT-2 模型的最佳化過程，直觀展示每種最佳化技術的使用方式和實際效果。

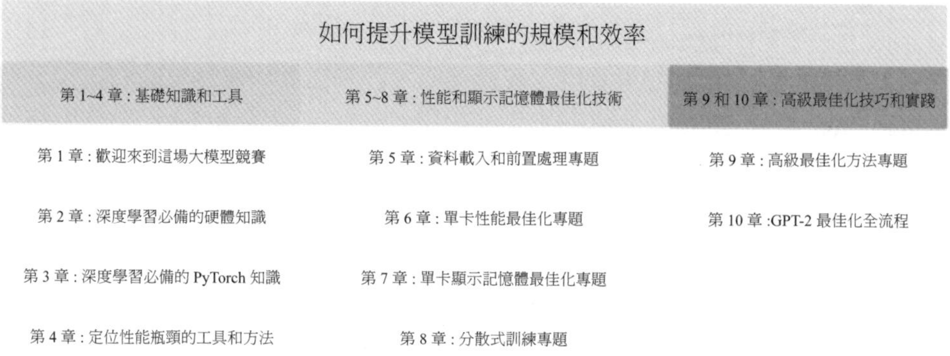

如何提升模型訓練的規模和效率		
第 1~4 章 : 基礎知識和工具	第 5~8 章 : 性能和顯示記憶體最佳化技術	第 9 和 10 章 : 高級最佳化技巧和實踐
第 1 章 : 歡迎來到這場大模型競賽	第 5 章 : 資料載入和前置處理專題	第 9 章 : 高級最佳化方法專題
第 2 章 : 深度學習必備的硬體知識	第 6 章 : 單卡性能最佳化專題	第 10 章 :GPT-2 最佳化全流程
第 3 章 : 深度學習必備的 PyTorch 知識	第 7 章 : 單卡顯示記憶體最佳化專題	
第 4 章 : 定位性能瓶頸的工具和方法	第 8 章 : 分散式訓練專題	

▲ 圖 0-1 本書知識架構

除此以外，本書中的範例程式是基於 Linux（Ubuntu 22.04）開發和驗證的，但是所使用的大部分工具也有對應的 Windows 版本。部分 Linux 專有工具如 htop 等，在 Windows 上也應能輕易找到替代品。因此，無論使用 Windows 還是使用 Linux 的讀者都能順暢閱讀本書。

本書將優先使用專業術語的中文版本。然而，由於深度學習領域的許多術語缺乏統一的中文翻譯，在某些場景中使用英文會更有助讀者的理解。舉例來說，「BatchSize」在日常使用中比其中文翻譯「批次處理大小」更常見，而在衡量模型參數量大小時，「M」和「B」相比於它們的中文「百萬」和「十億」來說也是更通用的說法。除此以外，在部分示意圖中還會出現使用「Tensor」替代「張量」的情況。綜上所述，我們將在必要時使用英文術語或縮寫，並在它們首次出現時在括號中提供相應的註釋以幫助讀者理解。

此外，本書對部分性能圖譜的圖片進行了黑白化處理，以便突出關鍵內容和標注。書中首次出現的重點概念將以黑色粗體顯示，關鍵結論則會以藍色粗體顯示，幫助讀者辨識和記住這些重要內容。

致謝

在本書的寫作和審閱過程中，我們獲得了許多朋友的寶貴幫助和支援。在此，特向他們表示誠摯的感謝。

在技術內容方面，羅雨屏對全書進行了全面的審閱和指導；張雲明對第 1 章和第 2 章提出了寶貴的建議；劉家愷對第 1 章至第 6 章提出了寶貴的意見；蘭海東細緻審閱並修改了第 2、3、6、7 章；王宇軒對第 2 章進行了細緻的審閱和最佳化；許珈銘對第 2 章和第 6 章提供了具有建設性的建議；路浩對第 3 章和第 4 章進行了細緻的修訂；嚴軼飛對第 4 章進行了詳細的校訂，確保內容準確；蔣毓和田野為第 5 章提供了寶貴的回饋和審閱；王雨順對第 7 章進行了深入的改進；申晗對第 7 章至第 9 章提出了建設性的修改建議；與 Prithvi Gudapati 的討論修正了書中設置 PyTorch 隨機數種子的方法。

在圖書策劃方面，姚麗斌、申美瑩和欒大成在全書的策劃和編輯過程中給予了寶貴的建議；王承宸為本書生成了清晰美觀的程式圖；戴國浩提供了實驗用的機器，確保了實驗的順利進行。

此外，在本書的寫作過程中，筆者借助了 ChatGPT 進行大量文字潤色工作，大大提升了寫作效率。書中的圖表主要使用 Keynote [1] 和 FigJam [2] 進行製作，程式範例使用基於 Carbon [3] 的命令列工具 carbon-now-cli [4] 生成，非常感謝社區提供的這些工具程式。

最後，本書的寫作時間以及筆者的經驗有限，書中如有錯誤和疏漏，懇請讀者批評指正。

1　https://www.apple.com/keynote/
2　https://www.figma.com/
3　https://carbon.now.sh/
4　https://github.com/mixn/carbon-now-cli

目錄

第 1 章 歡迎來到這場大模型競賽

1.1 模型規模帶來的挑戰 1-2

1.2 資料規模帶來的挑戰 1-3

1.3 模型規模與資料增長的應對方法 1-5

第 2 章 深度學習必備的硬體知識

2.1 CPU 與記憶體 2-2

    2.1.1 記憶體 2-3

    2.1.2 CPU 2-5

2.2 硬碟 2-8

2.3 GPU 2-11

    2.3.1 CPU 的局限性 2-11

    2.3.2 GPU 的硬體結構 2-13

    2.3.3 GPU 程式設計模型及其硬體對應 2-16

    2.3.4 GPU 的關鍵性能指標 2-19

    2.3.5 顯示記憶體與記憶體間的資料傳輸 2-20

2.4 分散式系統 2-23

    2.4.1 單機多卡的通訊 2-23

  2.4.2 多機多卡的通訊 2-25
  2.4.3 分散式系統的資料儲存 2-26

第 3 章 深度學習必備的 PyTorch 知識

3.1 PyTorch 的張量資料結構 3-3
  3.1.1 張量的基本屬性及建立 3-4
  3.1.2 存取張量的資料 3-5
  3.1.3 張量的儲存方式 3-7
  3.1.4 張量的視圖 3-10
3.2 PyTorch 中的運算元 3-13
  3.2.1 PyTorch 的運算元函數庫 3-13
  3.2.2 PyTorch 運算元的記憶體分配 3-14
  3.2.3 運算元的呼叫過程 3-17
3.3 PyTorch 的動態圖機制 3-19
3.4 PyTorch 的自動微分系統 3-23
  3.4.1 什麼是自動微分 3-23
  3.4.2 自動微分的實現 3-25
  3.4.3 Autograd 擴充自訂運算元 3-30
3.5 PyTorch 的非同步執行機制 3-31

第 4 章 定位性能瓶頸的工具和方法

4.1 配置性能分析所需的軟硬體環境 4-2
  4.1.1 減少無關程式的干擾 4-3
  4.1.2 提升 PyTorch 程式的可重複性 4-5
  4.1.3 控制 GPU 頻率 4-11
  4.1.4 控制 CPU 的性能狀態和工作頻率 4-12

4.2	精確測量程式執行時間	4-14
	4.2.1　計量 CPU 程式的執行時間	4-15
	4.2.2　程式預熱和多次執行取平均	4-15
	4.2.3　計量 GPU 程式的執行時間	4-17
	4.2.4　精確計量 GPU 的執行時間	4-19
4.3	PyTorch 性能分析器	4-20
	4.3.1　性能分析	4-21
	4.3.2　顯示記憶體分析	4-22
	4.3.3　視覺化性能圖譜	4-23
	4.3.4　如何定位性能瓶頸	4-24
4.4	GPU 專業分析工具	4-28
	4.4.1　Nsight Systems	4-28
	4.4.2　Nsight Compute	4-29
4.5	CPU 性能分析工具	4-34
	4.5.1　Py-Spy	4-34
	4.5.2　strace	4-37
4.6	本章小結	4-38

第 5 章　資料載入和前置處理專題

5.1	資料連線的準備階段	5-2
5.2	資料集的獲取和前置處理	5-3
	5.2.1　獲取原始資料	5-3
	5.2.2　原始資料的清洗	5-4
	5.2.3　資料的離線前置處理	5-6
	5.2.4　資料的儲存	5-10
	5.2.5　PyTorch 與第三方函數庫的互動	5-12

5.3	資料集的載入和使用	5-14
	5.3.1　PyTorch 的 Dataset 封裝	5-16
	5.3.2　PyTorch 的 DataLoader 封裝	5-19
5.4	資料載入性能分析	5-20
	5.4.1　充分利用 CPU 的多核心資源	5-22
	5.4.2　最佳化 CPU 上的計算負載	5-23
	5.4.3　減少不必要的 CPU 執行緒	5-24
	5.4.4　提升磁碟效率	5-27
5.5	本章小結	5-28

第 6 章　單卡性能最佳化專題

6.1	提高資料任務的平行度	6-3
	6.1.1　增加資料前置處理的平行度	6-3
	6.1.2　使用非同步介面提交資料傳輸任務	6-7
	6.1.3　資料傳輸與 GPU 計算任務平行	6-10
6.2	提高 GPU 計算任務的效率	6-13
	6.2.1　增大 BatchSize	6-14
	6.2.2　使用融合運算元	6-20
6.3	減少 CPU 和 GPU 間的同步	6-23
6.4	降低程式中的額外銷耗	6-26
	6.4.1　避免張量的建立銷耗	6-28
	6.4.2　關閉不必要的梯度計算	6-31
6.5	有代價的性能最佳化	6-33
	6.5.1　使用低精度資料進行裝置間拷貝	6-34
	6.5.2　使用性能特化的最佳化器實現	6-36
6.6	本章小結	6-40

第 7 章 單卡顯示記憶體最佳化專題

7.1 PyTorch 的顯示記憶體管理機制 7-2
7.2 顯示記憶體的分析方法 7-4
    7.2.1 使用 PyTorch API 查詢當前顯示記憶體狀態 7-5
    7.2.2 使用 PyTorch 的顯示記憶體分析器 7-7
7.3 訓練過程中的顯示記憶體佔用 7-9
7.4 通用顯示記憶體重複使用方法 7-15
    7.4.1 使用原位操作運算元 7-15
    7.4.2 使用共用儲存的操作 7-18
7.5 有代價的顯示記憶體最佳化技巧 7-20
    7.5.1 跨批次梯度累加 7-20
    7.5.2 即時重算前向張量 7-23
    7.5.3 將 GPU 顯示記憶體下放至 CPU 記憶體 7-25
    7.5.4 降低最佳化器的顯示記憶體佔用 7-27
7.6 最佳化 Python 程式以減少顯示記憶體佔用 7-30
    7.6.1 Python 垃圾回收機制 7-31
    7.6.2 避免出現迴圈依賴 7-32
    7.6.3 謹慎使用全域作用域 7-34
7.7 本章小結 7-36

第 8 章 分散式訓練專題

8.1 分散式策略概述 8-3
8.2 集合通訊基本操作 8-5
8.3 應對資料增長的平行策略 8-8
    8.3.1 資料平行策略 8-8
    8.3.2 手動實現資料平行演算法 8-10
    8.3.3 PyTorch 的 DDP 封裝 8-14

	8.3.4	資料平行的 C/P 值	8-18
	8.3.5	其他資料維度的切分	8-20
8.4	應對模型增長的平行策略		8-21
	8.4.1	靜態顯示記憶體切分	8-22
	8.4.2	動態顯示記憶體切分	8-24
8.5	本章小結		8-29

第 9 章 高級最佳化方法專題

9.1	自動混合精度訓練		9-2
	9.1.1	浮點數的表示方法	9-2
	9.1.2	使用低精度資料型態的優缺點	9-5
	9.1.3	PyTorch 自動混合精度訓練	9-6
9.2	自訂高性能運算元		9-11
	9.2.1	自訂運算元的封裝流程	9-12
	9.2.2	自訂運算元的後端程式實現	9-13
	9.2.3	自訂運算元匯入 Python	9-16
	9.2.4	自訂運算元匯入 PyTorch	9-17
	9.2.5	在 Python 中使用自訂運算元	9-19
9.3	基於計算圖的性能最佳化		9-20
	9.3.1	torch.compile 的使用方法	9-21
	9.3.2	計算圖的提取	9-24
	9.3.3	圖的最佳化和後端程式生成	9-27
9.4	本章小結		9-29

第 10 章 GPT-2 最佳化全流程

10.1	GPT 模型結構簡介	10-2
10.2	實驗環境與機器配置	10-6

- 10.3 顯示記憶體最佳化 10-7
  - 10.3.1 基準模型 10-7
  - 10.3.2 使用跨批次梯度累加 10-8
  - 10.3.3 開啟即時重算前向張量 10-9
  - 10.3.4 使用顯示記憶體友善的最佳化器模式 10-10
  - 10.3.5 使用分散式方法降低顯示記憶體佔用─FSDP 10-11
  - 10.3.6 顯示記憶體最佳化小結 10-12
- 10.4 性能最佳化 10-14
  - 10.4.1 基準模型 10-14
  - 10.4.2 增加 BatchSize 10-15
  - 10.4.3 增加資料前置處理的平行度 10-15
  - 10.4.4 使用非同步介面完成資料傳輸 10-17
  - 10.4.5 使用計算圖最佳化 10-18
  - 10.4.6 使用 float16 混合精度訓練 10-19
  - 10.4.7 （可選）使用自訂運算元 10-20
  - 10.4.8 使用單機多卡加速訓練 10-21
  - 10.4.9 使用多機多卡加速訓練 10-22
  - 10.4.10 性能最佳化小結 10-23
- 結語 10-25

歡迎來到這場大模型競賽

我們正迎來大模型井噴的時代,深度學習模型的創新和突破層出不窮。隨著 GPT、Stable Diffusion、Sora 等模型的問世,大模型已經在文字、圖片和視訊生成領域展示了其強大的能力。讀者可能會好奇,訓練這些龐大模型的過程究竟是什麼樣的,需要多少資源和時間?未來,普通人是否也有機會訓練出屬於自己的私有大模型呢?

在嘗試訓練一個大模型時,我們通常會遇到兩個主要挑戰:

- 這個模型能否在現有硬體環境中執行?
- 需要多長時間才能完成一個資料集的訓練?

這兩個問題的核心也正是大模型的規模定律(Scaling Law[1])中提到的對模型表現有重大影響的兩個要素:模型規模和資料規模。

---

1 https://arxiv.org/pdf/2001.08361

第 1 章　歡迎來到這場大模型競賽

1.1 模型規模帶來的挑戰

我們首先從模型規模說起。很多讀者剛入門深度學習時，可能是從 ResNet、Google-Inception 等經典模型開始學習的。然而，工業界現有模型的規模與這些入門級模型之間存在數量級的差距。短短幾年間，「大模型」的代表已經從 BERT-Large 的 0.3B（3 億）參數量迅速發展到 GPT-2 的 1.5B，甚至 GPT-3 的 175B。

我們以 GPT-3 為例簡單估算其模型參數和最佳化器需要佔用的顯示記憶體大小。假設模型使用單精度浮點數儲存[1]，每個參數佔用 4 位元組，模型參數需要佔用 700GB 的顯示記憶體；而 Adam 最佳化器的顯示記憶體佔用是參數的兩倍，也就是說至少需要 2100GB 以上的顯示記憶體才能容納 GPT-3 模型和最佳化器。這甚至還未包括訓練過程中動態分配的顯示記憶體。

目前單張 NVIDIA GPU 最大的顯示記憶體容量為 80GB（如 A100、H100 等），而僅 GPT-3 模型和最佳化器所需的 2100GB 顯示記憶體就已遠遠超過單卡的顯示記憶體極限。這表示，為了執行 GPT-3，除了進行顯示記憶體最佳化外，還必須採用分散式系統，讓多個 GPU 節點共同承擔龐大的顯示記憶體需求。因此，顯示記憶體成為模型訓練的硬性門檻。在實際應用中我們通常會先最佳化顯示記憶體佔用，再最佳化速度。

事實上，現行工業界最大模型的規模早已超越了 GPT-3，使得顯示記憶體最佳化和分散式訓練技術的重要性愈發突出。以語言模型為例，從圖 1-1 中可以看出，近年來其模型規模呈現數量級的增長，過去五年間已經翻了近百倍。

---

[1] 該假設僅作為範例，實際訓練中可能使用低精度的資料型態。

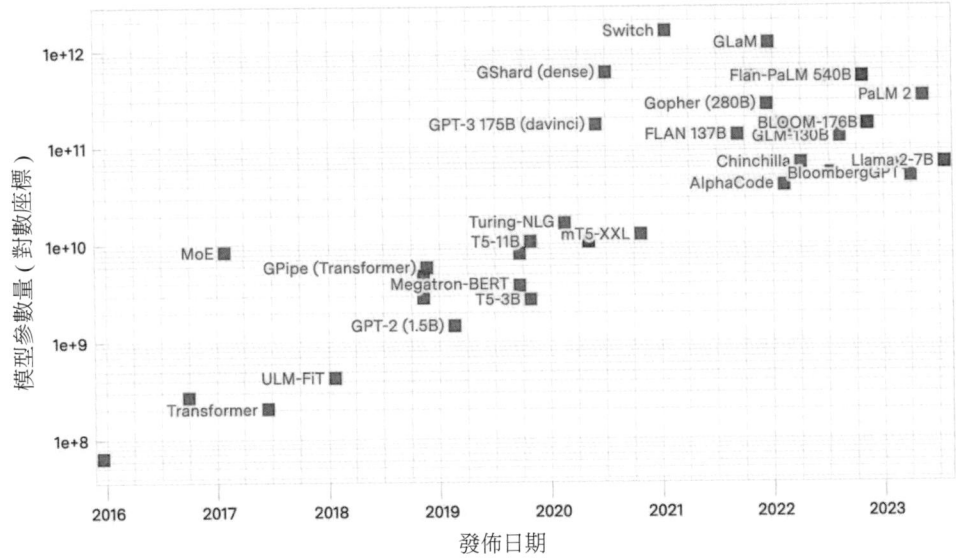

▲ 圖 1-1 以大模型為例展示模型參數規模的增長趨勢。本圖基於 Epoch AI Database[1] 於 2024 年 5 月的資料繪製，選取了語言模型領域引用次數超過 100 的部分模型。

1.2 資料規模帶來的挑戰

如果說模型規模的增長帶來的是不斷增長的顯示記憶體佔用，那麼資料規模的增長帶來的則是越來越長的訓練時間。不同於入門級的 MNIST、COCO、ImageNet 這些最多百萬樣本數的資料集，工業界現行的資料集如 Laion-5B、Common Crawl 等已經達到 10B 甚至 100B 規模了。表 1-1 以影像領域為例展示了資料集樣本數量快速增長的過程。讀者可能並不理解 100B 資料表示什麼，那麼不妨透過訓練時間來建立一些直觀的認識。按照估算[2]，GPT-3 如果在 100B 個 token[3] 的 Common Crawl 上訓練，如果只用一張 V100 計算卡訓練，

1　https://epochai.org/data/epochdb

2　https://lambdalabs.com/blog/demystifying-gpt-3

3　模型處理資料的基本單位

需要 355 年才能跑完全部的資料集—也就是要從康熙年代開始訓練，才能趕上今年發佈。為了在合理的時間內完成訓練，我們不僅需要進行單卡性能的極致最佳化，還需要借助分散式訓練系統進行平行處理，以加速模型的訓練過程。

▼ 表 1-1　影像領域常用資料集的資料規模

資料集	MNIST	Coco 2017	ImageNet2012	Laion-400M	Laion-5B
樣本數量	~60K 圖片	~118K 圖片	~12M 圖片	~400M 圖片文字對	~5B 圖片文字對

儘管當前的資料集規模已經相當龐大，但其增長速度依然驚人。今天的 100B 巨量資料集，可能在幾年後就會變成中等規模的資料集。正如圖 1-2 所示，近年來深度學習模型訓練使用的資料規模呈現指數級增長態勢。

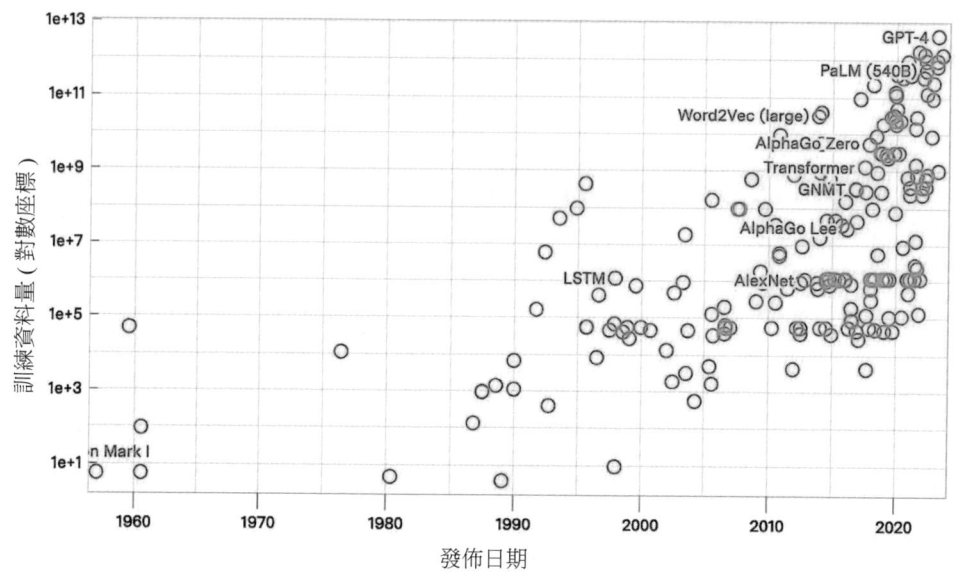

▲ 圖 1-2　訓練用資料量的增長趨勢。本圖基於 Epoch AI Database[1] 於 2024 年 5 月的資料繪製，展示了所有領域模型訓練使用的資料量並啟用了「Show outstanding systems」標注。

1　https://epochai.org/data/epochdb

模型規模與資料規模的雙重增長，最終都會反映到訓練模型所需的成本和訓練所需時間上。以 Mosaic ML 在 2022 年底發佈的 GPT 系列模型的訓練成本估算為例[1]，如圖 1-3 所示，隨著模型參數量的增加，訓練時間和成本呈指數級增長。這種增長速度凸顯了大規模模型訓練在資源和時間上的巨大挑戰。

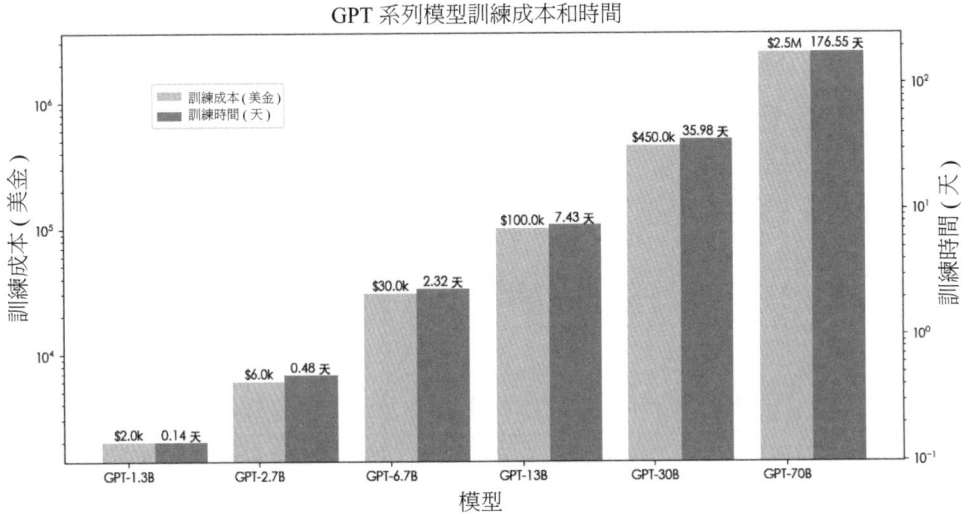

▲ 圖 1-3 以 GPT 系列模型為例，展示訓練成本和時間隨著模型增長的趨勢，資料來源於 MosaicML 的部落格。

1.3 模型規模與資料增長的應對方法

模型規模和資料規模的增長最直觀的影響就反應在訓練的成本上，因為我們需要更多的機器且需要訓練更長的時間，這也使得顯示記憶體最佳化和性能最佳化顯得尤為重要。顯示記憶體最佳化可以降低模型的訓練門檻，用更少的 GPU 實現相同規模的訓練；而性能最佳化則可以用更短的時間完成模型的訓練，這也變相降低了訓練的成本。

1　https://www.databricks.com/blog/gpt-3-quality-for-500k

然而顯示記憶體最佳化和性能最佳化並不是簡單的工作。模型的完整訓練過程包括若干不同的訓練階段，必須搞清楚不同階段的算力需求和特點，才能進行針對性的最佳化。

先來看一下完整的模型訓練過程都包含哪些階段。整體來說，對於最常見的訓練過程，每一輪訓練迴圈都包括 5 個串列的階段，分別是資料載入、資料前置處理、前向傳播、反向傳播、梯度更新。在此基礎上，如果有多張 GPU 卡甚至多台訓練機器可供使用，還可以把每個 GPU 看作一個節點，進一步將計算任務分散到不同節點形成分散式訓練系統。分散式訓練也因此會多出一個額外的階段，也就是節點通訊，如圖 1-4 所示。

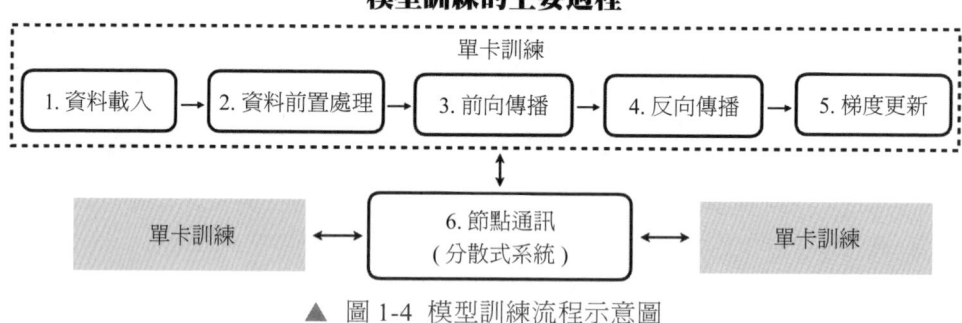

▲ 圖 1-4 模型訓練流程示意圖

討論一下，這些訓練階段各自的最佳化重點是什麼。首先，資料載入是指將訓練資料從硬碟讀取到記憶體的過程。為了避免訓練程式停下來等待硬碟讀取資料，可以透過將資料載入與模型計算任務重疊來進行最佳化，例如使用預載入技術。這部分內容將在第 5 章：資料的載入和處理中詳細討論。

接下來是資料前置處理，即在 CPU 上對載入到記憶體中的資料進行簡單處理，以滿足模型對輸入資料的要求。為了避免資料前置處理成為訓練的瓶頸，可以使用離線前置處理技術或最佳化 CPU 前置處理程式的效率。這部分內容將在第 5 章：資料的載入和處理以及第 6 章：單卡性能最佳化中討論。

1.3 模型規模與資料增長的應對方法

前向傳播是模型訓練的前向計算過程，以計算損失函數（Loss）為終點；反向傳播則是梯度計算過程；參數更新則是根據梯度方向對模型參數進行更新。這三個階段的計算主要依賴於 GPU 裝置。GPU 裝置的峰值浮點運算能力（peak FLOPS）和顯示記憶體容量是單卡訓練規模和速度的主要限制因素，也是最佳化的重點。因此，在第 6 章和第 7 章中，將分別介紹一些通用的單卡性能最佳化和顯示記憶體最佳化技巧。

然而，單卡的運算能力和顯示記憶體容量存在較大限制。如果需要進一步提升模型規模或加快訓練速度，可以將計算和顯示記憶體分配到多張 GPU 上，透過節點通訊來協作完成更大規模的訓練。在第 8 章中，將詳細討論不同的分散式訓練策略及其對節點通訊的最佳化方法。

除了常規的性能最佳化和顯示記憶體最佳化技術外，我們特別準備了第 9 章：高級性能最佳化技術。這一章將深入探討一系列「高投入、高風險、高回報」的最佳化方法。這些高級技巧有望顯著提升 GPU 的計算效率，但其原理較為複雜、偵錯相對耗時，因此更適合對訓練的性能最佳化有較高要求的讀者。

在第 10 章：GPT-2 最佳化全流程中，將結合實戰，將本書介紹的大部分性能和顯示記憶體最佳化技巧串聯起來。透過實際案例探索不同最佳化技巧的應用方法和實際效果。

MEMO

深度學習必備的硬體知識

　　深度學習歸根結底是資料催生的科學，而網際網路的發展則加速了資料的產生—人們每天在網際網路上的活動都會製造大量的文字、圖片、視訊資料。時至今日，一些規模龐大的資料集比如 Common Crawl、Laion-5B 等，都是透過清洗網路資料得到的。因此，可以說網際網路技術的發展加速了大模型時代的降臨。

　　然而這些與日俱增的資料樣本對硬體提出了很大挑戰。首先大規模資料自然依賴更大容量的硬碟和更快的硬碟讀寫速度。除此以外，還需要表達能力足夠強的模型來充分「消化」這龐大的資料量，這帶來了模型參數規模的顯著膨脹，比如 175B 參數量的 GPT-3、314B 參數量的 Grok-1 等。要執行這些龐大的模型，必須有足夠的記憶體和顯示記憶體，以及高性能的 CPU 和 GPU 進行計算。為了在合理的時間內完成訓練，必須透過多個獨立 GPU 計算節點的協

第 2 章 深度學習必備的硬體知識

作工作來加速這一過程,這正是分散式訓練系統的核心。此外,為了確保分佈式系統的高效運作,需要低延遲、高通量的節點間通訊支援,因此也衍生出了如 NVLink 這樣專門用於提升通訊效率的硬體技術。

上面這段論述中,提到了諸多硬體單元,包括硬碟、記憶體、顯示記憶體、CPU、GPU、NVLink,還有更多沒提到的其他硬體概念比如 PCIe、DMA、NVMe 等。有經驗的讀者可能還聽說過一些晶片內部的硬體結構,比如多級快取、流式處理器、CUDA Core 等;甚至還混淆了一些軟體術語,比如執行緒、執行緒區塊等。那麼這些硬體單元各自有什麼功能,又是怎麼相互作用的?常見的軟體概念,如執行緒和 CUDA 核心函數,又是如何與這些硬體單元相對應的?這一章就來深入探討這些問題。

仔細想想,講解各個硬體單元的功能、內部組成以及架設於硬體之上的程式設計模型,這其實屬於計算機組成原理的範圍。然而這裡不會深入到非常底層的硬體結構,基本不會涉及暫存器等級,更別說鎖相器甚至邏輯門電路了。相反,本書會講解一個深度學習特供版的計算機組成原理框架,目的是將 PyTorch 訓練過程中涉及的基礎硬體知識講清楚。學習本章後,讀者可以了解到都有哪些硬體單元支撐起了整個訓練過程,以及這些硬體單元的功能和關鍵參數。

本章內容將分兩個方向展開,一方面我們整理清楚 CPU、GPU、硬碟、存放裝置等獨立硬體單元各自的功能和聯繫,最終能夠把它們的功能串聯在一起。另一方面,針對這些關鍵硬體單元,我們將深入討論它們的內部結構和關鍵性能指標,以幫助讀者更好地理解這些硬體是如何影響模型訓練的。

2.1 CPU 與記憶體

深度學習的前身是類神經網路,其最早可以追溯到 20 世紀 50 年代的感知器(perceptron),那個時候還沒有現在這些五花八門的硬體裝置,甚至 GPU

都還沒有出現。實際上，如果目標是完成模型的訓練而且對性能要求不高，使用 CPU 也是可行的。

一個深度學習模型的基礎計算單元是「運算元」，而一個運算元本質上是將輸入映射為輸出的計算過程。比如一個平方運算元所代表的計算如下：

$$out = torch.pow(x,2)$$

在 PyTorch 中，輸入和輸出的資料都儲存在記憶體中，因此一個運算元的計算流程，可以簡化成圖 2-1 中的表示。

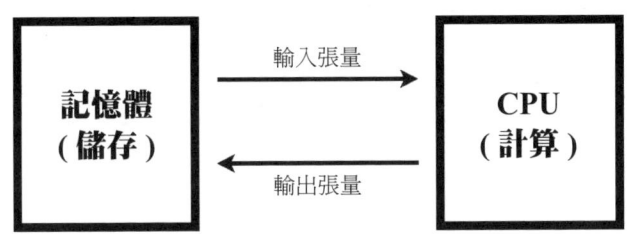

▲ 圖 2-1 CPU 運算元的計算流程示意圖

對 CPU- 記憶體系統來說，所有運算元的計算幾乎都遵循以下步驟：

（1）從記憶體中讀取輸入資料。

（2）對讀取到的資料呼叫若干 CPU 指令，完成運算元計算。

（3）將計算結果寫回記憶體中輸出對應的位置。下面來進一步講解記憶體和 CPU 的硬體細節。

2.1.1 記憶體

記憶體通常指的是隨機存取記憶體（RAM），這裡「隨機」表示記憶體位址的排列方式與清單類似，允許直接存取任意位址的資料。記憶體主要用於當前執行程式的臨時儲存，當機器斷電時記憶體上儲存的資料也會隨之消失。我們將圖 2-1 中的記憶體部分展開，如圖 2-2 所示。

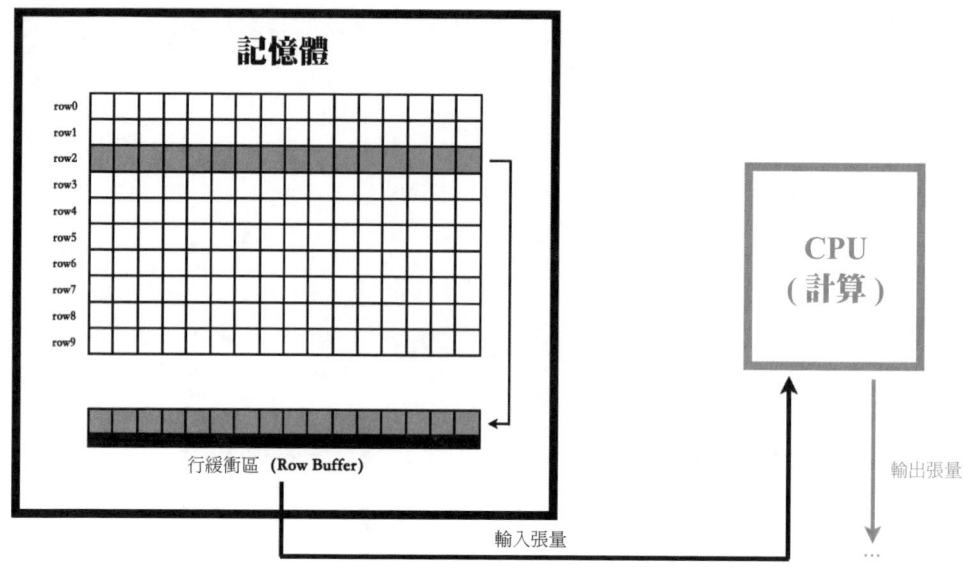

▲ 圖 2-2 記憶體的內部結構示意圖

在本書中記憶體預設指代主記憶體，屬於動態隨機存取記憶體（DRAM）。讀者可能還聽說過快取（cache）的概念，快取一般是靜態隨機存取記憶體（SRAM），其成本往往比 DRAM 高出許多，因此儲存容量相對較小。快取用於加速晶片內部的資料讀寫效率，其容量和讀寫速度需要與其他晶片單元的頻率、計算效率相匹配，所以快取往往屬於晶片的一部分而不在主記憶體當中。

對主記憶體來說，其核心性能指標包括以下三個部分：

- 記憶體容量：決定記憶體能夠容納的資料總量，經驗上記憶體容量最好是 GPU 顯示記憶體容量的兩倍以上。

- 記憶體頻率：決定了記憶體的讀寫效率。

- 通道數：注意這是主機板的參數。雙通道或四通道記憶體讀寫，能夠直接將記憶體帶寬提高相應的倍數，配合軟體支援可以將記憶體讀寫速度提高數倍。

2.1 CPU 與記憶體

在購買記憶體時，商家有時還會特意標注 DDR4、DDR5 等記憶體規格。DDR4、DDR5 描述了記憶體的技術標準、晶片組織結構以及控制演算法等諸多細節。相較於 DDR4，DDR5 主要的性能提升在記憶體容量和頻寬方面，在選購時我們需要關注主機板的記憶體插槽是否支援相應規格的記憶體。作為例子，表 2-1 舉出一個商用記憶體的參數和規格。

▼ 表 2-1　記憶體的配置參數表

Crucial 64GB (2 x 32GB) 288-Pin PC RAM DDR5	性能數值
記憶體容量	64 GB
記憶體頻率	最高 5600 MHz
通道數	支援雙通道配置（需要主機板相容）

2.1.2　CPU

我們將圖 2-1 中的 CPU 部分展開，如圖 2-3 所示。

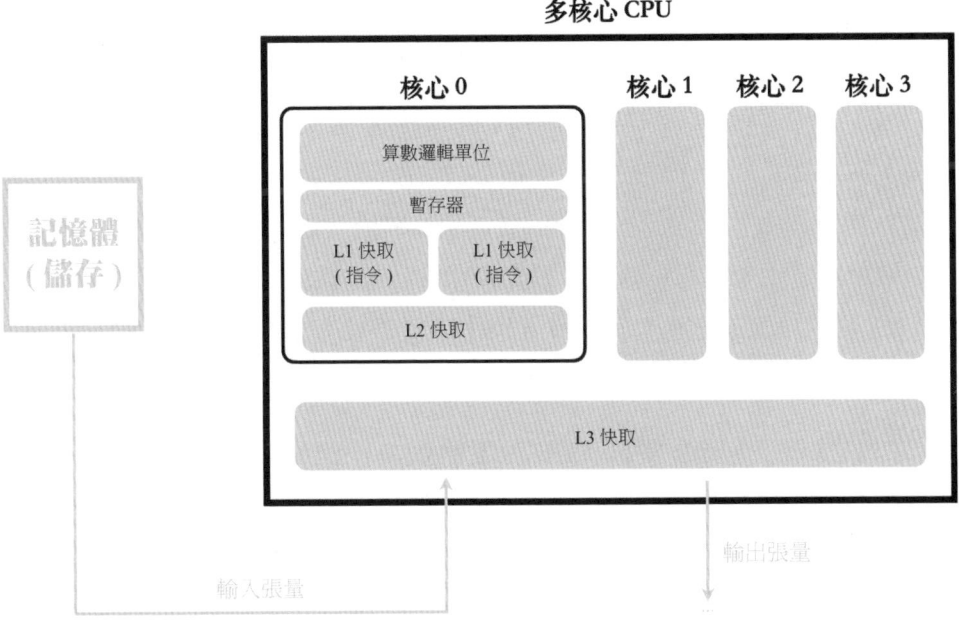

▲ 圖 2-3　CPU 的內部結構示意圖

第 2 章　深度學習必備的硬體知識

CPU 是電腦系統中負責執行存取記憶體、跳躍、計算等基礎指令的硬體。一個運算元往往由若干基礎 CPU 指令組成，所以一個運算元的執行本質上是重複執行以下步驟：

取出指令→ 翻譯指令→ 讀取記憶體資料→ 執行指令→ 結果寫入暫存器（記憶體）

顯然，指令執行是 CPU 最核心的功能，其執行效率自然也是 CPU 最為重要的性能指標之一。CPU 指令執行的效率一般由 **CPU 頻率（clock speed）** 來衡量。嚴格來說，要衡量 CPU 的計算性能還需要關注管線設計（pipeline）和指令發射數（issue width），歷史上也確實有一些製造商利用管線級數來取巧，不過這終歸是時代的塵埃了。對普通讀者來說，關注到 CPU 頻率就已經完全足夠了。對於現代 CPU 而言，可以籠統地說 CPU 頻率越高其計算速度越快。

CPU 頻率衡量的是單一 CPU 核心的指令執行效率，然而現代 CPU 往往採用多核心設計，這是為了提高 CPU 平行處理任務的速度。**CPU 核心數量**對於深度學習任務的重要程度不亞於 CPU 頻率，這是因為更多的核心數量能夠顯著提高訓練過程中資料載入、清洗和前置處理等任務的速度。

除了執行計算之外，我們會發現 CPU 的指令流水中還有一個關鍵的步驟，就是記憶體資料的讀取和寫入。然而，與 CPU 的指令執行速度相比，記憶體的讀寫速度較慢，常常成為性能的瓶頸。為了解決這一問題，CPU 提供了多級快取來加速小規模資料的讀寫。現代 CPU 一般存在三級快取結構，即 L1、L2、L3 快取。儘管快取的大小和速度對 CPU 性能有一定的間接影響，但在選擇 CPU 時，快取通常不是主要考慮的因素。

CPU 技術是與時俱進的，在部分現代 CPU 中還會標注一種新參數，稱為**加速頻率（boost clock）**，在 Intel CPU 裡也被稱為 Turbo Boost。這個加速頻率相當於在基礎 CPU 頻率之上，加入了一個動態的頻率範圍—CPU 在需要時自動超頻，以提高計算效率。然而 Turbo Boost 的實際效果很大程度上取決

2.1 CPU 與記憶體

於晶片功耗、排程演算法的最佳化水平、晶片及系統的散熱水平等多個因素，其性能提升程度不穩定。因此加速頻率也不是 CPU 的重點參數，甚至在測試程式時間和性能的時候需要將其關閉確保測量結果的穩定[1]。

綜上所述，對於深度學習而言，CPU 的核心結構包括負責計算的算數邏輯單元（ALU）、負責加速資料讀寫速度的多級快取，在此基礎上還會採用 CPU 多核心設計來增加平行度。在圖 2-3 中將這些細節補充進去，如圖 2-4 所示。

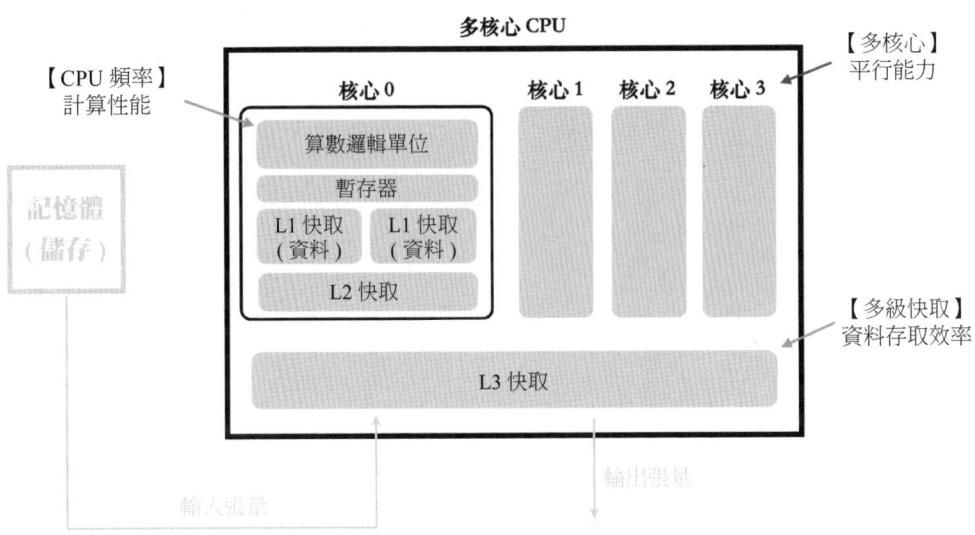

▲ 圖 2-4 CPU 內部結構示意圖

因此在選購 CPU 時，我們應該主要關注以下參數：

- CPU 基礎頻率：決定單核心 CPU 的計算效率。
- 核心數量：決定 CPU 的平行能力。
- 其他次要指標。

---

1 某些廠商的 CPU 只標注「最大動態頻率」或「最高 Turbo Boost」，還應注意與基礎頻率加以區分。

（1）快取大小：影響 CPU 資料讀寫的效率。

（2）加速頻率：支援動態超頻，對峰值性能有幫助。

作為更具體的例子，我們進一步舉出一個商用 CPU 的參數列表，如表 2-2 所示。

▼ 表 2-2　商用 CPU 的參數列表

AMD Ryzen 9 7900X	性能數值
基礎頻率	4.7 GHz
核心數量	12 核心
快取大小	L3 快取：64 MB L2 快取：每核心 12 MB
加速頻率	5.6 GHz
超執行緒技術	支援，每個核心可以同時處理 2 個執行緒

2.2　硬碟

在 2.1 節中提到，運算元是深度學習模型的基本組成單元，而運算元的計算一般包括三個步驟：

（1）從記憶體載入張量資料。

（2）將張量資料送入 CPU 中進行若干計算。

（3）將結果寫回輸出張量的記憶體中。

2.2 硬碟

那麼記憶體中的資料是從哪裡來的呢？一般來說資料是儲存在硬碟上，在訓練的過程中從硬碟動態地讀取到記憶體中，然後送入計算晶片參與相應的運算。這一過程如圖 2-5 所示。

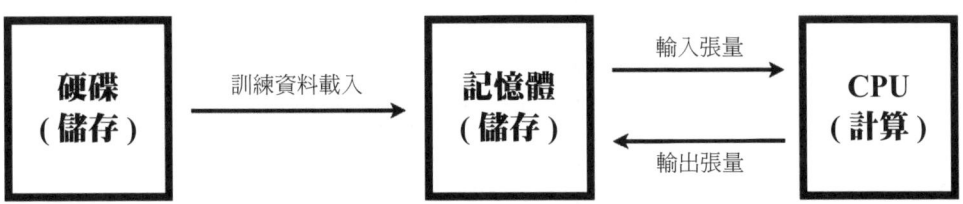

▲ 圖 2-5 硬碟、記憶體、CPU 的硬體示意圖

硬碟屬於非揮發性儲存媒體，在沒有供電的情況下也能長期保持資料狀態，這是其與記憶體最本質的差別。硬碟按照儲存技術的差異分為**機械硬碟（HDD）和固態硬碟（SSD）**兩種，其中固態硬碟的讀寫速度要遠勝於機械硬碟，而機械硬碟則只在成本上具有優勢。

硬碟的讀寫行為大致分為兩種模式：

- 隨機讀寫模式：高頻率讀寫小規模資料。
- 連續讀寫模式：需要讀取大檔案或循序存取資料。

這兩種讀寫模式的效率一般會分別標注。隨機讀寫模式的效率以硬碟的 IOPS（input/output operations per second）為單位進行衡量；而連續傳讀寫模式的效率則以 MB/s（megabytes per second）為單位進行衡量。為什麼兩種讀寫模式的效率需要分別標注呢？這需要我們簡單了解一下硬碟的工作原理。

從硬碟讀取資料到記憶體實際上涉及兩個步驟：從磁碟讀取資料到緩衝區，以及從緩衝區傳輸資料到記憶體。其中從硬碟讀取資料的啟動延遲很高，也因此往往成為隨機讀寫模式的瓶頸。而連續讀寫資料的效率則由硬碟連續讀寫速度、資料傳輸速度共同決定。

將圖 2-5 中的硬碟部分展開，如圖 2-6 所示。

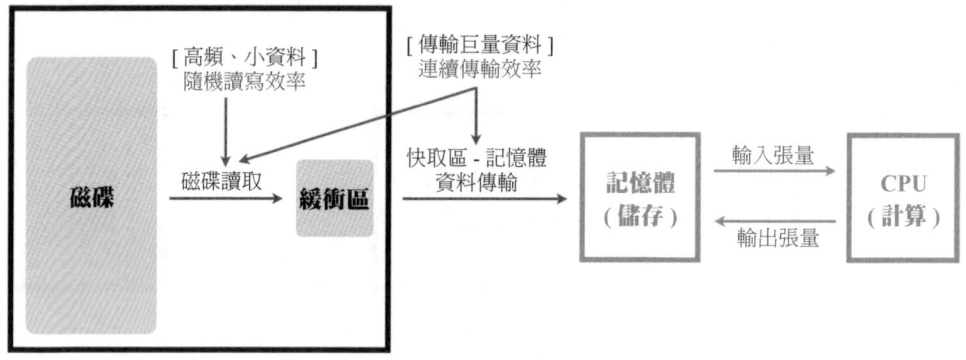

▲ 圖 2-6 硬碟的內部結構示意圖

一般來說讀寫模式的效率由硬碟讀取速度和資料傳輸速度共同決定。隨著硬碟讀取效率的不斷提高，讀寫效率的瓶頸慢慢開始出現在了資料傳輸階段，所以在 SATA 固態硬碟的基礎上，又發展出了 NVMe 固態硬碟。NVMe 固態硬碟使用傳輸效率更高的 PCIe 傳輸通道，在讀寫性能上往往超出 SATA 固態硬碟許多。

綜上所述，我們在選購硬碟時應該主要關注以下性能參數：

- 硬碟容量：影響資料容量。
- 硬碟隨機讀寫速度：影響頻繁隨機存取文字部分或小檔案的速度。
- 硬碟連續讀寫速度：影響循序存取資料的讀寫速度。
- 介面類別型和協定：影響緩衝區到記憶體之間的傳送速率。

作為參考，這裡舉出一個商用硬碟的實際參數，如表 2-3 所示。

▼ 表 2-3　商用硬碟的參數清單

KingSpec XG 7000 1TB M.2 2280 PCIe 4.0x4 NVMe 1.4	性能數值
硬碟容量	1TB
隨機讀寫速度	隨機讀取：710000 IOPS 隨機寫入：610000 IOPS
連續讀寫速度	連續讀取：7400 MB/s 連續寫入：6600 MB/s
介面類別型和協定	PCI Express Gen 4.0 ×4 NVMe 1.4

需要注意的是，這一小節提到的「硬碟」更多的對應於資料的本機存放區。對非常龐大的資料，往往還會採用雲端儲存的方式，也就是在「硬碟」的基礎上拓展而成的更為複雜的資料系統。這種雲端儲存嚴格來說不屬於硬體範圍，所以留到 2.4 節講解分散式架構時再進行討論。

2.3　GPU

到目前為止本書實現了基於硬碟、CPU、記憶體建構的模型訓練系統，也能正確地完成完整的訓練過程。然而人們發現使用 CPU 完成深度學習計算任務的效率還是太差了，所以在 2000 年左右開始把訓練任務往 GPU 上遷移。為什麼 CPU 不適合處理深度學習類型的計算呢，為了回答這個問題首先要了解 CPU 擅長的方向。

2.3.1　CPU 的局限性

在電腦系統中，CPU 扮演的是一個全能型的角色，可以說是一個「六邊形戰士」。這裡的全能是針對 CPU 擅長的指令類型而言的—CPU 既能處理好計算指令、存取記憶體指令，也能夠處理好跳躍等邏輯指令。

我們常說 CPU 擅長處理複雜的任務，這裡的複雜其實是指任務的邏輯複雜。一般情況下當我們說一個程式很複雜的時候，往往表示裡面有大量的 if-else 分支，一般還和 while、for 等迴圈糾纏在一起，這正是 CPU 擅長處理的複雜邏輯任務。在電腦底層，CPU 支撐起了整套作業系統，不管是處理程序管理、虛擬記憶體機制，還是異常中斷與處理，都涉及大量的邏輯指令和讀寫指令，而單純的計算指令反而沒有想像中那麼重要。

設計規格相似、製成製程相當的晶片，其集成度是有限的。我們可以簡單理解成晶片受其功耗和面積的限制，不能無限制地堆疊邏輯電路。這樣來看，一個「全能」的晶片往往表示在每個任務上表現都相對平庸，這也是為什麼 CPU 在處理計算密集型任務時不如 GPU 或其他異質晶片高效的原因。

那麼如果想要從硬體層面加速計算密集型的程式，一個很自然的想法就是讓 CPU 只處理複雜的互動邏輯，再額外引入一個專門的計算晶片來處理密集的計算任務。這就需要我們在軟體層面上對程式任務進行劃分，將一個程式涉及的所有任務都分為兩種類型：

- 週邊任務：業務程式、API 介面、使用者互動等邏輯複雜的任務。
- 核心任務：高度內聚的計算密集型任務，邏輯分支很少。

因此，我們可以利用 CPU 來處理週邊程式，而將核心計算任務交由專用計算裝置如 GPU 執行。一個典型的例子是遊戲程式，其中使用者互動、使用者介面（UI）、音訊等部分由 CPU 負責處理，而圖形著色和物理模擬等核心計算任務則由 GPU 執行。這種硬體間的「分工合作」模式在行動裝置中也獲得了廣泛應用，舉例來說，智慧型手機中的 ISP（Image Signal Processor，影像訊號處理器）負責影像處理，而神經網路處理器（neural processing unit）則專門處理張量和矩陣運算。

深度學習領域同樣採納這種分工方法，核心的計算任務通常被封裝成運算元並在 GPU 上執行，而較為複雜的邏輯排程任務則由 CPU 處理。這樣的做法有效地利用了各類硬體的專長，最佳化了整體計算效率。

2.3.2 GPU 的硬體結構

深度學習屬於計算密集型任務。前文提到，深度學習模型是由大量運算元組成的，而大部分運算元的實現以計算為主，幾乎沒有特別複雜的邏輯分支。

深度學習的計算還有一個特點，即輸入的各個元素之間獨立性很強，有很大平行計算的空間。可以簡單想像一下 torch.add 計算，幾乎每個張量元素的加法都是獨立的，可以與其他加法操作平行。甚至線性、卷積等運算元的平行加速效果還要更明顯。

這也解釋了為什麼模型訓練任務尤其青睞 GPU，因為 GPU 不僅擅長數值計算，其晶片設計上還專門為平行計算進行了特化。在訓練系統中加入 GPU 之後，我們將原先放在 CPU 上的運算元計算移到 GPU 上面。但是 GPU 的計算核心並不能直接從記憶體讀取資料，於是在二者之間又加入了顯示**記憶體（VRAM）**這個額外的記憶元件。GPU 計算核心與顯示記憶體的關係可以簡單理解為 CPU 核心與記憶體之間的關係。當需要在 GPU 上進行計算時，先要將張量資料從記憶體讀取到顯示記憶體，隨後從顯示記憶體讀取資料到計算核心完成運算，而計算結果寫回記憶體則會經歷完全相反的過程。此時大部分的計算任務都放在了 GPU 上面，因此 CPU 主要承擔相對輕量的資料前置處理以及一些排程任務。在圖 2-5 的基礎上加入 GPU 後，硬體結構如圖 2-7 所示。

這一小節將主要探討 GPU 的硬體結構，而在接下來的 2.3.5 小節中，我們將詳細探討 CPU 與 GPU 之間的資料傳輸問題。事實上，GPU 的內部結構極為複雜，這種複雜性直接反映在 GPU 性能指標的龐大數量上。為了充分理解這些性能指標代表的含義，我們首先要對 GPU 的內部構造有所了解。

第 2 章　深度學習必備的硬體知識

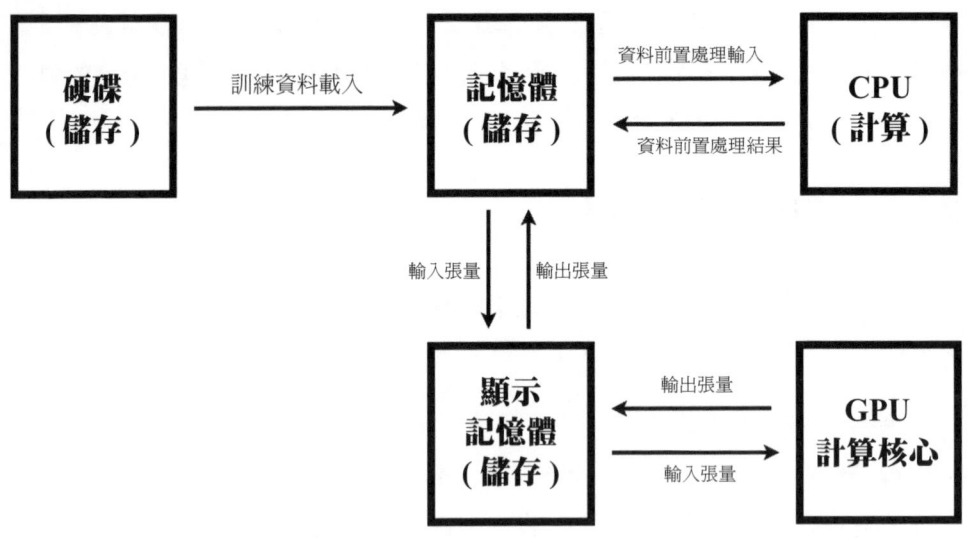

▲ 圖 2-7　顯示記憶體、GPU、硬碟、記憶體、CPU 硬體示意圖

　　首先從分類上來說，GPU 可以分為家用卡和計算卡兩種。家用卡在設計上偏重於對圖形學應用的支援，因此在同代的 GPU 中往往具有較高的純量計算效率；計算卡在設計上則偏重於對深度學習應用的支援，因此一般具有更高的張量計算效率和更大的顯示記憶體容量。像 RTX 3090、RTX 4090 等型號的顯示卡就是典型的家用卡。而 A100、H100 等型號的顯示卡就是典型的計算卡。對於深度學習任務而言，計算卡自然是首選。

　　GPU 的內部架構多變，而且也在逐漸迭代中，所以這裡以 Ampere 架構為例，講解 GPU 的內部組成。GPU 的最外層主要由顯示記憶體和若干 GPU 計算核心組成。為了能最大化發揮平行計算的功能，GPU 的計算核心中自頂向下包含多層封裝，比如 GPC（Graphics Processing Clusters，圖形處理簇）、TPC（Texture Processing Clusters，紋理處理簇），但作為軟體開發者我們主要關心流式多處理器（Streaming Multiprocessors）及以下的硬體結構。

2.3 GPU

將圖 2-7 中的 GPU 部分展開，如圖 2-8 所示。我們由外層向裡進行展開，首先 GPU 最外層包括**顯示記憶體**、L2 快取等儲存單元，除此以外還會有幾層（如 GPC、TPC 等）高層封裝單元，這些高層封裝單元是以大量流式多處理器（SM）作為基礎單元組成的，而我們只需要特別注意流式多處理器及其向下的硬體結構即可。每個流式多處理器內部包括以下硬體單元：

- L1 快取
- 多個流式處理器（SP），每個 SP 包括：

　＊若干**純量計算核心**（CUDA core）

　＊若干**張量計算核心**（tensor core）

　＊若干暫存器

　＊執行緒束排程器（warp scheduler）

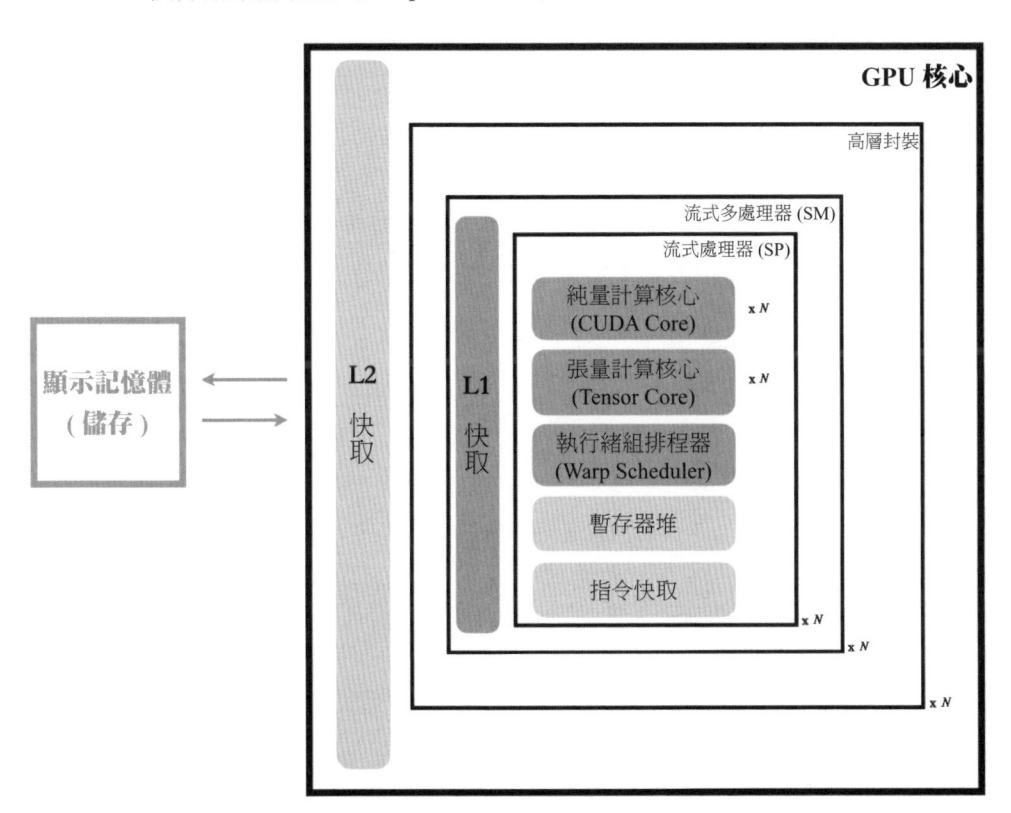

▲ 圖 2-8 GPU 的內部結構示意圖

這裡面真正重要的是圖中標記為藍色的幾個硬體單元。其中張量計算核心、純量計算核心決定了 GPU 的整體計算效率；L1 快取、顯示記憶體決定了 GPU 存取資料的效率；執行緒束排程器則與 CUDA 程式設計模型中的執行緒束（warp）概念直接對應，負責執行緒間的通訊和調度。除此以外，還有一些諸如顯示記憶體控制器、紋理快取等細節沒有畫在圖裡，完整的 A100 結構可以從 NVIDIA 文件[1] 裡面找到，如圖 2-9 所示。

單獨研究這些硬體架構對我們其實幫助有限，因為它們與我們的程式相距甚遠，很難直觀地意識到每個硬體單元對程式執行的具體影響和性能的具體作用。要真正理解 GPU 的硬體結構，我們必須將其與軟體概念相結合來進行解釋。這樣的對照可以幫助我們更清楚地看到硬體和軟體之間的直接關係。

2.3.3　GPU 程式設計模型及其硬體對應

我們知道，Python、C++ 等程式能夠在電腦上執行，是因為它們透過編譯器轉換成硬體能辨識的指令，從而在 CPU 上執行。基於這一邏輯，如果存在一個能將 C++ 或 Python 編譯成 GPU 指令的編譯器，我們就可以直接在 GPU 上執行這些程式。然而，遺憾的是，NVIDIA 沒有提供這種直接的編譯器。相反，NVIDIA 開發了一套專門的 GPU 程式設計模型，稱為 CUDA 語言，來支援在 GPU 上進行程式設計。

---

[1] https://images.NVIDIA.com/aem-dam/en-zz/Solutions/data-center/NVIDIA-ampere-architecture-whitepaper.pdf

2.3 GPU

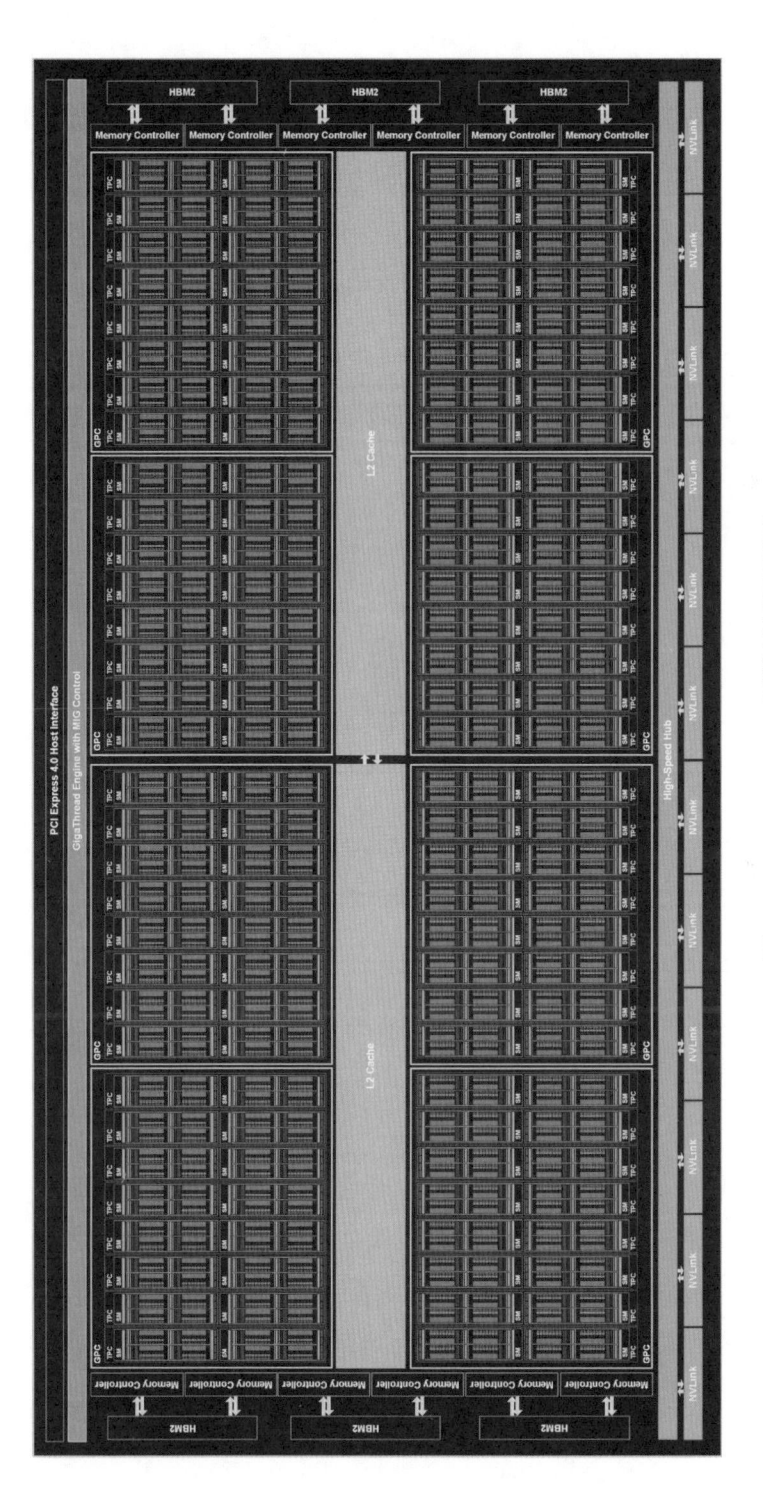

▲ 圖 2-9 NVIDIA A100 硬體結構示意圖

第 2 章　深度學習必備的硬體知識

　　CUDA 程式設計模型本質是對 GPU 硬體的抽象，而考慮到 GPU 近乎套娃一般的硬體架構，CUDA 語言的複雜程度就可想而知了。拋開大部分高級用法和最佳化技巧，CUDA 程式設計模型的核心是要求程式設計師將演算法的實現程式，拆分成多個可以獨立執行的軟體任務。比如對於張量加法運算元而言，我們可以將其拆分成每個元素的點對點加法，如圖 2-10 所示。

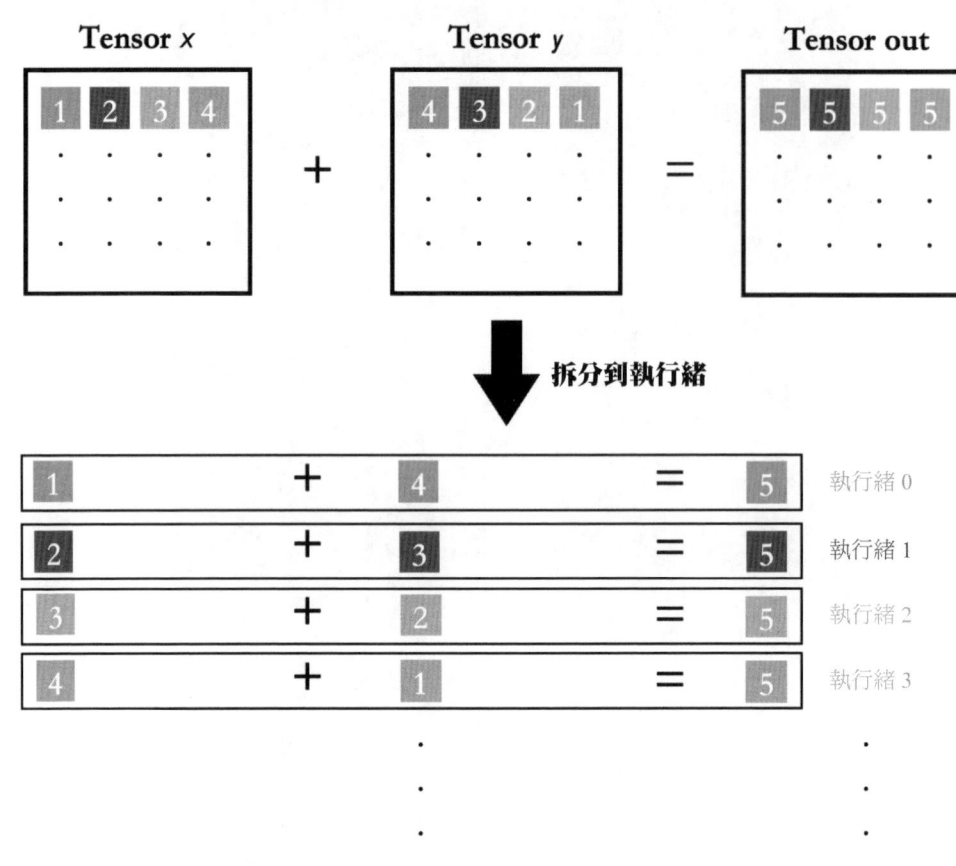

▲ 圖 2-10　拆分張量加法至獨立執行緒的示意圖

　　我們將演算法拆分得到的每個獨立任務，稱為一個**執行緒**。執行緒是軟體層面最小的執行單元。如果不考慮一些高級用法，在軟體層面可以認為每個執行緒都是獨立執行的，仿佛獨自佔有 GPU 的全部硬體資源。

2-18

2.3 GPU

然而如果真的讓每個軟體執行緒都獨佔所有的 GPU 硬體資源，這就過於浪費了。GPU 硬體在實現的時候，實際上提供了一套底層計算核心，被稱為**流式處理器（streaming processor）**。流式處理器提供了完成一個執行緒任務所需要的所有硬體單元，包括計算資源（CUDA core、tensor core 等）、儲存資源（L0 快取、暫存器）和各種控制器等。為了盡可能提高平行度，流式處理器中的執行緒束排程器（warp scheduler）會將每 32 個執行緒打包成一個執行緒束（warp）。在一個時鐘週期內，每組執行緒束會被排程到一個流式處理器上，執行一行相同的 GPU 指令。

流式處理器（streaming processor，SP）是較為底層的硬體執行單元。在此基礎上，我們將多個流式處理器組合在一起，形成一個流式多處理器（streaming multiprocessors，SM），可以共用一塊 L1 快取。流式多處理器對應 CUDA 程式語言中執行緒塊（block）的概念。我們用一張圖來澄清 GPU 軟體任務和硬體架構的關係，如圖 2-11 所示。

可以看出，GPU 的平行能力其實分為軟體平行和硬體平行兩層。軟體層面的平行主要由程式設計師在大腦裡完成—利用數學知識將運算元拆分成若干獨立執行的軟體執行緒，然後使用 CUDA 語言來實現。硬體平行則表現在對這些軟體執行緒的平行排程上，可以說是對軟體平行的具體實現。其實現方法是對軟體執行緒進行分組，然後以執行緒束（warp）或者執行緒區塊（block）為單元，並存執行這些軟體執行緒。

2.3.4 GPU 的關鍵性能指標

整體來說，對於深度學習任務而言，特別注意 GPU 的以下性能參數：
- Tensor core 和 CUDA core 性能：決定了計算效率。
- 顯示記憶體大小：決定了可以承載的模型、資料規模上限。
- 顯示記憶體頻寬：決定了顯示記憶體讀寫效率。

第 2 章 深度學習必備的硬體知識

- 卡間通訊頻寬：決定了多片 GPU 卡之間資料通信的效率。A100 的性能參數，如表 2-4 所示。

▼ 表 2-4　NVIDIA A100 GPU 參數列表

A100 80GB SXM 性能指標	性能數值
Float32 Tensor Core	156 TFlops
Float16 Tensor Core	312 TFlops
Float32 CUDA Core	19.5 TFlops
GPU Memory	80 GB
GPU Memory Bandwidth	2039 GB/s
Interconnect	NVLink: 600 GB/s PCIe Gen4: 64 GB/s

2.3.5 顯示記憶體與記憶體間的資料傳輸

上一個小節中介紹了 GPU 的內部結構，但是卻沒有講解 GPU 是從哪裡讀取的張量資料。與 CPU 和記憶體的關係類似，GPU 運算所需要的所有資料都是從顯示記憶體（VRAM）中讀取的，計算結果也會寫回到顯示記憶體中。但是顯示記憶體中資料的來源就可以有多種了。

2.3 GPU

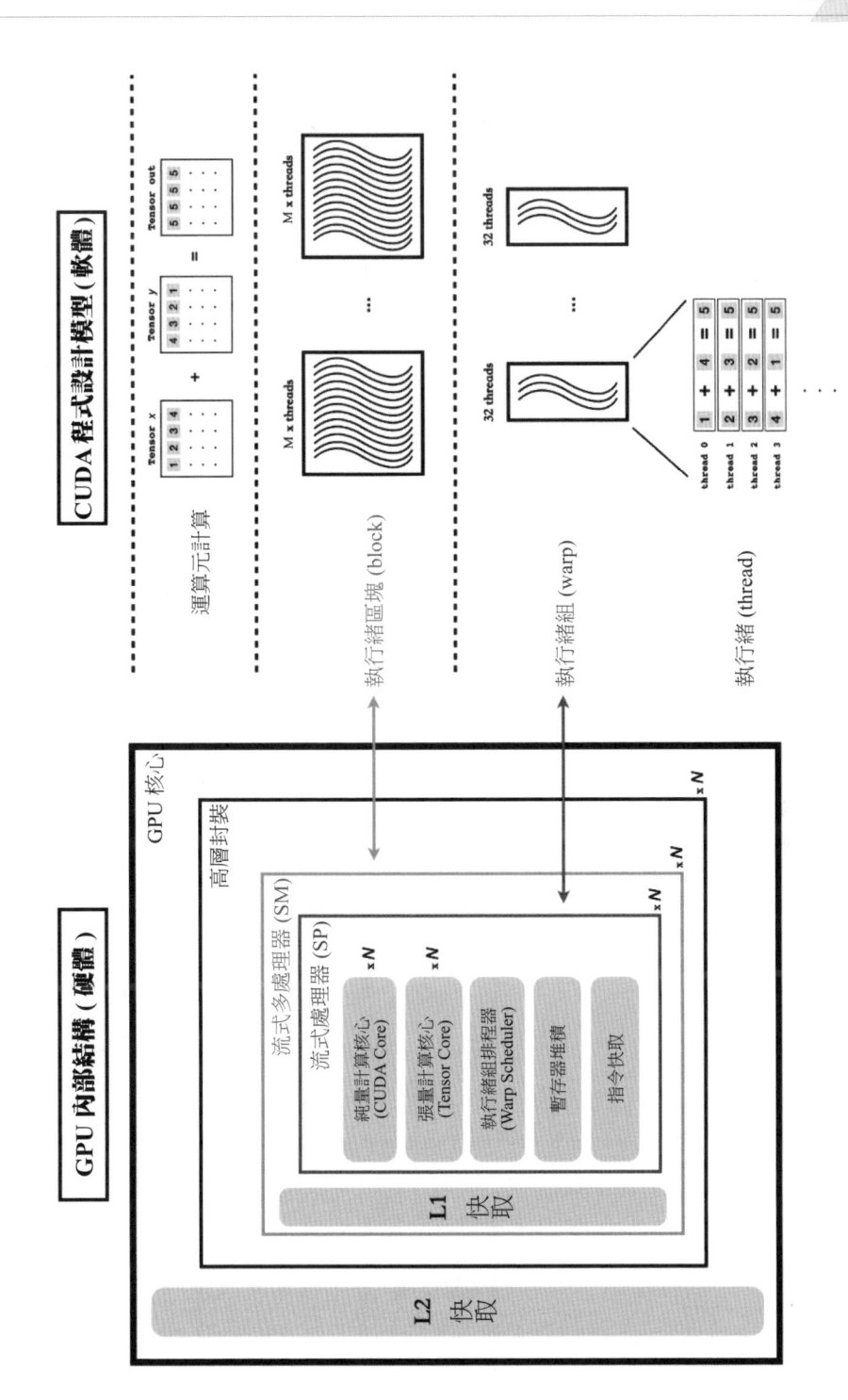

▲ 圖 2-11 GPU 硬體結構與 CUDA 程式設計模型的對應關係

第 2 章　深度學習必備的硬體知識

資料從記憶體到顯示記憶體的傳輸既依賴於資料傳輸通道，如 PCIe 匯流排、NVLink 等，還依賴於 CPU 等排程中心進行排程。對於使用 CPU 進行排程的資料傳輸過程，我們可以用圖 2-12 表示。

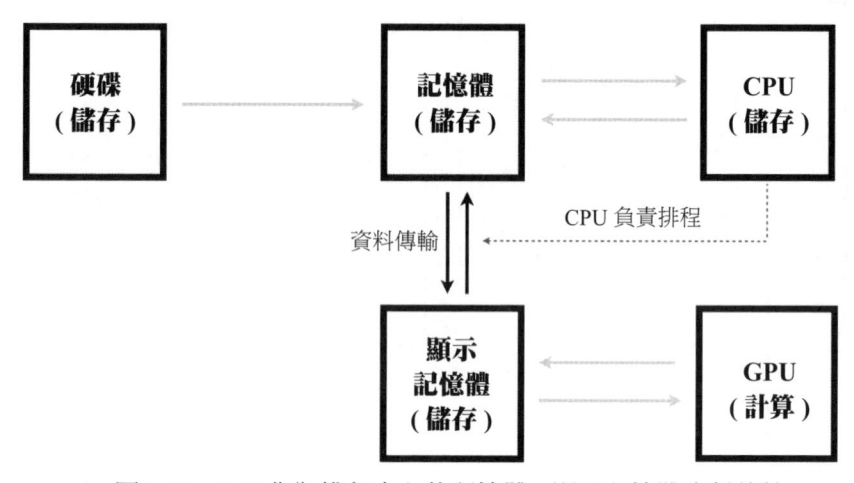

▲ 圖 2-12　CPU 作為排程中心的記憶體 - 顯示記憶體資料傳輸

然而如果記憶體中的資料儲存在鎖頁記憶體（pinned memory）中，就可以依靠 GPU 上的 DMA Engine 完成資料從記憶體到顯示記憶體的傳輸，而不需要擠佔寶貴的 CPU 運算資源，如圖 2-13 所示。

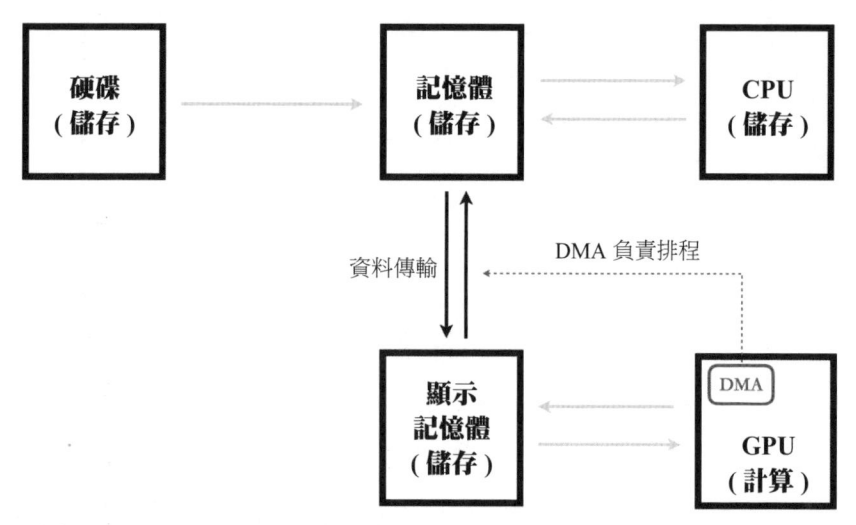

▲ 圖 2-13　GPU DMA Engine 作為排程中心的記憶體 - 顯示記憶體資料傳輸

2.4 分散式系統

　　除了從記憶體中讀取資料以外，NVIDIA 還提供了 GPU Direct Storage 技術，允許借助 DMA Engine 直接從硬碟讀取資料到顯示記憶體。對多節點分散式訓練系統，NVIDIA 還提供了 RDMA 技術，同樣借助 DMA Engine，可以直接從網路介面將資料傳輸到顯示記憶體中。然而這些技術的使用頻率相對較低，且多見於分散式訓練系統。對大部分讀者來說，記憶體和顯示記憶體之間的傳輸資料是更為常見的場景。

2.4 分散式系統

　　到此為止，一個單卡模型訓練的硬體框架已經架設完畢了。然而如果想要進一步擴巨量資料規模、增加模型參數，那麼還需要架設起分散式訓練系統才能有足夠的顯示記憶體和算力支援起大模型的訓練。

　　分散式訓練本質上是讓多張 GPU 卡共同參與訓練過程，從而達到加速或擴大可用顯示記憶體的目的，但是代價是必須引入一種新的資料傳輸類型─GPU 多卡間資料通信。至於 GPU 多卡間具體傳輸什麼資料內容，我們留到第 8 章再行介紹。這裡只需要了解多張 GPU 卡間通訊的資料量往往很大，且通訊頻率不低。

　　雖然計算卡的分佈不影響分散式訓練的核心演算法，但 GPU 卡是否在同一台機器（服務器）上會影響到其通訊使用的硬體，因此這裡將通訊分為單機和多機兩種情況來介紹。

2.4.1 單機多卡的通訊

　　2.3 小節講解了單一 GPU 的硬體結構和關鍵性能參數。然而在實踐中我們常常會看到一台伺服器上安裝了多張 GPU 計算卡的情況，這一般被稱為「單機多卡」，是最為基礎的分散式結構。目前 NVIDIA GPU 多卡間通訊的方式主要有兩種：一種是依賴 PCIe 匯流排進行資料通信，但是其頻寬往往較低；另一種則使用了 NVIDIA 專門為多卡間通訊開發的 NVLink 技術。注意 NVLink 主要用於 GPU 之間的通訊，而 Intel、AMD 等主流 CPU 型號依然只能透過 PCIe 與 GPU 進行資料傳輸，如圖 2-14 所示。

NVLink[1] 是由 NVIDIA 開發的一種高速、低延遲的通用序列匯流排介面技術，主要用來提升多個 GPU 之間的資料傳輸性能。它可以為多個 GPU 之間提供直接的點對點連接，實現高頻寬、低延遲的資料傳輸。由於 NVLink 提供的頻寬遠高於傳統的 PCIe 連接，它的存在可以顯著地加快 GPU 間的資料傳輸，使得多個 GPU 可以更高效率地協作工作。

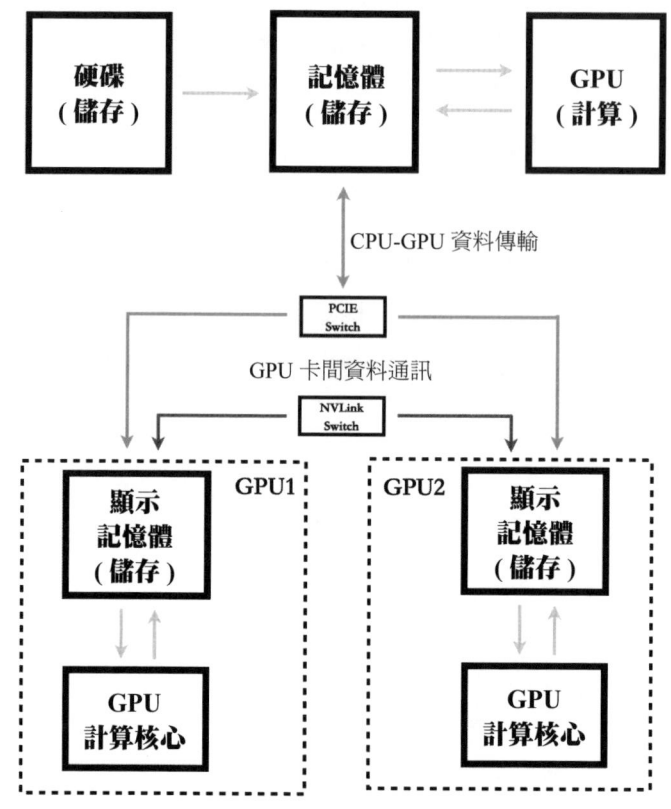

▲ 圖 2-14 配有多張 GPU 計算卡的單一伺服器硬體示意圖

---

1 https://www.NVIDIA.com/en-us/data-center/nvlink/

2.4 分散式系統

NVLink 第一代在 Pascal 架構的 P100 GPU 引入，當時僅支援 GPU 和 GPU 間的傳輸，隨後 NVLink 的每一代性能都隨著 GPU 架構的升級而有所提升。這在需要高速通訊的分佈式深度學習訓練任務中對於性能的提升是非常明顯的。NVIDIA 不同產品線常用 GPU 的 NVLink 相關參數，如表 2-5 所示。

▼ 表 2-5　不同 NVIDIA GPU 型號的 NVLink 參數列表

	2080Ti	3090	4090	V100	A100	H100
支援的Gen version	第二代	第三代	暫不支援	第二代	第三代	第四代
NVLink	2 links, 100GB/s	4 links, 112.5GB/s	暫不支援（截止本書寫作時，2024.05）	50GB/link, 6 links	50GB/link, 12links	50GB/link, 18links

2.4.2 多機多卡的通訊

在涉及多機多卡的分散式訓練中，不同機器上的 GPU 通訊的硬體不再是 NVLink 或 PCIe 這種高頻寬低延遲的互聯，而是基於網路裝置的傳輸。兩類主流的解決方案分別基於 Ethernet 以及 InfiniBand，詳情見表 2-6。

▼ 表 2-6　Ethernet 與 InfiniBand 的特點對比

	Ethernet	InfiniBand
設計目標	商業和個人網路應用	高性能計算（HPC）和企業資料中心
性能特點	支援廣播和交換式網路，提供足夠的性能以滿足大多數商業和家用網路的需要	支援點對點和交換式網路，提供非常低的網路延遲和高資料傳輸速率
速率	高速 Ethernet 可以提供高達 10/40/100Gb/ps 的傳輸速率，但延遲通常高於 InfiniBand	可以提供高達 200Gb/ps 的傳輸速率

	Ethernet	InfiniBand
成本	較低	較高
應用場景	辦公網路、家庭網際網路以及其他標準網路環境	超級計算、大型態資料中心、儲存網路

當然除了 InfiniBand，還有其他一些網路技術和解決方案如 OmniPath、RoCE（RDMA over Converged Ethernet）等，這些技術在提供高性能網路連接方面與 InfiniBand 相似。具體的網路方案也需要根據具體的機器學習應用的規模來選擇。

2.4.3 分散式系統的資料儲存

對分散式訓練系統來說，透過每台伺服器的本地硬碟儲存大規模訓練資料並不現實。一方面本地硬碟的容量有限，難以承擔規模高達上百 TB 的文字、圖片、視訊和 3D 素材等資料。其次大模型的訓練可能需要成百上千台機器協作完成，所有機器都需要能夠存取到相同的資料集。如果使用本地硬碟進行儲存，我們還需要將資料複製到每台機器的本機存放區中，需要的儲存容量和資料傳輸時間是難以承受的。

因此基於網路的儲存方案在分散式系統中更受歡迎。通常也分為兩類，即 NFS（network file system，網路檔案系統）和基於雲端服務的儲存方案。這兩種方案的區別和適用場景對比如表 2-7 所示。

▼ 表 2-7　NFS 與雲端儲存服務的特點對比

	NFS	雲端儲存服務
類型	檔案級的儲存協定，允許系統透過網路共用檔案	物件儲存服務，提供可擴充、安全和高性能的雲端儲存解決方案
部署	通常部署在本地網路或私有雲端環境	託管在雲端環境中（如 AWS、Google Cloud、阿里雲等）

2.4 分散式系統

	NFS	雲端儲存服務
存取方式	使用者可以像存取本地檔案一樣存取網路上的檔案	透過 REST API 進行資料存取，每個對象（檔案）都有唯一的鍵名
擴充性和可靠性	需要手動進行備份，可靠性較低	極高的擴充性和資料持久性，支援自動副本和多區域儲存
適用場景	極其注重資料隱私的私有化大規模應用	能夠接受將資料託管在公有雲端的大規模應用

將加入分散式系統後的硬體框架繪製到示意圖中，如圖 2-15 所示。

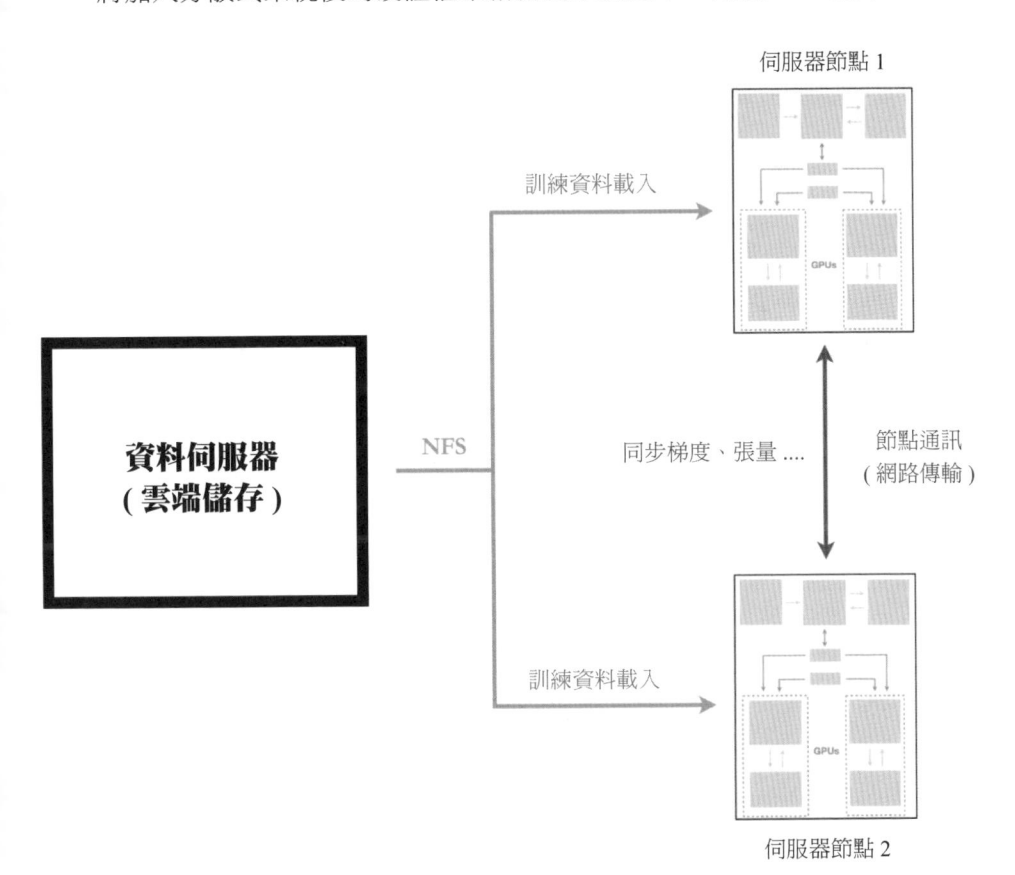

▲ 圖 2-15 分散式系統的硬體示意圖

分散式系統的執行維護成本和複雜度都相對較高，且建構分散式系統的硬體架構的詳細討論也超出了本書的範圍。因此，本節僅提供了一些基礎介紹和對分散式訓練性能的影響，並不深入探討分散式硬體系統的詳盡細節。

3

深度學習必備
的 PyTorch 知識

　　一個軟體能否得到廣泛使用，主要取決於兩個方面：好用性和性能。不過這兩者之間的優先順序通常會根據應用場景的需求而動態變化。近年來，深度學習領域迅猛發展，創新想法不斷湧現，對於以科學研究為主的使用者而言，有一個能快速實現和驗證想法的工具尤為關鍵。因此深度學習框架的靈活性是最重要的，性能則次之。PyTorch 之所以能成為深度學習領域的主流訓練框架，正是因為它在好用性和性能之間找到了良好的平衡。

第 3 章　深度學習必備的 PyTorch 知識

由於 PyTorch 的程式設計風格與 Python 非常相似，再加上豐富的文件和範例程式，相信本書的大部分讀者已經能夠輕鬆上手使用 PyTorch 訓練一個小模型。但能用起來和用得好其實是不一樣的。因此，本章不打算像官方文件那樣逐筆講解 API 的使用方法，而是重點解決以下兩個問題：

- PyTorch 為什麼好用？與其他框架相比，它的優勢在哪裡？
- 如何才能用好 PyTorch？雖然 PyTorch 的性能不是最佳的，但在大多數情況下，只要合理使用，PyTorch 的性能並不差，能夠在性能和好用性之間取得不錯的平衡。

要真正用好 PyTorch，就需要充分了解其核心執行機制。如圖 3-1 所示，本章將從 PyTorch 的核心概念—張量和運算元講起，逐步深入 PyTorch 的記憶體分配、基於動態圖的執行機制，以及作為訓練框架的殺手鐧級特性—自動微分系統的底層原理。了解這些內容不僅有助理解 PyTorch 為何好用，還能幫助讀者辨識各種特性帶來的優勢和劣勢，為後續章節中學習最佳化方法奠定基礎。

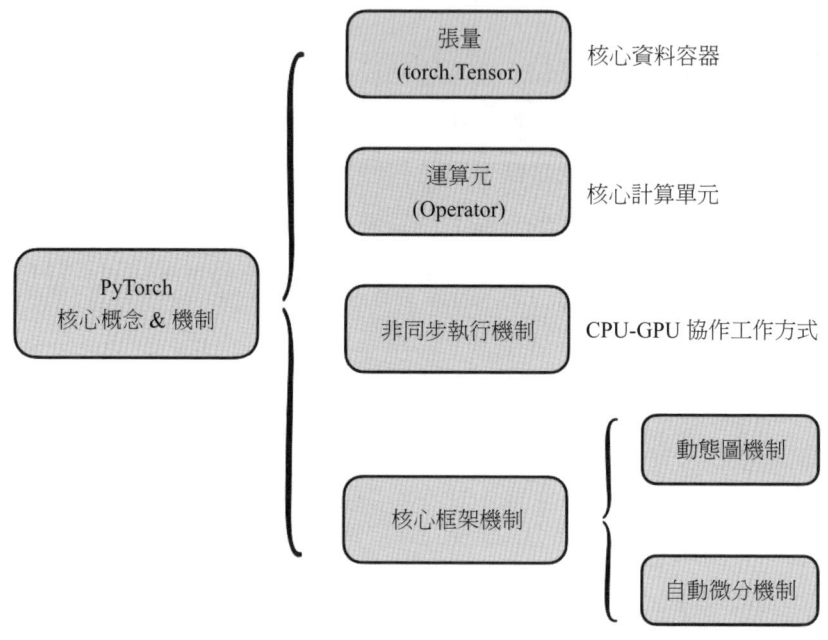

▲ 圖 3-1　本章的核心內容概覽

3.1 PyTorch 的張量資料結構

張量（torch.Tensor）是 PyTorch 中最核心的資料結構之一，與數學上的張量概念緊密相關。讀者可以把它想像為一個多維陣列，其中的維度 N 可以是任何非負整數。在 PyTorch 中，絕大多數資料都是透過張量來表達的，包括以下幾種常見的資料形式：

- 純量（scalar）：0 維張量，代表一個單一的數值。
- 向量（vector）：1 維張量，代表一個數值序列。
- 矩陣（matrix）：2 維張量，一個 $m*n$ 的矩陣由 m 行 n 列組成，形成一個矩形陣列。

圖 3-2 分別展示了純量、向量、矩陣及更高維度張量的例子，幫助讀者直觀地了解這些概念間的區別與聯繫。簡而言之，張量可以視為純量、向量和矩陣向 N 維空間的拓展。在 PyTorch 中，張量作為資料容器提供了統一的方式來處理不同維度和形狀的資料。

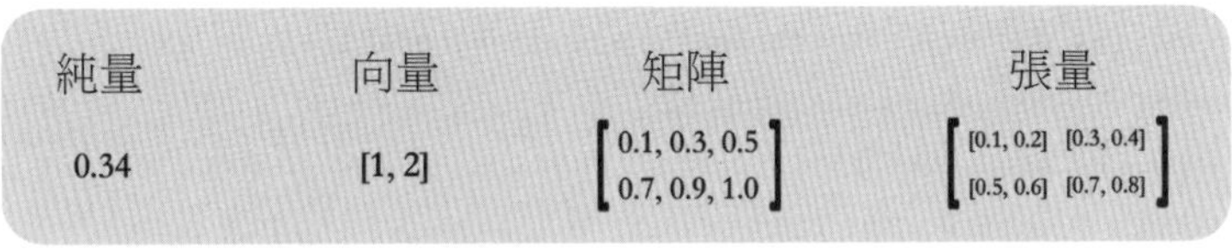

純量	向量	矩陣	張量
0.34	[1, 2]	$\begin{bmatrix} 0.1, 0.3, 0.5 \\ 0.7, 0.9, 1.0 \end{bmatrix}$	$\begin{bmatrix} [0.1, 0.2] & [0.3, 0.4] \\ [0.5, 0.6] & [0.7, 0.8] \end{bmatrix}$

▲ 圖 3-2 純量、形狀為 [2] 的向量、形狀為 [2, 3] 的矩陣和形狀為 [2, 2, 2] 的張量範例

為了方便深度學習應用的開發，PyTorch 的 torch.Tensor 類別不僅提供基本的資料容器功能，還提供了許多額外的屬性。這些屬性將在本節中詳細介紹。

第 3 章 深度學習必備的 PyTorch 知識

3.1.1 張量的基本屬性及建立

torch.Tensor 是一種多維陣列結構，它具備以下三個基本屬性：

- 形狀（shape）：指定了張量中每個維度的大小。舉例來說，一個形狀為 [3,2] 的張量在其第一個維度上有 3 個元素，在第二個維度上有 2 個元素。

- 資料型態（dtype）：張量中的資料型態可以是整數、浮點數、布林值，甚至複數，但是所有元素的類型必須一致。

- 資料儲存位置（device）：指定了張量資料儲存的後端。舉例來說，CPU 後端將資料儲存在主記憶體中，CUDA 後端的張量則儲存在 GPU 顯示記憶體中。

通常建立一個 PyTorch 張量時，只需要指定其形狀、資料型態和存放裝置這三個參數，範例程式如下。

```
import torch

x = torch.rand((3, 2), dtype=torch.float32, device="cuda")

print(x.dtype)   # torch.float32
print(x.device)  # cuda:0
print(x.shape)   # torch.Size([3, 2])
```

PyTorch 提供了多個用於建立和初始化[1] 張量的函數介面，表 3-1 列出了其中常用的幾種函數。

---

[1] https://pytorch.org/docs/stable/torch.html#tensor-creation-ops

3.1 PyTorch 的張量資料結構

▼ 表 3-1 張量的建立函數

Tensor 的建立函數	含義
torch.empty/torch.empty_like	建立一個未初始化的 tensor
torch.zeros/torch.zeros_like	建立一個初始化為 0 的 tensor
torch.ones/torch.ones_like	建立一個初始化為 1 的 tensor
torch.range/torch.linspace	建立初始值為特定步進值變化的 tensor
torch.rand/torch.rand_like/torch.randn	建立一個隨機初始化的 tensor

3.1.2 存取張量的資料

在一個 torch.Tensor 中，最核心的是它儲存的資料。本節將講解如何定位並存取 torch.Tensor 中的特定資料元素。這通常需要用到索引（indexing）技術。索引操作允許我們存取張量的單一資料點、資料段（切片）或是特定的維度，這類操作通常稱為**基礎索引**。為方便說明，下面的例子中提到的行和列索引都是從 0 開始計數的：

```
import torch

# 建立一個 10*20 的張量，使用 contiguous() 確保其連續性
x = torch.arange(200).reshape(10, 20).contiguous()

# 訪問單個元素，傳回第 0 行的第 0 個元素
x[0, 0]  # tensor(0)

# 支持負數索引，傳回第 0 行的最後一個元素
x[0, -1]  # tensor(19)

# 切片索引，單獨一個冒號表示選擇該維度的所有元素，傳回第 2 行的整行資料
x[2, :]
# tensor([40, 41, 42, 43, 44, 45, 46, 47, 48, 49, 50, 51, 52, 53, 54, 55, 56, 57, 58, 59])
```

第 3 章 深度學習必備的 PyTorch 知識

```
# 切片索引，傳回從索引為 1 的列開始，到索引為 9 的列（不包含），每隔 3 個索引選擇一個元素，即第 0
行的第 1、4、7 列資料
x[0, 1:9:3]  # tensor([[ 1,    4,    7])

# 省略號是一個特殊的索引符號，代表 " 在這個位置選擇所有可能的索引 "，傳回第 1 列的所有元素
x[..., 1]
# tensor([  1,  21,  41,  61,  81, 101, 121, 141, 161, 181])

# 與 NumPy 類似，None 表示加入一個新的維度，常用於調整張量的形狀以滿足某些特定操作的需求。
# 這裏我們在第二個維度（即行和列之間）插入一個新的維度。
x[:, None, :]  # 傳回張量的形狀為 (10, 1, 20)
```

透過基礎索引操作，我們也可以對 torch.Tensor 進行賦值。以下程式可以展示幾個簡單的範例：

```
import torch

# 建立一個 10*20 的張量，使用 contiguous() 確保其連續性
x = torch.arange(200).reshape(10, 20).contiguous()

# 通過基礎索引對 x 的 [0, 0] 元素進行賦值
x[0, 0] = -1.0
print(x[0, 0])  # x[0, 0] 被更新成 -1.0

# 通過切片索引對 x[2, :] 的所有元素進行賦值
x[2, :] = 10
print(x)  # x 的第 2 行（從 0 計數）的所有元素被更新成 10
```

掌握多種索引技巧對於高效處理和分析 Tensor 中的資料至關重要。到目前為止，我們對 torch.Tensor 的處理主要集中在基礎索引上。實際上，Tensor 類別還支援更複雜的操作和索引方式，比如後面在 3.2.2 小節要介紹的高級索引技巧。然而，在深入了解這些高級技巧之前，讓我們先詳細了解一下 torch.Tensor 的底層儲存機制。

3.1.3 張量的儲存方式

在 PyTorch 框架中，張量（torch.Tensor）和張量的資料儲存（torch.Storage）是兩個不同層級的概念。可以將張量理解為對其底層資料儲存的一種特定的存取和解釋方式。每個張量底層都有一個 torch.Storage 來儲存其資料，多個張量還可以共用同一個 torch.Storage。圖 3-3 展示了張量和其儲存之間的關係。

torch.Storage 是用於表示資料在實體記憶體中的儲存方式，其實就是一塊連續的一維記憶體空間。每個 torch.Storage 物件負責維護儲存資料的類型和總長度資訊。在此基礎上，torch.Tensor 增加了如**形狀（shape）**、**步進值（stride）**和**偏移量（offset）**等額外的屬性，這些額外的屬性定義了 torch.Tensor 存取底層資料的具體方式。

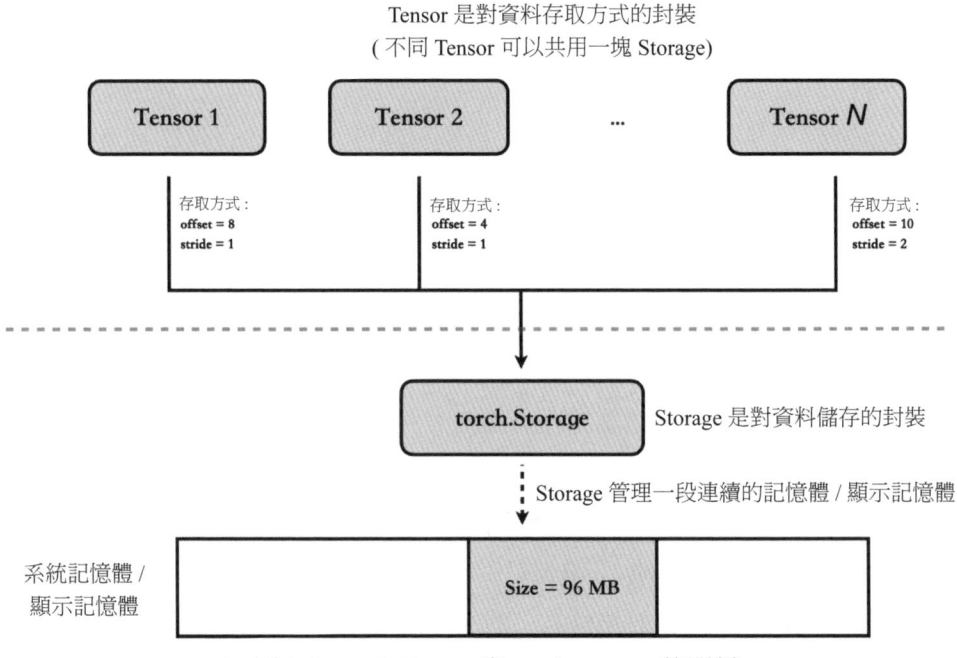

▲ 圖 3-3　torch.Tensor 與 torch.storage 的關係

第 3 章 深度學習必備的 PyTorch 知識

其中尤為值得一提的是「步進值」屬性，它可以實現高效的張量資料存取。步進值指定了在遍歷張量資料時，必須在記憶體中跳過多少元素才能到達下一個元素。這一屬性的引入使得張量對於儲存的存取更加靈活。比如我們可以透過改變步進值屬性來實現一個高效的張量轉置操作，以下面的程式所示：

```
import torch

# 建立一個 3*4 的張量，使用 contiguous() 確保其連續性
x = torch.arange(12).reshape(3, 4).contiguous()

print(f"x = {x}\nx.stride = {x.stride()}")
# x = tensor([[ 0,  1,  2,  3],
#             [ 4,  5,  6,  7],
#             [ 8,  9, 10, 11]])
# x.stride = (4, 1)

y = torch.as_strided(x, size=(4, 3), stride=(1, 4))
print(f"y = {y}\ny.stride = {y.stride()}")
# y = tensor([[ 0,  4,  8],
#             [ 1,  5,  9],
#             [ 2,  6, 10],
#             [ 3,  7, 11]])
# y.stride = (1, 4)

# 張量 x 和 y 共享同一塊底層儲存
assert id(x.untyped_storage()) == id(y.untyped_storage())
```

具體來說 as_strided 函數的作用由兩方面組成：一方面它重新規定了 x 張量的存取方式，將其步進值從 (4,1) 改為了 (1,4)，形狀為 (4,3)。這表示在遍歷 x 的資料時，在第二個維度上每存取一個資料會向後跳四步再存取下一個資料，而在第一個維度上則每存取一個資料向後跳一步。這樣的讀取方式僅用文字表達可能過於抽象了，所以我們繪製了圖 3-4 來展示具體的讀取步驟。簡單來說，按照每次跳 4（內層維度的 stride 為 4）個資料的方式讀取張量 x 的資料，讀完一行 3 個元素（內層長度為 3）之後就回到該行的起點向後錯 1 位（外層維

3.1 PyTorch 的張量資料結構

度的 stride 為 1）。然後繼續按照每次跳 4 個資料的方式讀取。由於不需要額外的資料複製，透過 as_strided 實現的張量轉置過程對性能的影響微乎其微，這在處理大規模資料時尤其高效。

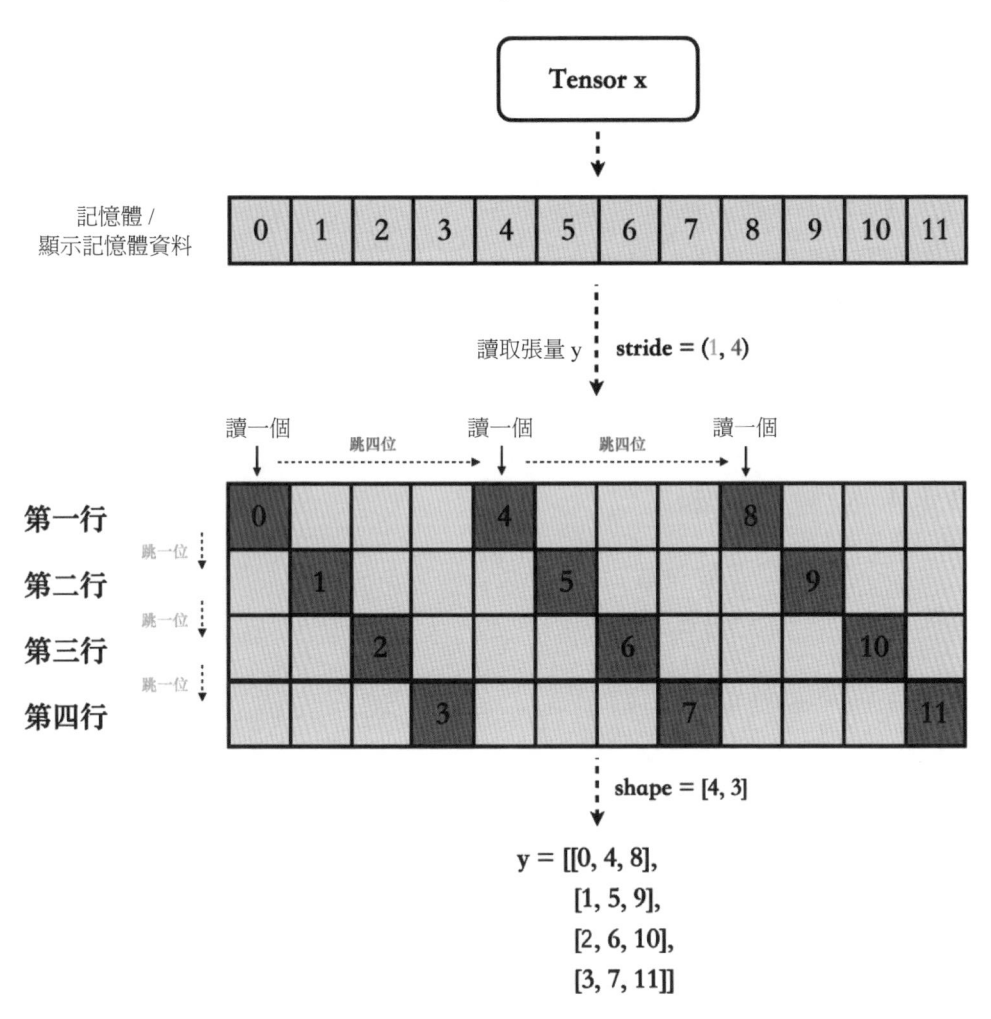

▲ 圖 3-4 圖解張量的 stride 屬性

使用 stride 屬性來存取張量是非常高效的，因為它無需複製，直接操作同一個張量的底層資料儲存。但它也是把雙刃劍，因為會導致「張量不連續」。所謂的連續張量，是指它的所有元素在實體記憶體中順序排列，每個元素緊接

3-9

其前一個元素。比如在圖 3-3 中，張量 N 的 stride 為 2，表示每兩個元素之間隔有一個無關元素。在這種情況下，張量就被認為是不連續的。張量的不連續性可能在實際應用中造成一些問題。比如可能會導致演算法的記憶體存取模式不理想，可能降低整體的計算效率。其次許多 PyTorch 演算法在設計時就預設了張量在記憶體中是連續儲存的，如果遇到不連續的張量，可能會拋出錯誤訊息甚至得到錯誤的計算結果。

為了解決這些問題，PyTorch 提供了 tensor.is_contiguous() 方法用於檢測張量是否為連續。對於不連續的張量，可以透過呼叫 tensor.contiguous() 方法生成一個連續的副本。然而天下沒有免費的午餐，這個呼叫會將原始資料複製到一塊新的連續記憶體空間，增加記憶體佔用，因此讀者在開發時需要時刻注意記憶體和性能之間的平衡。

3.1.4 張量的視圖

在上一節中，我們了解到資料的底層儲存和張量是兩個不同層級的概念。同時，PyTorch 允許使用者在不複製底層資料的情況下，對同一塊記憶體的資料進行不同形狀和維度的解釋和操作。不同的張量可以共用同一塊底層儲存，當這些共用儲存的張量互不重疊時，影響較小[1]。但如果它們不僅共用底層儲存，還會有重疊，我們稱其中一個張量為另一個張量的視圖（view）。當你修改視圖張量中的資料時，原始張量的資料也會相應改變，這是因為它們指向同一塊記憶體位址。

PyTorch 中有許多操作可以建立視圖張量。表 3-2 列出了一些常見的操作。這些操作允許使用者以不同的方式查看和修改相同的資料，而無須複製資料本身，這對記憶體效率和性能最佳化非常重要。

---

[1] 一個較為明顯的副作用是當使用 torch.save() 儲存一個張量時，儲存的單位是 torch.Storage 而非 torch.Tensor。因此張量儲存的檔案大小可能大於其自身的資料量。

3.1 PyTorch 的張量資料結構

▼ 表 3-2　PyTorch 中常用的視圖操作

操作	說明
expand()	用於「虛擬」增加張量的維度
transpose() / permute()	用於改變張量的維度順序
narrow()	用於建立張量的一個子視圖
squeeze() / unsqueeze()	用於增加或減少維度為 1 的維度
chunk() / split()	將一個張量分割為多個小張量
as_strided()	透過自訂步進值大小來遍歷資料，允許跳躍式地存取張量資料
view()	用於改變張量的形狀
detach()	建立一個新的張量，但不繼承原張量的反向圖

除了上面的視圖操作，我們在 3.1.2 小節講的基於基礎索引的張量讀取操作傳回的也是視圖，範例程式如下：

```
import torch

a = torch.zeros(3, 3)

# 張量 b 是張量 a 的一個視圖，共享底層記憶體
b = a[0]
print(b)  # tensor([0., 0., 0.])

# 修改張量 b 的內容也會影響張量 a
b[0] = 1
print(a)
# tensor([[1., 0., 0.],
#         [0., 0., 0.],
#         [0., 0., 0.]])
```

3-11

第 3 章　深度學習必備的 PyTorch 知識

此外，在 PyTorch 中，一些介面如 reshape() 和 flatten() 的行為較為特殊，它們可能根據具體的使用場景傳回一個視圖張量或一個全新記憶體的張量。這種行為的不確定性導致這些介面並不是最理想的 API 設計。不過考慮到這些方法在 PyTorch 使用者程式中的應用十分廣泛，改變它們的行為會相當困難。因此，建議使用這些方法的使用者不要依賴其傳回結果是視圖還是新張量，以避免潛在的混淆或錯誤。reshape() 和 flatten() 介面的使用程式如下：

```
import torch

original = torch.rand((2, 12))

reshaped = original.view(2, 3, 4)
print("reshaped shape:", reshaped.shape)
# reshaped shape: torch.Size([2, 3, 4])


flattened = reshaped.view(-1)
print("flattened shape:", flattened.shape)
# flattened shape: torch.Size([24])
```

視圖操作能有效地避免新記憶體分配的時間成本，並減少顯示記憶體佔用。我們將在第 7 章關於顯示記憶體最佳化方法的討論中，進一步分析記憶體重複使用的優勢與面臨的挑戰。不過需要特別注意的是，視圖張量共用記憶體雖然方便高效，使用不當的話也極易引入資料被修改的副作用，因此開發者應該對於哪些操作是視圖操作做到心中有數，才能運用自如。

3.2 PyTorch 中的運算元

3.2.1 PyTorch 的運算元函數庫

運算元在 PyTorch 中扮演著核心角色，主要用於執行預先定義的數學運算和操作，從而對張量進行變換或完成計算任務。PyTorch 中的運算元大致可以分為以下幾類：

（1）基礎數學運算：涵蓋了加法（+）、減法（-）、乘法（*）、除法（/）、指數（exp）、冪次方（pow）等基本數學操作。

（2）線性代數運算：包括矩陣乘法（matmul）、點乘（dot）、轉置（t）、反矩陣（inverse）等線性代數相關的運算。

（3）邏輯和比較運算：例如邏輯與（logical_and）、邏輯或（logical_or）、等於（eq）、大於（gt）、小於（lt）等用於比較和邏輯判斷的操作。

（4）張量操作：涉及張量的索引、切片、拼接（cat）、調整形狀（reshape）、調整維度（permute）等操作，用於張量的形狀和內容調整。

（5）其他特殊運算：包括深度學習中使用的各種層（如卷積層、池化層、注意力層）以及損失函數等特定於應用的複雜運算。

這些運算元提供給使用者了豐富的工具函數庫，使得複雜的數學和資料處理任務變得更加簡便。運算元的使用方式如下所示：

```
import torch

x = torch.ones(4, 4)

# 數學運算
y1 = x + x
y2 = x * x
```

```
# 線性代數運算
y3 = x.sum()

# 索引
x1 = x[1, 1]
```

為了增加程式設計的靈活性，PyTorch 提供了兩種執行操作的方式：一種是使用 torch 命名空間下的運算元函數，另一種是使用 Tensor 類別的方法。這兩種方式在數學處理上是等效的，因此它們在結果上沒有任何差異。舉例來說，在進行張量加法時，以下幾種方法是等價的，並且會得到相同的結果：

```
import torch

x = torch.ones(4, 4)

# torch 命名空間下的加法操作
y1 = x.add(x)

# 重載運算符 "+"，與 x.add(x) 等價
y2 = x + x

# Tensor 類的加法操作
y3 = torch.add(x, x)

assert (y1 == y2).all()
assert (y2 == y3).all()
```

3.2.2 PyTorch 運算元的記憶體分配

PyTorch 運算元操作的輸入和傳回值都是張量，但傳回值是否建立新的記憶體取決於具體的運算元。通常情況下，PyTorch 會為計算結果分配新的記憶體，因此運算元呼叫時會伴隨記憶體的分配。不過有以下幾種特殊情況需要特別注意：

1. 原位操作

PyTorch 也為一些運算元提供了原位（inplace）操作，它們直接修改輸入張量的資料並傳回同一個張量，無須建立新的記憶體。原位操作通常在方法名稱後加底線（_）表示，例如 add_() 是 add() 的原位版本。除了直接呼叫原位運算元，某些語法也會隱式地觸發原位操作。比如下面的程式範例中 x += y 將觸發原位加法操作，而 x = x + y 就只是普通的加法操作和賦值操作。原位操作有助減少記憶體分配和避免資料的複製銷耗，對記憶體和性能都有幫助。然而，原位操作的使用條件更為苛刻，使用不當的話可能帶來副作用，我們將在第 7 章進一步討論原位操作。

```
import torch

x = torch.ones((4, 4))

# 原位加法操作
y1 = x.add_(x)
print(y1)   # 張量 x 所有元素更新為 2，張量 y1 是張量 x 的一個別名，是同一個張量

# 原位加法操作
x += y1
print(x)   # 張量 x 所有元素更新為 4

# 非原位加法操作
x = x + y1
print(x)   # 張量 x 所有元素更新為 8
```

2. 視圖操作

3.1.4 小節講到的視圖操作的輸出張量與輸入張量共用底層記憶體，因此不會造成額外的記憶體分配。

3. 讀取操作

我們在 3.1.4 小節提到透過基礎索引進行的張量讀取操作也是視圖操作的一種。但除了基礎索引以外，PyTorch 還支援類似於 NumPy 的高級索引，也就是使用布林或整數張量作為索引。與基礎索引不同的是，基於高級索引的讀取操作會建立新的記憶體儲存。下面的程式範例分別展示了基於基礎和高級索引的讀取操作，可以看到雖然寫法相似，但是基礎索引與輸入張量共用底層儲存，高級索引則會導致額外的記憶體分配。

```python
import torch

# 建立一個 10*20 的張量，使用 contiguous() 確保其連續性
x = torch.arange(200).reshape(10, 20).contiguous()

# 基礎索引，讀取 x 的第 0 行
y_basic_index = x[0]

# (1) 基於基礎索引進行讀取的傳回張量和 x 共享底層儲存
assert y_basic_index.data_ptr() == x.data_ptr()

# 使用整數張量對 x 進行高級索引，傳回位置在 [0, 2], [1, 3], [2, 4] 位置的元素
z_adv_index_int = x[torch.tensor([0, 1, 2]), torch.tensor([2, 3, 4])]
# z_adv_index_int = tensor([ 2, 23, 44])

# 對張量 x 中的每個元素進行判斷，如果元素的值小於 10，則對應位置的 ind 為 True，否則為 False
ind = x < 10
# 使用布林張量對 x 進行高級索引，傳回 x 中所有對應 ind 位置為 True 的元素
z_adv_index_bool = x[ind]
# z_adv_index_bool = tensor([0, 1, 2, 3, 4, 5, 6, 7, 8, 9])

# (2) 基於高級索引進行讀取的傳回張量和 x 的底層儲存是分開的
assert z_adv_index_int.data_ptr() != x.data_ptr()
assert z_adv_index_bool.data_ptr() != x.data_ptr()
```

4. 賦值操作

張量賦值操作是指使用基礎索引、高級索引、廣播等方式將新的值賦給張量的特定位置。賦值操作直接修改輸入張量的內容，沒有傳回值。但值得注意的是，雖然上面提到基於高級索引的讀取操作會建立新的儲存，但是不論基於哪種索引方式進行的賦值操作都會直接影響原始張量。下面是一個使用高級索引給張量賦值的範例程式。

```
import torch

# 建立一個10*20的張量，使用contiguous()確保其連續性
x = torch.arange(200).reshape(10, 20).contiguous()

# 對張量x中的每個元素進行判斷，如果元素的值小於10，則對應位置的ind為 True，否則為False
ind = x < 10
# 透過高級索引對x的部分元素進行賦值
x[ind] = 1.0

print(x)   # x的對應位置也被更新成1.0
```

3.2.3 運算元的呼叫過程

PyTorch 程式一向以靈活和好用著稱，但是它的性能問題也時常受到詬病，其中運算元呼叫的銷耗恰恰是最主要的性能殺手之一。為了理解這個問題，我們可以分析一下在最基本的 PyTorch 運算元呼叫過程中都發生了哪些事情。這種分析有助理解其額外性能銷耗的來源，並指導我們在撰寫程式時如何更有效地使用 PyTorch。我們來從一個簡單的張量的矩陣乘法入手，程式如下：

```
import torch

x1 = torch.rand(32, 32, dtype=torch.float32, device="cuda:0")
x2 = torch.rand(32, 32, dtype=torch.float32, device="cuda:0")

y = x1 @ x2
```

我們來分析一下 PyTorch 中 y = x1@x2 在整個呼叫中大致經歷了哪些過程：

（1）函數入口：這個運算式會首先呼叫 Python 中 Tensor 類別的 __matmul__ 方法作為「矩陣乘法」運算元的入口。

（2）定位運算元：PyTorch 核心的**分發系統（dispatcher）**會根據運算元類型、輸入張量的資料型態、儲存後端來找到可以承擔該運算元計算的底層運算元實現。比如這個例子中，分發系統找到 GPU 上 float32 類型矩陣乘法計算對應的 CUDA 函數實現。

（3）建立張量：建立所需的輸出張量。

（4）底層呼叫：呼叫我們找到的運算元函數，進行類型轉換、輸出張量的建立等必要步驟，計算並將結果寫入輸出張量。

（5）函數傳回：建立輸出張量的 Python 物件並傳回給使用者。

圖 3-5 展示了在 PyTorch 呼叫一個矩陣乘法運算元的呼叫堆疊，我們可以看出這裡面最核心的步驟是底層呼叫也就是運算元計算，但是我們在前後還做了一系列準備工作，這些準備工作統一稱為呼叫延遲。雖然少數運算元的呼叫延遲可以接受，但如果頻繁呼叫運算元，則累積起來的總呼叫延遲就不能忽視了。

▲ 圖 3-5 PyTorch 運算元的完整呼叫流程

我們將在第 9 章中介紹透過 CUDA Graph 降低呼叫延遲的方法，但是讀者在日常開發中應該緊繃一根弦，儘量減少不必要的操作，如能對張量整體操作的時候儘量避免手動運算元組中的單一元素。因為單一陣列元素的讀取和賦值都是一次運算元呼叫。比如對於張量加和運算，如果透過在 Python 中手寫迴圈來完成「讀取單一元素→加和→儲存回張量」這個過程，所需要的計算時間要遠遠高於直接使用張量的加法操作。這是因為張量的加法和精簡操作能夠充分地利用 GPU 的平行計算能力，在性能上會顯著優於對單個張量元素進行的串列操作。

3.3 PyTorch 的動態圖機制

PyTorch 的靈活性和好用性是其廣受開發者歡迎的主要原因，但是這裡的「靈活易用」具體是指什麼呢？實際上，PyTorch 之所以在許多深度學習框架中脫穎而出，主要得益於其**動態圖（dynamic graph）**特性。換句話說，PyTorch 會在程式執行時動態地構建計算圖，使得計算圖的建構和執行同時進行，而非兩個分離的階段。每執行一步程式，相應的計算圖就會被建構並執行。這與 TensorFlow 早期 1.0 版本採用的靜態圖模式形成了鮮明對比，靜態圖要求先定義整個計算圖，一旦定義完成，執行時期就不能修改了。

動態圖的最大優勢在於它提供了「所見即所得」的體驗，使得偵錯對使用者來說變得非常直觀和簡單。這種即時回饋對於開發和測試新模型時理解並修復程式中的錯誤非常有幫助，也是 PyTorch 受歡迎的主要原因之一。

PyTorch 動態圖還有幾種不同的說法，但其實描述的是同一個特性。

- Define-by-Run：即計算圖的建構是在程式執行時期動態發生的，即你定義了什麼操作，圖就立刻執行什麼操作。
- Eager mode/Eager execution：框架在程式執行時期立即執行操作，而非建構一個圖等待後續再執行。

為了更進一步地理解動態圖特性，我們首先需要了解計算圖的概念。在 PyTorch 中，計算圖是一個有向無環圖，其中的**節點（node）**代表各種運算元操作，比如加法、乘法或更複雜的操作如卷積等，而**邊（edge）**則代表資料（指張量資料）的流動。這些邊的方向描述了資料流程動的路徑和操作的執行

第 3 章　深度學習必備的 PyTorch 知識

順序。舉例來說，在一個簡單的加法操作 $z = x + y$ 中，x 和 y 是輸入，z 是輸出。在計算圖中，x 和 y 分別有一條邊指向加法節點，加法節點也有一條邊指向輸出 z。

理解了計算圖的概念後，可以透過對比靜態圖和動態圖來直觀感受這兩者之間的區別。首先來看一下在動態圖中很常見的一段程式：

```python
import torch

x = torch.tensor(2)  # 可以嘗試不同的值，如 torch.tensor(1.0)

y = x % 2

if y == 0:
    z = x * 10
else:
    z = x + 10

print(z)
```

簡而言之，這段程式會根據張量 y 的數值動態決定是呼叫加法還是乘法運算元來得到張量 z 的數值。在動態圖模式下，這段程式的邏輯幾乎和撰寫普通的 Python 程式一樣簡潔直觀，我們甚至意識不到 PyTorch 對計算圖的建構過程。

在動態圖模式下簡單的程式，一旦轉到靜態圖的建構，就會變得有些複雜。以經典的靜態圖框架 TensorFlow 1.0 為例，相同的程式邏輯的實現如下：

```python
import tensorflow.compat.v1 as tf

x = tf.placeholder(tf.float32, shape=())

def true_fn():
    return tf.multiply(x, 10)
```

3.3 PyTorch 的動態圖機制

```
def false_fn():
    return tf.add(x, 10)


y = x % 2
z = tf.cond(tf.equal(y, 0), true_fn, false_fn)

with tf.Session() as sess:
    print(sess.run(z, feed_dict={x: 2}))   # 輸出 10 (2 * 10)
    print(sess.run(z, feed_dict={x: 1}))   # 輸出 11 (1 + 10)
```

首先可以注意到，TensorFlow 1.0 的程式邏輯需要完全由 TensorFlow 的介面拼接而成，與原生的 Python 程式寫法有很大差別—寫的雖然是 Python 語言，但是卻不那麼「Pythonic」。除此以外，程式中的張量 y、z 在很長一段時間裡都只是單純的符號，沒有具體的數值，也因此沒有辦法列印出來。這個情況一直持續到在 TensorFlow 的階段（tf.Session）中，透過 sess.run() 執行建構出來的計算圖。計算圖一旦被執行後才會往 y、z 中填入數值。但是這時候計算圖已經完全固定下來了，後續不能再繼續對 x、y、z 進行任何修改了。

總的來說，動態圖與靜態圖程式之間的具體差異如下：

（1）執行方式：靜態圖有明確圖的定義和圖的執行兩個階段。而動態圖則是在定義的同時就執行，立即得到結果。舉例來說，在 TensorFlow 中，y = x%2 只是向計算圖中增加一個運算節點，該運算不會立即執行。但在動態圖中，這個敘述在增加節點的同時也執行了該運算。

（2）資料表示：在靜態圖的定義階段，x、y、z 都是符號，不含具體資料。只有在執行時期，我們才對輸入 x 賦值。而在 PyTorch 的程式中，x、y、z 一開始就是帶有具體資料的張量。

（3）中斷與偵錯：靜態圖一旦執行就不能中斷。要在靜態圖中列印中間變數 y 的值進行偵錯，需要插入 tf.Print() 敘述並重新執行圖。但是在 PyTorch 中，執行過程可以中斷，比如可以用 import pdb;pdb.set_trace() 使執行暫停，並可以自由地列印或修改張量的內容。

（4）程式執行：在 TensorFlow 1.0 中，計算圖的執行全都是由 TensorFlow 的底層執行處理的—包括 print 敘述和條件陳述式在內。而在 PyTorch 程式中，條件陳述式和 print 敘述是由 Python 解譯器執行的，只有與張量相關的操作是由 PyTorch 的執行處理的。這種設計保持了 Python 作為直譯型語言的靈活性，從而可以支援動態修改程式和互動式程式設計。

圖 3-6 直觀地展示了靜態圖和動態圖的對比。

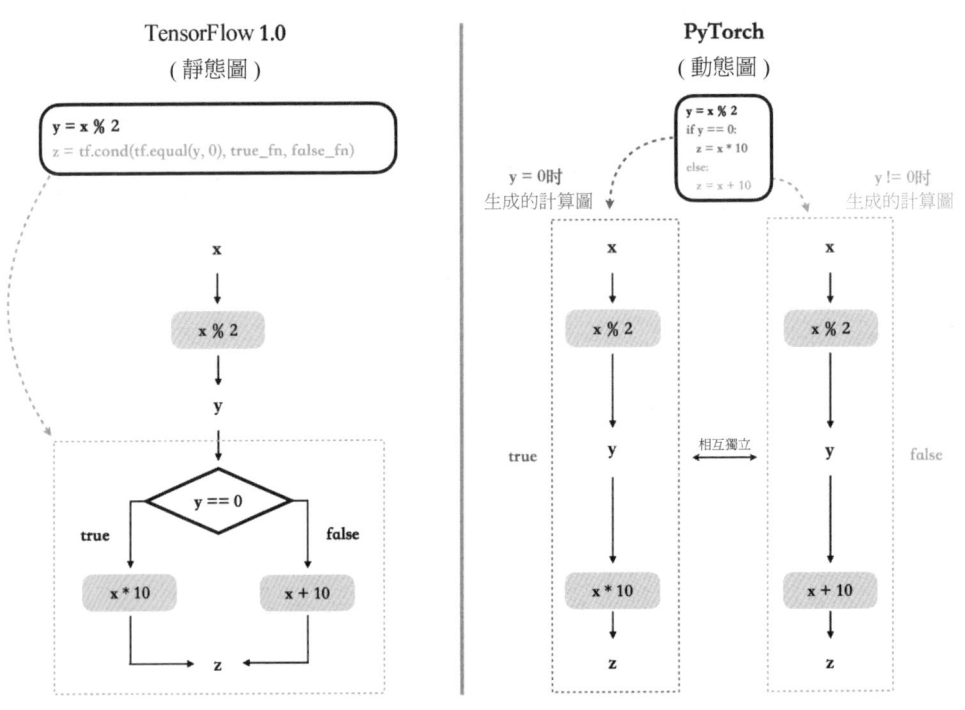

▲ 圖 3-6 靜態圖和動態圖的對比

當然，靜態圖也有其獨特的優勢。在後續第 9 章高級最佳化技術中會提到，由於靜態圖在執行前就獲得了完整的圖資訊，使得它能夠應用更複雜的最佳化策略，如移除無用操作、進行跨操作最佳化，甚至執行運算元融合等。這些最佳化在性能方面提供了明顯的優勢。在部署環境中，即使是微小的性能提升也能顯著地節約成本。因此，對追求極致性能的部署工程師來說，像 TensorFlow 1.0 這樣的框架仍然是首選之一。而對於研究人員，快速迭代和易於偵錯的特性使得 PyTorch 具有顯著優勢。因此，靜態圖和動態圖並沒有絕對的優劣之分，它們更多是根據不同的使用場景和使用者群眾而有所區別。

3.4 PyTorch 的自動微分系統

3.4.1 什麼是自動微分

熟悉 PyTorch 的讀者可能知道，無論前向傳播的程式多麼複雜，通常只需透過呼叫 loss.backward() 就能計算出所有參數的梯度值。也許是因為名字裡面帶了「自動」兩個字，許多人沒有意識到它所提供的迅速且精確的梯度計算有多難得。因此在深入探討 PyTorch 的自動微分系統之前，有必要先回顧一下在常規情況下是如何計算梯度的。這樣可以更進一步地理解自動微分技術的工作原理和它的優勢。我們在高中都學過這兩種梯度的計算方法：

（1）**基於有限差分的數值微分法**：透過對輸入變數增加一個微小擾動，比如設定 $h = 0.000001$，然後觀察輸出的變化來近似計算梯度值。這種方法操作簡單，只需多次執行前向函數即可，但得到的梯度精度不高，且每次僅能計算一個參數的梯度。對於參數許多的神經網路而言，這種方法在速度和精度上都難以滿足現代深度學習的需求。

$$a.\ h = 0.000001$$
$$b.\ f'(x) = \frac{f(x+h) - f(x-h)}{2h}$$

（2）**基於符號微分的梯度公式推導**：這個推導如果由人來進行，就是傳統的一支筆一張紙的手動求導，這種方式對於複雜程式而言既耗時又容易出錯。那麼這個過程能不能讓電腦來完成呢？答案是肯定的，但是電腦只能處理封閉形式運算式[1]（closed-form expression）的微分。因此，要用符號微分自動化地處理一段 Python 程式，前提是這段程式必須能被轉為封閉形式的運算式。這對於包含簡單算術和邏輯操作的程式而言很簡單，但是對於程式中涉及基於動態輸入或條件變化的迴圈、複雜遞迴、動態記憶體分配及涉及大量非線性資料處理等複雜邏輯，將其轉化為封閉形式通常是不可能的。因此，儘管符號微分在計算效率上非常高，其適用性卻受到很大限制。

接下來，我們回到 PyTorch 所採用的自動微分方法，並自然而然地引出兩個問題：什麼是自動微分？自動微分是屬於數值微分方法還是符號微分方法？

嚴格來說，**自動微分**既不屬於數值微分也不屬於符號微分。它是指在原有程式執行的基礎上增加了計算梯度的功能這種執行機制。自動微分系統有兩個關鍵要素：

（1）它定義了一系列的「基本操作」（如加、減、乘、除），並且根據手動推導的結果定義了這些操作的梯度。舉例來說，在手動推導 $z = y \times x$ 的微分形式時，我們可以得到 $\frac{dz}{dy} = x, \frac{dz}{dx} = y$，類似這樣的基礎操作梯度公式會被強制寫入在自動微分系統中，是它的核心組成元素。

（2）在程式執行時期，自動微分系統會基於鏈式法則將複雜運算拆解成基礎操作的組合，一步步計算所有中間結果的梯度，並最終計算出輸入參數的梯度。注意在運算過程中對於同一個張量的梯度是累加而非覆載的。而且這裡累加的是具體數值而非符號表達式，這一點至關重要，它使得自動微分系統能夠自然地相容程式中出現的邏輯判斷，如分支、迴圈和遞迴等，而這對符號微分系統是非常困難的。

---

1 在數學上指的是可以透過有限次基本運算精確表示的運算式，例如多項式、指數和對數函數、三角函數等。

3.4 PyTorch 的自動微分系統

由於這兩個特性,自動微分系統在保證靈活性的同時還能提供非常高的計算精度,非常適合作為深度學習模型訓練的基礎架構。

3.4.2 自動微分的實現

從上一個小節的介紹中我們不難看到,PyTorch 的自動微分機制是能夠兼顧好用性、性能以及數值精確性的微分實現方法。那麼具備諸多優點的自動微分系統,其底層執行機制是什麼樣的呢?在這一小節中就讓我們深入了解一下 PyTorch 自動微分系統的實現細節。

PyTorch 的自動微分系統中預設使用**反向微分模式**。它以某個輸出張量的梯度作為起點,反向逐層計算出每個輸入參數對應的梯度,計算圖的執行次數與輸出張量的數量有關──M 個輸出張量就需要執行 M 次計算圖。反向微分適用於輸入參數較多而輸出張量較少的場景,比如絕大多數深度學習模型訓練的場景都是有 $w_1, w_2, ..., w_N$ 個模型參數,但只有數個甚至一個損失函數(loss),這時我們想計算一個輸出對 N 個輸入的梯度,就適合使用反向微分。

當然除了反向模式,還有一種**前向模式的自動微分**。它以某個輸入參數的梯度作為起點,向前逐層計算出每個輸出張量對應的梯度,計算圖的執行次數與輸入參數的數量有關──N 個輸入參數就需要執行 N 次計算圖。所以前向微分適合輸入參數少而輸出張量多的場景,比如模型只有一個輸入參數 w,但是輸出 M 個 loss 的情況,這一般多見於科學計算相關的場景,尤其在計算高階導數時。

前向微分和反向微分模式的原理如圖 3-7 所示,限於篇幅原因我們後續只著重介紹反向微分的執行機制,對於前向微分有興趣的讀者可以自行參考相關資料學習。

第 3 章　深度學習必備的 PyTorch 知識

PyTorch 自動微分機制依賴於 torch.Tensor 上的兩個額外屬性，即 grad 和 requires_grad。其中 **tensor.grad 屬性**用來儲存自動微分計算得到的梯度張量，它和普通的 torch.Tensor 別無二致，只是專門用於儲存梯度資料。

tensor.requires_grad 屬性則用來指定是否需要對該張量進行梯度計算。當一個張量的 requires_grad 被設置為 True，PyTorch 便會開始追蹤該張量上的所有操作，為後續的梯度計算做準備，而在反向傳播時則自動計算這些張量的梯度。顯而易見，模型的可訓練參數的 requires_grad 需要設置為 True。

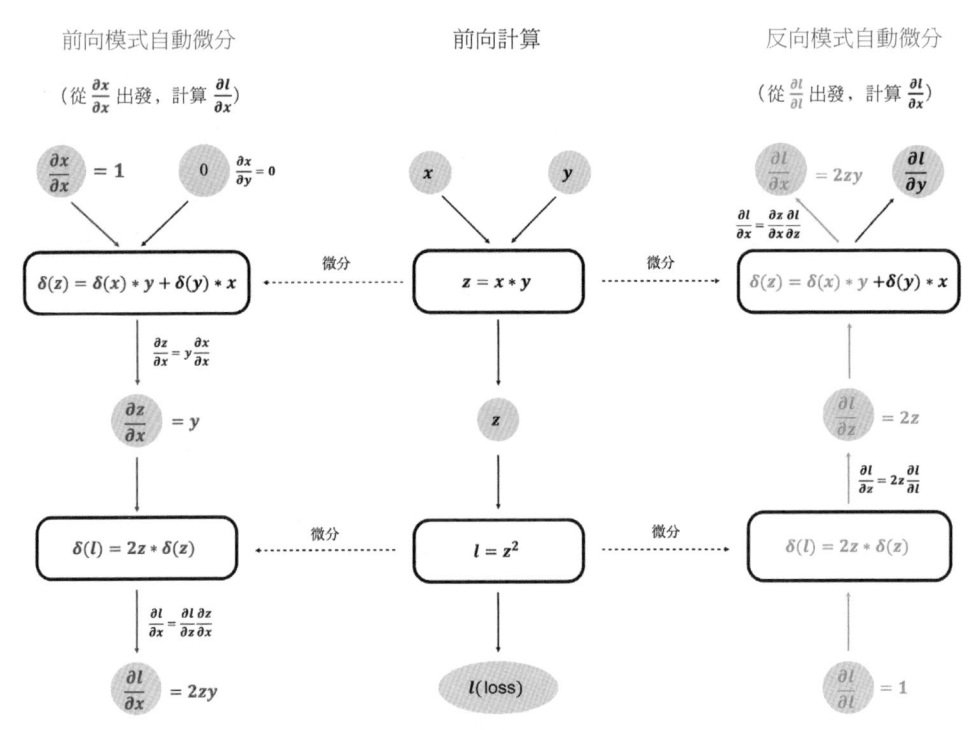

前向模式自動微分　　　　　　　前向計算　　　　　　　　反向模式自動微分

(從 $\frac{\partial x}{\partial x}$ 出發，計算 $\frac{\partial l}{\partial x}$)　　　　　　　　　　　　　　　　(從 $\frac{\partial l}{\partial l}$ 出發，計算 $\frac{\partial l}{\partial x}$)

$\frac{\partial x}{\partial x} = 1$　　$\frac{\partial x}{\partial y} = 0$　　　　x　　y　　　　$\frac{\partial l}{\partial x} = 2zy$　　$\frac{\partial l}{\partial y}$

$\frac{\partial l}{\partial x} = \frac{\partial z}{\partial x}\frac{\partial l}{\partial z}$

$\delta(z) = \delta(x) * y + \delta(y) * x$　←微分―　$z = x * y$　―微分→　$\delta(z) = \delta(x) * y + \delta(y) * x$

$\frac{\partial z}{\partial x} = y\frac{\partial x}{\partial x}$

$\frac{\partial z}{\partial x} = y$　　　　　　　　　　z　　　　　　　　　　$\frac{\partial l}{\partial z} = 2z$

$\frac{\partial l}{\partial z} = 2z\frac{\partial l}{\partial l}$

$\delta(l) = 2z * \delta(z)$　←微分―　$l = z^2$　―微分→　$\delta(l) = 2z * \delta(z)$

$\frac{\partial l}{\partial x} = \frac{\partial l}{\partial z}\frac{\partial z}{\partial x}$

$\frac{\partial l}{\partial x} = 2zy$　　　　　　　　$l(loss)$　　　　　　　　$\frac{\partial l}{\partial l} = 1$

▲ 圖 3-7　PyTorch 自動微分中前向微分和反向微分的電腦理

接下來，我們借助一個簡單的例子來介紹 PyTorch 自動微分系統的工作原理：

```
import torch

# 建立一個需要計算梯度的張量
```

3-26

3.4 PyTorch 的自動微分系統

```
x = torch.tensor([1.0, 2.0, 3.0], requires_grad=True)

# 前向傳播：
# 1. 構建並執行前向圖
# 2. 構建反向圖
t = x * 10
z = t * t

loss = z.mean()

# 反向傳播，計算梯度
loss.backward()

# 查看 x 的梯度
print(x.grad)
```

　　PyTorch 自動微分系統實際上在前向傳播時，就已經開始工作了。我們在 3.3 小節中提到，PyTorch 的動態圖機制在前向傳播時會動態建構並執行前向計算圖，這段描述其實並不全面，實際上在建構前向計算圖時，PyTorch 自動微分系統還會建立用於計算反向梯度的計算圖，也就是所謂的反向圖。注意每一個運算元在前向呼叫時，就會當場在反向圖中建構一個反向運算元。以 t = x*10 為例，其反向運算元的建構過程如圖 3-8 所示。

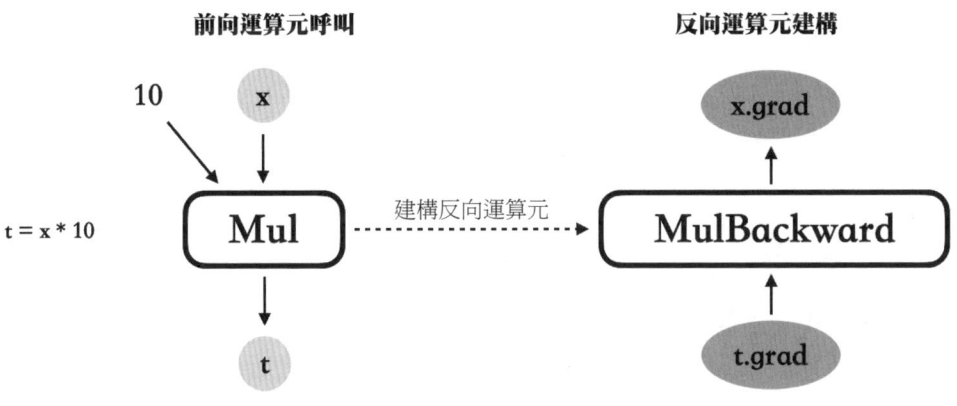

▲ 圖 3-8 反向圖的建構過程

上述程式範例的完整反向圖建構過程，則如圖 3-9 所示。

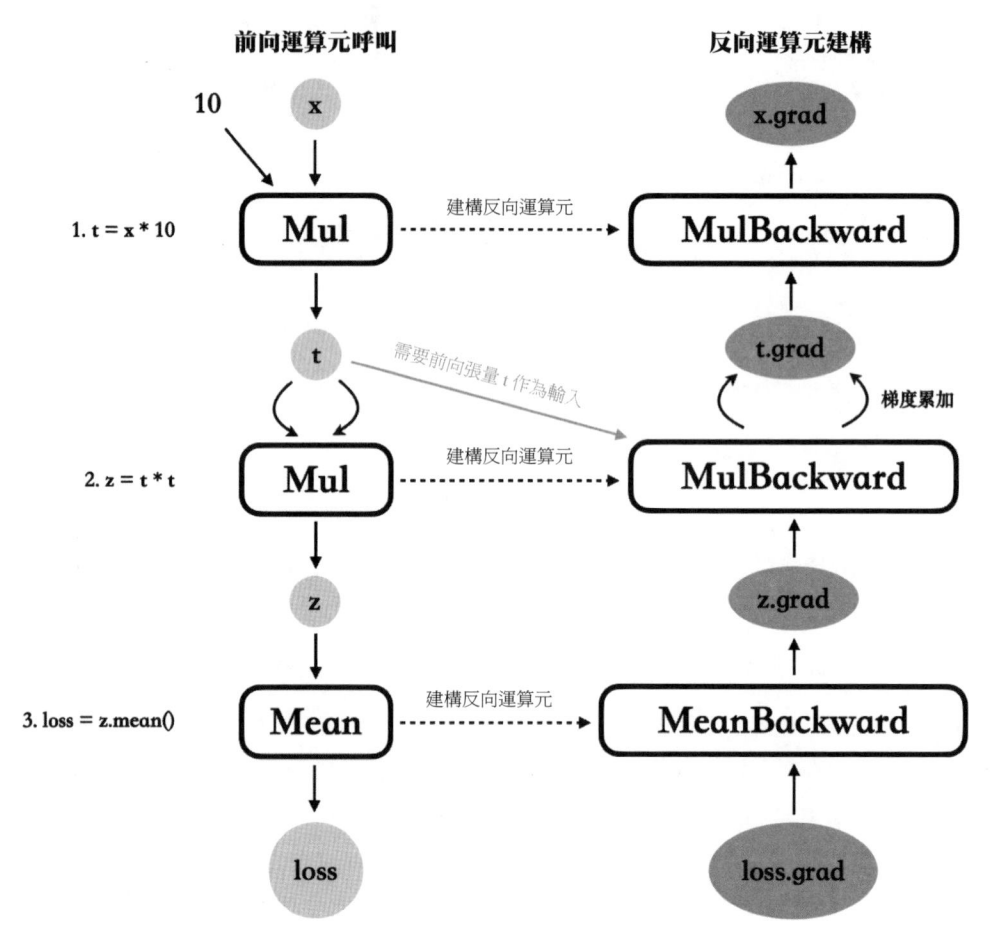

▲ 圖 3-9 反向圖的建構過程

從圖 3-8 可以看出，在執行任何一個前向操作時，PyTorch 在建構前向計算圖（左側）的同時，還會在反向計算圖（右側）中增加對應的反向運算元。比如對於乘法操作 t = x*10 而言，PyTorch 會在其反向圖中增加一個名為 MulBackward 的操作，這就是反向乘法運算元。需要注意的一點是，前向計算圖是當場建構、當場執行的，但反向計算圖則是當場建構、延遲執行的一直到我們呼叫 loss.backward() 時才會開始執行反向圖。

3.4 PyTorch 的自動微分系統

一旦呼叫了 loss.backward()，反向計算圖立即開始執行。PyTorch 會首先將 loss 張量的梯度設為 1，並從這一點開始逆向遍歷整個反向圖。這個過程中，PyTorch 逐次執行每層的反向運算元，計算每個參數張量的梯度，並將計算得到的梯度累積到相應張量的 grad 屬性中。

在 PyTorch 的反向傳播機制中，有幾個重要的點需要注意。首先，每次進行反向傳播時計算出的梯度會累加到張量的 .grad 屬性中，而非替換原有的梯度。舉例來說，在 z = t * t 操作中，輸入張量 t 被兩次用作乘法運算的輸入，因此，由 MulBackward 產生的兩個梯度輸出都會累加到 grad_t 上，也就是說 t 的梯度累積了兩次。同理，如果多次呼叫 backward()，每次呼叫計算出的梯度也會累積到對應張量的 grad 屬性中，這也是為什麼我們需要在每輪訓練迴圈開始前呼叫 optimizer.zero_grad() 來手動清零梯度的原因。

其次，PyTorch 在建構反向計算圖時除了增加反向運算元以外，還會額外記錄一些前向資訊。比如在進行 z = t * t 前向計算時，其反向運算元 dt = 2t * dz 需要使用前向的 t 張量來計算梯度，這時 PyTorch 就會將前向張量 t 儲存到反向計算圖中，以方便反向圖的後續執行，這也是為什麼顯示記憶體峰值常常出現在前向傳播結束後、反向傳播開始前的原因。不過需要注意 PyTorch 只是保留了前向計算的中間結果，並沒有複製其中的資料，如果這個張量後續被原位運算元改動就會造成反向計算顯示出錯，如下所示，因此自動微分和原位運算元的使用需要開發者特別關注。

```
import torch

# 建立一個需要計算梯度的張量
x = torch.tensor([1.0, 2.0, 3.0], requires_grad=True)

t = x * 10
z = t * t

# 原位加法破壞了反向計算圖需要的中間結果
t.add_(1)
# 觸發錯誤
```

```
#     return Variable._execution_engine.run_backward(  # Calls into the C++ engine to
run the backward pass
#
^^^^^^^^^^^^^^^^^^^^^^^^^^^^^^^^^^^^^^^^^^^^^^^^^^^^^^^^^^^^^^^^^^^^^^^^^^^^^^^^
# RuntimeError: one of the variables needed for gradient computation has been modified
by an inplace operation: [torch.FloatTensor [3]], which is output 0 of AddBackward0,
is at version 1; expected version 0 instead. Hint: enable anomaly detection to find
the operation that failed to compute its gradient, with torch.autograd.set_detect_
anomaly(True).


loss = z.mean()

loss.backward()

print(x.grad)
```

最後，出於節省記憶體的考慮，PyTorch 在完成反向傳播之後會自動刪除計算圖，清理反向計算過程中產生的中間張量等。出於偵錯或其他需求，如果想在反向傳播後重複使用計算圖，可以透過使用 retain_graph() 或 retain_grad() 等方法來儲存反向計算圖或中間張量的梯度值。

3.4.3 Autograd 擴充自訂運算元

PyTorch 的靈活性不僅表現在其核心功能上，還表現在其廣泛的可擴充性。在實際開發過程中，當我們遇到需要使用一些非標準或特殊的數學操作，而這些操作又不在 PyTorch 函數庫的支援範圍內時，可以利用 PyTorch 自動微分系統提供的擴充模組來自訂新的運算元。新定義的操作能夠像 PyTorch 中的任何其他操作一樣被使用，並能自然而然地融入 PyTorch 的自動微分機制中。

舉例來說，假如我們要實現一個計算 input1*input1*input2 的運算元，其實現方法以下所示：

```python
import torch


class MyMul(torch.autograd.Function):
    @staticmethod
    def forward(ctx, input1, input2):
        ctx.save_for_backward(input1, input2)
        return input1 * input1 * input2

    @staticmethod
    def backward(ctx, grad_output):
        input1, input2 = ctx.saved_tensors
        grad_input1 = grad_output * 2 * input1 * input2
        grad_input2 = grad_output * input1 * input1
        return grad_input1, grad_input2


# 使用自定義的乘法操作
x = torch.tensor([2.0, 3.0], requires_grad=True)
y = torch.tensor([3.0, 4.0], requires_grad=True)
z = MyMul.apply(x, y)
z.backward(torch.tensor([1.0, 1.0]))

print(f"x.grad={x.grad}, y.grad={y.grad}")
# x.grad=tensor([12., 24.]), y.grad=tensor([4., 9.])
```

可以看出，使用 torch.autograd.Function 定義好 MyMul 運算元後，後續使用 MyMul 運算元的方法就和使用 PyTorch 原生運算元一模一樣，包括自動微分在內的諸多機制也都能發揮作用。

3.5 PyTorch 的非同步執行機制

PyTorch 作為一個靈活而功能強大的深度學習框架，其一大核心特性便是支援不同的計算後端，模型訓練主要依賴其中的 CPU 和 GPU 後端。在使用 PyTorch 的不同計算後端時，主要會影響以下三個方面：

第 3 章　深度學習必備的 PyTorch 知識

- 張量的儲存位置。
- 運算元的執行硬體。
- 執行機制。

前兩者比較容易理解：使用 CPU 後端時張量存放在記憶體中，運算元在 CPU 上執行；而使用 GPU 後端時張量存放在顯示記憶體裡，運算元在 GPU 上執行。但是第三點「執行機制」的變化則更為複雜。

讓我們先從簡單的 CPU 後端入手。執行在 CPU 後端上的 PyTorch 程式，在執行運算元計算時嚴格按照圖 3-10 的運算元呼叫流程進行。如圖 3-10 所示，每一個 Python 指令都對應一個 CPU 運算元任務。每個運算元在 CPU 上完全執行完畢，得到輸出結果後，才跳躍到下一條 Python 指令，開始執行後續的運算元任務。這種執行機制被稱為**同步執行機制**，其核心特點是在執行每條 Python 指令後，等待該指令的計算任務完全結束，然後再執行下一行 Python 指令。

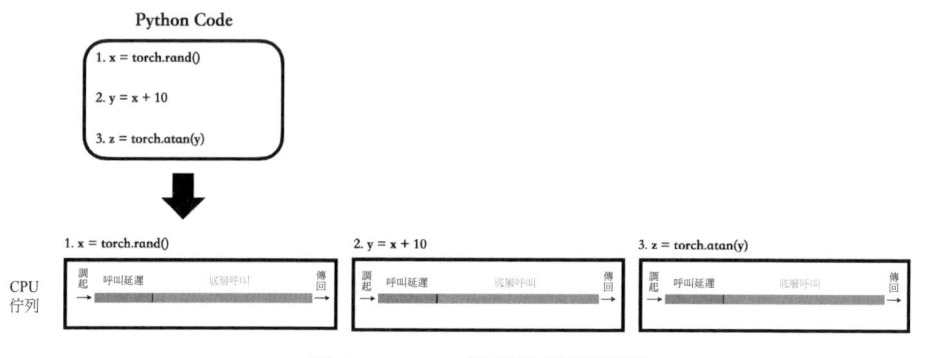

▲ 圖 3-10　CPU 後端的執行流程

接下來如果將後端切換到 GPU，情況就會發生很大的變化。在第 2 章深度學習必備的硬體知識中，我們提到 GPU 只擅長進行計算任務，而不擅長複雜的邏輯任務，因此即使使用 GPU 後端，PyTorch 也只會把核心的運算元計算任務放在 GPU 上，而類型提升、輸出資訊推導、輸出張量的建立、定位運

3.5 PyTorch 的非同步執行機制

算元等任務依然還留在 CPU 上。如圖 3-11 所示，圖中灰色部分全都是在 CPU 上的任務，而紅色部分的運算元任務則需要放在 GPU 上執行。

▲ 圖 3-11 GPU 後端的執行流程

那麼 CPU 是如何將運算元任務「放在」GPU 上執行的呢？簡單來說，GPU 內部維護了一系列**任務佇列（stream）**，CPU 會將運算元任務（一般是一個 CUDA 函數）提交到 GPU 的任務佇列上，之後就可以撒手不管了，GPU 會自行從任務佇列中依次拿出計算任務然後執行。不僅如此，CPU 將運算元任務提交給 GPU 之後，不會等 GPU 完成計算，而是直接傳回並開始執行下一行 Python 指令，如圖 3-12 所示。

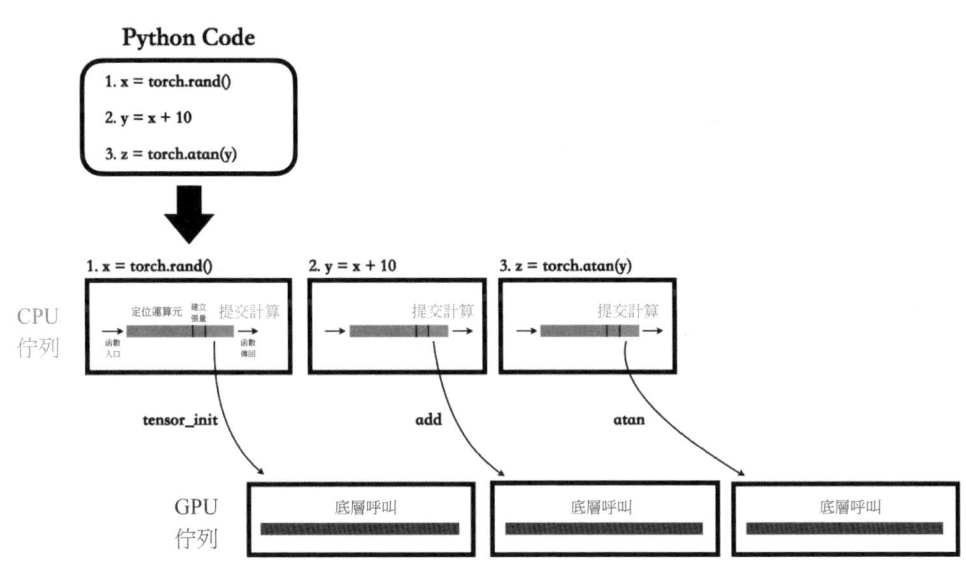

▲ 圖 3-12 CPU 和 GPU 的非同步執行示意圖

3-33

可以看出，儘管 CPU 的任務已經完成，GPU 佇列中至少還有一個運算元任務在執行，但 CPU 對此毫不在意，它會裝作所有 Python 程式都已經執行完畢，並立刻開始偷懶摸魚。

然而，如果我們在 CPU 任務結束後立即停止計時，並驚訝地發現程式執行得出奇地快，這就不免中了 CPU 的圈套。如圖 3-13 所示，當我們列印出「CPU Finished」的時候，GPU 還在背景默默地負重前行呢。

上述 CPU-GPU 協作工作機制被稱為**非同步執行機制**，其核心特點在於 CPU 提交任務給 GPU 後，不等待 GPU 任務完成而直接傳回，繼續執行下一個 CPU 任務或下一條 Python 程式。然而在很多工中我們還是希望等待 GPU 完成計算的，包括而不限於測試程式的執行時間、列印計算結果等。這時我們就需要手動呼叫 PyTorch 提供的 CPU-GPU 同步介面，比如 torch.cuda.synchronize()，如圖 3-14 所示。

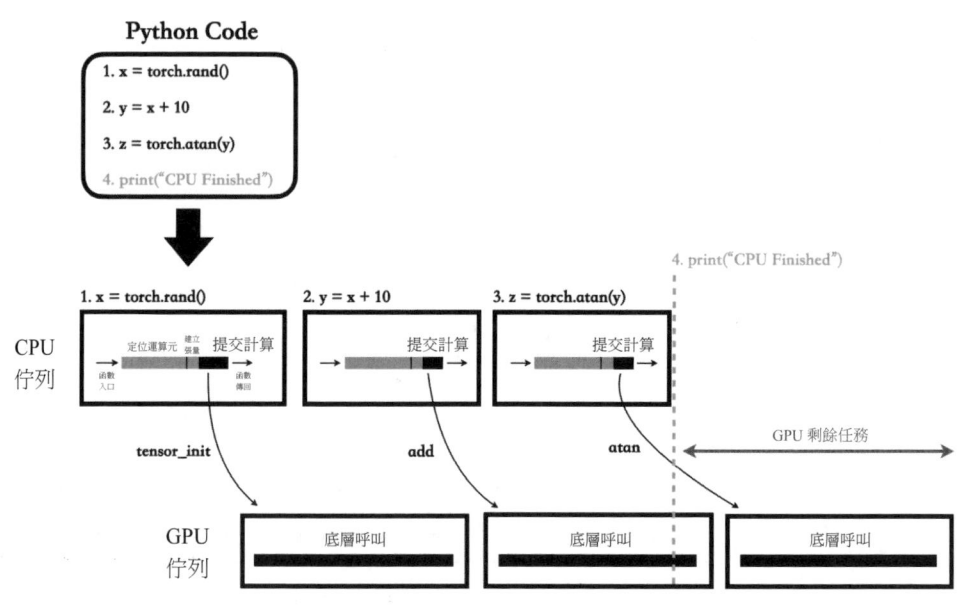

▲ 圖 3-13 CPU 執行結束時，GPU 依然在執行任務

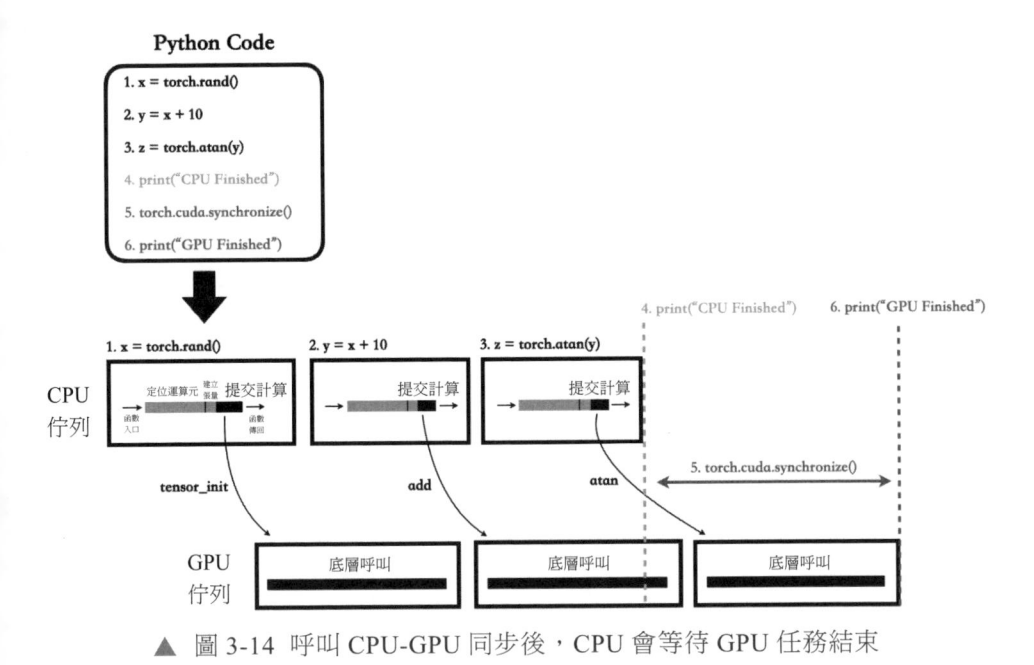

3.5 PyTorch 的非同步執行機制

▲ 圖 3-14 呼叫 CPU-GPU 同步後，CPU 會等待 GPU 任務結束

從圖中可以看出，強制 CPU-GPU 同步之後，「GPU Finished」會在 GPU 任務全部結束之後才列印出來。

值得注意的是，除了來自使用者的手動顯式呼叫同步操作，PyTorch 的一些操作也會隱式地呼叫同步操作，不過這個部分我們將留到 6.3 小節進行深入的講解。

MEMO

4

定位性能瓶頸的工具和方法

我們在第 2 章：深度學習必備的硬體知識中，介紹了深度學習訓練系統所依賴的各個硬體單元，及其相應的功能。然而由這些硬體單元組成的訓練系統，其整體性能卻往往由最為薄弱的一環決定，這也就是我們常常說的性能瓶頸。硬體單元間的性能不匹配可能導致**性能瓶頸**，舉例來說，高性能 GPU 與低效 CPU 的組合可能會導致 GPU 性能的浪費；此外，性能瓶頸也可能源於軟體排程不當，比如未充分利用 CPU 的多核心性能或運用了未經最佳化的 GPU 程式。

第 4 章　定位性能瓶頸的工具和方法

深度學習的性能最佳化，本質上就是圍繞著解決系統瓶頸展開的。而解決系統瓶頸的最核心步驟，就是對性能瓶頸的定位──也就是要知道性能的缺陷在哪裡，然後才可以對症下藥。具體來說，性能瓶頸往往是程式中佔用大量時間的部分。性能瓶頸既可以是資料從 CPU 傳輸到 GPU 的時間，還可能是一個運算元序列的累積時間。一般來說只要能定位到準確的性能瓶頸點，多少都能產生一些解決瓶頸的想法。

性能最佳化的另一個核心是 C/P 值，因為除了定位性能瓶頸以外，預測性能最佳化的收益也是重中之重，想要讓程式 100% 利用全部硬體資源往往並不現實。我們需要平衡性能提升與實現最佳化的時間成本，義大利經濟學家 Vilfredo Pareto 曾經提出著名的 80/20 法則，簡單來說就是少數事情往往決定了大部分的結果，透過辨識和專注於 20% 的關鍵因素，可以更有效地分配資源和時間，提升效率。舉例來說，對於僅使用一次、執行時間僅一分鐘的臨時程式，投入數天時間提升 10% 的性能可能就不值得了。

本章將深入講解如何透過計時和多層次的性能分析器全面獲取程式的性能畫像，解析不同工具的結果，發現並逐一定位問題。但本章不會涉及具體的最佳化技術，這些最佳化策略將在後續章節中進行深入探討。

4.1　配置性能分析所需的軟硬體環境

無論是定位性能瓶頸，還是分析性能最佳化的預期收益，測量程式的執行時間是最基礎的操作。但是如果測試的波動很大，比如相同的程式跑在同樣的硬體上，上午測出來一輪訓練時間為 10s，下午再測試就變成一輪時間為 30s，這樣的資料是沒辦法用的。為了保證分析結果的可靠性，對測試環境的穩定性有一定要求。由於程式執行的軟體和硬體環境中影響因素較多，本節將根據重要性排序，依次介紹提升測試穩定性的方法。

4.1 配置性能分析所需的軟硬體環境

4.1.1 減少無關程式的干擾

即使是在背景執行的應用程式也可能佔用寶貴的 GPU 或 CPU 資源，從而影響測試結果的準確性。因此我們需要查詢當前 GPU 和 CPU 等資源的使用情況，逐一檢查並關閉那些與測試無關的處理程序。這樣做不僅可以釋放出被佔用的資源，還能確保測試環境乾淨可控，從而提供更準確、可靠的結果。

首先執行 NVIDIA 提供的系統管理介面 NVIDIA-SMI 來查看當前佔用 GPU 資源的所有處理程序，如圖 4-1 所示。

```
+-----------------------------------------------------------------------------+
| NVIDIA-SMI 535.129.03    Driver Version: 535.129.03    CUDA Version: 12.2   |
|-------------------------------+----------------------+----------------------+
| GPU  Name            Persistence-M| Bus-Id        Disp.A | Volatile Uncorr. ECC |
| Fan  Temp   Perf     Pwr:Usage/Cap|         Memory-Usage | GPU-Util  Compute M. |
|                                   |                      |               MIG M. |
|===============================+======================+======================|
|   0  NVIDIA GeForce RTX 3080    On| 00000000:01:00.0  On |                  N/A |
|  60%  52C    P0           113W / 370W|   736MiB / 10240MiB |    2%      Default |
|                                   |                      |                  N/A |
+-------------------------------+----------------------+----------------------+
                                      當前顯示記憶體佔用 / 顯示記憶體總量

+-----------------------------------------------------------------------------+
| Processes:                                                                  |
|  GPU   GI   CI        PID   Type   Process name              GPU Memory     |
|        ID   ID                                               Usage          |
|=============================================================================|
|    0   N/A  N/A     2683      G   /usr/lib/xorg/Xorg                415MiB |
|    0   N/A  N/A   955302      G   /usr/bin/gnome-shell               46MiB |
|    0   N/A  N/A   962411      G   ...sion,SpareRendererForSitePerProcess  91MiB |
|    0   N/A  N/A  1214086      G   ...,WinRetrieveSuggestionsOnlyOnDemand  82MiB |
|    0   N/A  N/A  2664782      G   ...80336995,6911444743348250573,262144  37MiB |
|    0   N/A  N/A  3156966      G   /proc/self/exe                     45MiB |
+-----------------------------------------------------------------------------+
```
                                      不同處理程序的顯示記憶體佔用

▲ 圖 4-1 NVIDIA-SMI 輸出範例

圖 4-1 是 NVIDIA-SMI 的範例輸出，可以看到在尚未啟動任何 PyTorch 程式時 GPU 的顯示記憶體已經有超過 700MB 的佔用，我們可以透過處理程序名稱大致判斷該處理程序是否可以被釋放。在 Linux 系統中，還可以使用以下命令來獲得更多資訊：

```
ps aus | grep <PID>
```

第 4 章　定位性能瓶頸的工具和方法

如果確定該處理程序無關緊要，則可以透過下面命令結束指定處理程序。

```
kill -9 <PID>
```

有條件的讀者還應避免在 GPU 的性能最佳化過程中使用圖形介面，因為圖形介面也會佔用 GPU 資源，比如上圖中的 /usr/bin/Xorg.bin 就對應了圖形介面處理程序。可以考慮停止 UNIX 系統的圖形化使用者介面服務，之後透過另一台機器進行 SSH 遠端登入。

除了 GPU 以外，CPU 也是訓練過程中的重要運算資源，會影響資料載入和前置處理性能。然而使用 CPU 的處理程序數量往往非常多，其中還包括很多系統處理程序，因此我們只需要確保沒有重度使用 CPU 的處理程序即可，確保 CPU 有足夠的空閒資源執行測試。

CPU 的使用率可以透過 htop 這一系統監視工具來查看。它不僅可以用於查看每個 CPU 核心的使用率，還進一步展示了各個處理程序對 CPU 資源的使用情況。圖 4-2 顯示了 htop 的範例輸出。

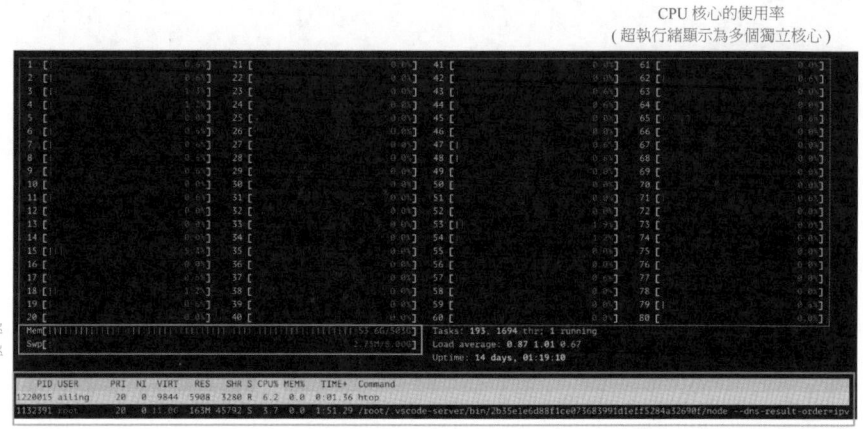

▲ 圖 4-2　htop 輸出範例

4.1 配置性能分析所需的軟硬體環境

　　圖中上面部分 1-80 的編號對應 CPU 的 80 個核心各自的使用情況，在性能最佳化前最好保證大部分核心的使用率均較低。一旦發現 CPU 使用率偏高─比如大部分 CPU 核心的佔用率長時間在 60%～70% 以上，還可以透過圖中最下方的處理程序列表來查詢使用 CPU 最多的處理程序，並決定是否將其終止。

4.1.2 提升 PyTorch 程式的可重複性

　　在 4.1.1 小節中我們著重討論了如何避免其他程式的干擾，盡可能讓目的程式獨佔運算資源，降低性能波動。然而一個程式內部往往也存在著一定的隨機性，當這種隨機性和邏輯分支糾纏在一起時，也會對性能表徵產生影響。比如有時我們會根據某個數值的計算結果來決定執行 if-else 中的分支，或根據執行時期的數值來決定迴圈的次數等。這時如果對數值隨機性沒有任何約束，很可能出現「這次測試跑了 10 次迴圈結束，下次測試卻跑了 50 次迴圈才結束」的情況，這樣的資料同樣是無法用於性能分析的。因此在本小節中，我們會專門介紹約束程式隨機性的方法。

1. 設置 PyTorch 隨機種子

　　PyTorch 程式提供了一些帶有隨機性的介面，這既包括使用如 torch.rand() 這樣的隨機初始化的張量生成介面，也包括一些 PyTorch 底層程式實現中使用的隨機數。在 PyTorch 中，每個後端（如 CPU 和 GPU）有各自的亂數產生器。設定一個後端的隨機數種子不會影響另一個後端的亂數產生器。因此，為了確保跨裝置的一致性和可重複性，一般需要分別為每個後端設置種子。幸運的是 PyTorch 提供了一個 torch.manual_seed() 介面可以「一鍵設置」所有後端的亂數產生種子，以確保每次執行程式時，生成的隨機數序列都是相同的。

　　在下面程式中，我們展示了設置隨機數種子對 torch.rand() 結果的影響。透過多次執行程式，可以看到在設置隨機數種子之前，torch.rand() 每次執行得到的結果並不相同；但在設置隨機數種子之後，torch.rand() 每次舉出的結果就是一致的了。

第 4 章　定位性能瓶頸的工具和方法

```python
import torch


def generate_random_seq(device):
    return torch.rand((3, 3), device=device)


print(
    f""" 不設置隨機種子時，每次執行生成的序列都是不同的
CPU: {generate_random_seq('cpu')}
CUDA: {generate_random_seq('cuda')}"""
)

# 為所有 PyTorch 後端設置生成隨機數的種子
seed = 32
torch.manual_seed(seed)

print(
    f""" 設置隨機種子後，每次執行都會生成相同的序列
CPU: {generate_random_seq('cpu')}
CUDA: {generate_random_seq('cuda')}"""
)

# 第一次執行程式結果
# 不設置隨機種子時，每次執行生成的序列都是不同的
# CPU: tensor([[0.8485, 0.6379, 0.6855],
#         [0.0954, 0.7357, 0.3545],
#         [0.9822, 0.1272, 0.9752]])
# CUDA: tensor([[0.5688, 0.7038, 0.6558],
#         [0.1524, 0.8050, 0.7368],
#         [0.5904, 0.2899, 0.4835]], device='cuda:0')
# 設置隨機種子後，每次執行都會生成相同的序列
# CPU: tensor([[0.8757, 0.2721, 0.4141],
#         [0.7857, 0.1130, 0.5793],
#         [0.6481, 0.0229, 0.5874]])
# CUDA: tensor([[0.6619, 0.2778, 0.7292],
#         [0.8970, 0.0063, 0.7033],
#         [0.9305, 0.2407, 0.3767]], device='cuda:0')
```

```
# 相同程式,第二次執行結果
# 不設置隨機種子時,每次執行生成的序列都是不同的
# CPU: tensor([[0.3968, 0.4038, 0.7816],
#              [0.1577, 0.8753, 0.8638],
#              [0.3971, 0.2644, 0.1432]])
# CUDA: tensor([[0.4933, 0.2223, 0.5825],
#               [0.6528, 0.9796, 0.3861],
#               [0.7478, 0.2834, 0.7953]], device='cuda:0')
# 設置隨機種子後,每次執行都會生成相同的序列
# CPU: tensor([[0.8757, 0.2721, 0.4141],
#              [0.7857, 0.1130, 0.5793],
#              [0.6481, 0.0229, 0.5874]])
# CUDA: tensor([[0.6619, 0.2778, 0.7292],
#               [0.8970, 0.0063, 0.7033],
#               [0.9305, 0.2407, 0.3767]], device='cuda:0')
```

除了亂數產生器,很多 PyTorch 運算元也包含隨機成分,比如 Dropout 等。不過由於 torch.manual_seed() 固定了所有後端的亂數產生種子,Dropout 層的隨機性也會被固定。每次執行時期,Dropout 層會在相同的位置丟棄神經元,這確保了結果的可重複性。

2. 設置 NumPy 隨機種子

上文配置了 PyTorch 的隨機種子,本小節將配置 NumPy 的隨機種子,而接下來還要設定 Python 的隨機種子。同樣的事情需要重複多次,實在讓人頭疼。為什麼需要單獨設置這麼多隨機數種子呢?這主要是因為在 Python 生態系統中缺乏一個統一的亂數產生標準函數庫。NumPy、PyTorch 和 TensorFlow 等函數庫在處理亂數產生時,各自有不同的實現和最佳化方式,因此,沒有一個統一的方法可以集中控制 Python 程式中所有函數庫的隨機數種子。這裡只是挑選了一些常用的 Python 第三方函數庫來介紹。讀者在日常使用中,如果用到了其他函數庫,也需要注意這些函數庫是否有單獨的隨機數種子設置。

第 4 章　定位性能瓶頸的工具和方法

就 NumPy 而言，它在深度學習應用中非常普遍，尤其是與 PyTorch 結合時，常用於執行資料前置處理任務。因此，固定 NumPy 使用的隨機種子對於維護程式的整體可複現性至關重要，範例程式如下。

```
import numpy as np

def generate_random_seq():
    return ", ".join([f"{np.random.random():.2f}" for _ in range(10)])

print(f"不設置隨機種子時，每次執行生成的序列都是不同的：{generate_random_seq()}")

np.random.seed(32)

print(f"設置隨機種子後，每次執行都會生成相同的序列：{generate_random_seq()}")

# 第一次執行結果
# 不設置隨機種子時，每次執行生成的序列都是不同的：0.11, 0.98, 0.96, 0.29, 0.80, 0.21, 0.49, 0.36, 0.41, 0.64
# 設置隨機種子後，每次執行都會生成相同的序列：0.86, 0.37, 0.56, 0.96, 0.74, 0.82, 0.10, 0.93, 0.61, 0.60

# 第二次執行結果
# 不設置隨機種子時，每次執行生成的序列都是不同的：0.19, 0.32, 0.09, 0.94, 0.03, 0.04, 0.32, 0.19, 0.10, 0.64
# 設置隨機種子後，每次執行都會生成相同的序列：0.86, 0.37, 0.56, 0.96, 0.74, 0.82, 0.10, 0.93, 0.61, 0.60
```

與上面的 PyTorch 例子類似，設置 NumPy 的隨機種子後，產生的 NumPy 隨機數結果是固定的。

3. 設置 Python 隨機種子

如果使用者程式使用了 Python 的 random 模組產生隨機數，在預設情況下 Python 的隨機數生成器會使用系統時間作為隨機種子，這就導致我們每次跑同

4.1 配置性能分析所需的軟硬體環境

一個指令稿隨機生成的數字是不同的，如果想要穩定複現，則需要手動指定一個種子，程式如下。

```
import os
import random


def generate_random_seq():
    return ", ".join([f"{random.random():.2f}" for _ in range(10)])


print(f" 不設置隨機種子時，每次執行生成的序列都是不同的：{generate_random_seq()}")

seed = 32
random.seed(seed)

print(f" 設置隨機種子後，每次執行都會生成相同的序列：{generate_random_seq()}")

# 第一次執行結果
# 不設置隨機種子時，每次執行生成的序列都是不同的：0.66, 0.21, 0.71, 0.37, 0.17, 0.85, 0.29, 0.66, 0.36, 0.68
# 設置隨機種子後，每次執行都會生成相同的序列：0.08, 0.21, 0.30, 0.90, 0.50, 0.72, 0.10, 0.51, 0.84, 0.52

# 第二次執行結果
# 不設置隨機種子時，每次執行生成的序列都是不同的：0.26, 0.33, 0.47, 0.53, 0.13, 0.03, 0.49, 0.99, 0.11, 0.43
# 設置隨機種子後，每次執行都會生成相同的序列：0.08, 0.21, 0.30, 0.90, 0.50, 0.72, 0.10, 0.51, 0.84, 0.52
```

雖然設置隨機數種子能控制一部分 Python 程式的隨機性，但並不能完全消除隨機性。因為隨機性的來源很多，比如雜湊演算法就是其中之一。如果用到了基於雜湊演算法的如 hash() 函數，或 set 的遍歷，為了確保程式的可複現性，就需要設置環境變數 PYTHONHASHSEED，程式如下。

第 4 章　定位性能瓶頸的工具和方法

```
python -c 'print(hash("hello"))' # 跑多次結果是不一樣的
PYTHONHASHSEED=0 python -c 'print(hash("hello"))' # 跑多次結果是一樣的
```

甚至有一些隨機性是無法控制的，例如使用 Python 的 glob 模組獲取的檔案清單順序可能是不確定的，這個順序會受到作業系統和檔案系統類型等多種因素的影響。如果在偵錯過程中需要可複現性，要求檔案以特定順序出現，那麼我們就需要在獲取檔案清單後，手動對這些檔案進行排序。

4. 約束 GPU 運算元的隨機性

GPU 的計算特點與 CPU 存在一些差別，這尤其表現在數值精度方面。簡單來說，GPU 的計算結果往往帶有更高的隨機性，而這個隨機性的產生是有多種來源的，讓我們從硬體底層的機制開始說起。

首先，浮點運算的機制及其硬體實現可能導致結合律在某些情況下不適用，即 $(A+B)+C$ 的計算結果可能與 $A+(B+C)$ 的結果有所不同。對於 GPU 而言，由於其平行處理的特性，進行大量的數值累加時，累加的順序可能不固定，從而可能進一步放大這種數值差異。如果需要確保計算結果的確定性，可能需要在軟體層面投入更高的成本來進行修正。

除了硬體機制導致的數值差異以外，NVIDIA 提供的 cuDNN 加速函數庫還在軟體層面上進一步加重了數值的不確定性。以卷積演算法為例，cuDNN 提供了不同版本的卷積實現方法，會根據情況臨時選擇其中性能最高的一種進行卷積計算，這就導致其計算結果更加的不可控。除此以外，如果運算元實現過程中用到了隨機採樣的演算法，那麼採樣的隨機性同樣也會對結果產生影響。

由此可見，GPU 計算結果的隨機性是相當難以控制的。不過對於 cuDNN 相關的操作，PyTorch 還是提供了 torch.backends.cudnn.deterministic 和 torch.backends.cudnn.benchmark 介面，二者結合使用可以大幅提高 GPU 計算結果的穩定性，使用方法如下所示：

```
torch.backends.cudnn.deterministic = True
torch.backends.cudnn.benchmark = False
```

其中 torch.backends.cudnn.benchmark = False 會確保 cuDNN 僅使用同一種卷積演算法，而 torch.backends.cudnn.deterministic = True 則致力於消除運算元的底層實現中的隨機性。需要注意的是，使用這兩個介面都可能導致 GPU 計算性能下降，所以儘量只在需要偵錯程式或進行性能分析時開啟。

5. 完整的隨機性約束指令稿

為了方便使用，我們為讀者提供了一個 set_seed 函數[1]，可以一鍵設置前文介紹的所有隨機種子，程式如下：

```
def set_seed(seed: int = 37) -> None:
    np.random.seed(seed)
    random.seed(seed)
    torch.manual_seed(seed)   # 適用於所有 PyTorch 後端，包括 CPU 和所有 CUDA 設備
    torch.backends.cudnn.deterministic = True
    torch.backends.cudnn.benchmark = False

    os.environ["PYTHONHASHSEED"] = str(seed)
    print(f"設置隨機數種子為 {seed}")
```

4.1.3 控制 GPU 頻率

在第 2 章介紹了 GPU 的一些核心性能指標，比如計算效率、顯示記憶體頻寬等。然而這些性能指標其實是理論最大值，而 GPU 在實際執行過程中會根據晶片狀態動態調整顯示記憶體頻率和基礎頻率來自動平衡性能和功耗。對於性能分析而言，我們需要 GPU 始終保持在相同的頻率進行測試，從而降低資料波動。可以使用以下指令來鎖定 GPU 的頻率：

---

[1] https://vandurajan91.medium.com/random-seeds-and-reproducible-results-in-pytorch-211620301eba

```
# 查詢
nvidia-smi --query-gpu=pstate,clocks.mem,clocks.sm,clocks.gr --format=csv

# clocks.current.memory [MHz], clocks.current.sm [MHz], clocks.current.graphics [MHz]
# 9751 MHz, 1695 MHz, 1695 MHz

# 查詢 GPU 支持的 clock 組合
nvidia-smi --query-supported-clocks=gpu_name,mem,gr --format=csv

# 設置 persistent mode
sudo nvidia-smi -pm 1

# 固定 GPU 時鐘
nvidia-smi -ac 9751,1530 # <memory, graphics>
```

注意 AI GPU 如 V100、A100 等是支援鎖頻功能的，但一些家用等級 GPU 可能不支援鎖頻（如 RTX3090、4090 系列），這時鎖頻指令會顯示下述資訊：

```
Setting applications clocks is not supported for GPU 00000000:1A:00.0.
Treating as warning and moving on.
```

這些機器仍然可以用來進行性能基準測試，只是由於 GPU 頻率的影響測量資料的噪聲會大一些。

4.1.4 控制 CPU 的性能狀態和工作頻率

4.1.3 小節中提到 GPU 存在可動態調整的顯示記憶體頻率和基礎頻率，這樣驅動程式可以動態調整 GPU 功耗和性能。實際上 CPU 也有類似的機制——一個 CPU 的性能狀態被劃分為不同的等級，稱為**性能狀態（Performance state，P-state）**。每個 P-state 對應於一組特定的工作頻率和電壓。較高的 P-state 通常對應於更高的性能和功耗，而較低的 P-state 對應於更低的性能和功耗。

4.1 配置性能分析所需的軟硬體環境

由於 P-state 會對性能產生影響，在進行性能測量時，我們希望固定 P-state 和 CPU 頻率，確保在每次執行基準測試[1]時處理器以相同的性能狀態執行。

首先需要安裝 cpufrequtils 軟體套件，並透過設置最大、最小頻率來間接控制住 CPU 的狀態，程式如下：

```
# 安裝
sudo apt install cpufrequtils

# 設置最大 / 最小頻率
sudo cpufreq-set -r -g performance
sudo cpufreq-set -r -d 2Ghz
sudo cpufreq-set -r -u 2Ghz
```

然後可以查詢當前 CPU 的性能資訊和工作狀態，來驗證改動是否生效，程式如下：

```
# 查詢
cpufreq-i nfo

# 或者
cat   /sys/devices/system/cpu/cpu0/cpufreq/scaling_cur_freq
cat   /sys/devices/system/cpu/cpu0/cpufreq/scaling_min_freq
cat   /sys/devices/system/cpu/cpu0/cpufreq/scaling_max_freq
```

除了設置 P-state 以外，在對性能穩定性要求非常高的場景下，還可以在驅動或 BIOS 層面進一步關閉一些對性能有影響的 CPU 特性。然而由於這些設置在 BIOS 層面，並且不會隨著機器重新啟動而重置，有一定機率會導致系統問題，所以僅在對性能穩定性有極致要求的情景下使用。下面的一些設置僅供有需要的讀者進行參考。

---

1 https://github.com/pytorch/benchmark/blob/main/torchbenchmark/util/machine_config.py

第 4 章　定位性能瓶頸的工具和方法

首先，我們可以透過設置 max_cstate 來阻止 CPU 進入低功耗狀態。在電腦系統中 C-state 是指處理器的不同功耗狀態，其中 C0 表示處理器處於活動狀態，而 C1、C2、C3 等表示不同的睡眠狀態，功耗逐漸降低。透過將 max_cstate 設置為 1，系統將限制處理器進入到 C1 狀態，阻止其進入更深的睡眠狀態。性能測試過程中，限制處理器進入低功耗狀態可以確保處理器始終處於高性能狀態，從而提供更穩定和可重複的測試結果。

其次，我們可以關閉超執行緒和 Turbo Boost 等高級功能。這兩種高級功能可以帶來性能上的提升，但增益很難預測，因此為了計時的穩定性我們在進行性能分析時建議關閉這些功能。我們可以透過下面的命令查看相應高級功能是否處於啟動狀態：

```
# 查詢 Cstate
cat /sys/module/intel_idle/parameters/max_cstate

# 查詢 turbo 狀態
cat /sys/devices/system/cpu/intel_pstate/no_turbo
```

然而，值得注意的是，即使實施了前述的各種設置，仍然不能完全保證程式的可重複性。不同的硬體和軟體配置可能會不同程度地影響性能測試結果。因此，追求性能穩定性時應適可而止，只需確保多次性能測試的結果穩定且精確度符合分析需求即可。

4.2　精確測量程式執行時間

其實很多場景下，性能分析並不需要借助專業的分析工具，只要列印出不同程式區塊的執行時間就夠了。因此給程式計時或在執行過程中列印時間戳記，常常是最基礎也最有效的性能分析方法。

然而想要精準測量 PyTorch 程式的執行時間並不是一個簡單的事情，本小節我們會按照由簡入繁的順序，逐次介紹兩種適用不同場景的計時方法。一種是利用 Python 原生的 time 模組計時；另一種則是在 GPU 上使用 CUDA 事件計時—這種方式測量的精度更高。值得注意的是，在實際應用中計時的精度越高，相應的測試步驟也越煩瑣，具體分析方法的選擇還應因地制宜。

4.2.1 計量 CPU 程式的執行時間

我們可以使用 Python 提供的 time 模組進行程式計時，這使用的是 CPU 的硬體時鐘。具體來說，我們在測試程式前記錄起始的時間戳記（timestamp），然後在測試程式後記錄結束的時間戳記，透過兩個時間戳記之間的差異來計量測試程式的執行時間。時間戳記的數值本身要麼沒有物理意義，如 time.perf_counter，要麼很難解讀，如 time.time() 表示「從 1970 年 1 月 1 日午夜到現在的秒數」，因此時間戳記的絕對數值意義不大，透過兩個時間戳之間的間隔來測量程式執行時間才是我們主要關注的部分。一般來說相比於 time.time()，筆者推薦使用精度更好更穩定的 time.perf_counter()。下面透過一個例子來展示 time.perf_counter() 的用法：

```
import time

start = time.perf_counter()

# 在此處執行你的程式

end = time.perf_counter()
print(f" 程序執行時間：{end - start}s")
```

4.2.2 程式預熱和多次執行取平均

電腦程式具有冷開機效應。具體到訓練過程來說，一般最初幾輪訓練的單輪耗時要顯著多於平穩執行時期每輪的耗時，這主要是裝置初始化、快取命中、程式初次載入等諸多因素導致的。因此如果希望得到一致性更強的性能測試結果，就需要在正式測量前先進行幾輪熱身，從而讓系統達到穩定狀態。除

第 4 章　定位性能瓶頸的工具和方法

了程式預熱以外，還應該測試多輪訓練取平均值，進一步增加測試結果的穩定性。

我們來實際觀察一下預熱、取平均值對測試結果穩定性的幫助。執行下面的程式可以看到程式前幾次執行的時間銷耗比正常情況下幾個數量級，且即使在熱身後測量到的時間也有波動，因此熱身和重複實驗取平均值是非常必要的。

```python
import time
import torch


def my_work():
    # 需要計時的操作
    sz = 64
    x = torch.randn((sz, sz))


if __name__ == "__main__":
    # 熱身
    num_warmup = 5
    for i in range(num_warmup):
        start = time.perf_counter()
        my_work()
        end = time.perf_counter()
        t = end - start
        print(f"熱身 #{i}: {t * 1000 :.6f}ms")

    # 多次執行取平均
    repeat = 30
    start = time.perf_counter()
    for _ in range(repeat):
        my_work()
    end = time.perf_counter()

    t = (end - start) / repeat
    print(f"{repeat} 次取平均: {t * 1000:.6f}ms")
```

```
# 熱身 #0: 0.317707ms
# 熱身 #1: 0.023586ms
# 熱身 #2: 0.016913ms
# 熱身 #3: 0.016409ms
# 熱身 #4: 0.015868ms
# 30 次取平均：0.014164ms
```

4.2.3 計量 GPU 程式的執行時間

儘管使用 time.perf_counter() 可以測量 GPU 程式的執行時間。但在使用 PyTorch 的過程中，新手經常會犯一個錯誤。正如第 3.5 小節所討論的，CPU 和 GPU 之間的操作是非同步的。由於 Python 解譯器在 CPU 上執行，使用 time.perf_counter() 記錄的時間實際上是 CPU 的時間戳記。如圖 4-3 所示，若 CPU 沒有等待 GPU 任務完成就記錄時間的話，測量結果就是錯的，通常會比實際程式執行時間短很多。

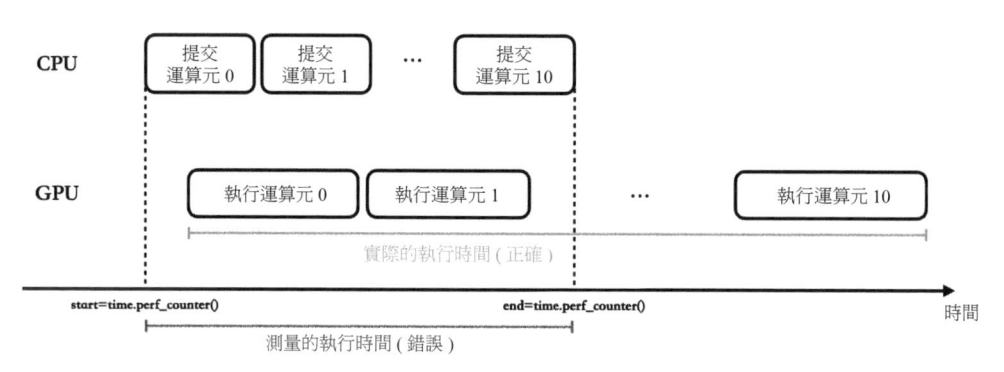

▲ 圖 4-3 未經同步即測量 GPU 時間，產生測量錯誤的原理圖

如果想要正確測量 GPU 程式的執行時間，就必須讓 CPU 先等待 GPU 執行完成，也就是呼叫 torch.cuda.synchronize() 結束再記錄時間戳記。程式如下所示：

```
import time
import torch
```

第 4 章　定位性能瓶頸的工具和方法

```
sz = 512
N = 10
shape = (sz, sz, sz)

x = torch.randn(dtype=torch.float, size=shape, device="cuda")
y = torch.randn(dtype=torch.float, size=shape, device="cuda")

torch.cuda.synchronize()
start = time.perf_counter()
for _ in range(N):
    z = x * y
# 同步
torch.cuda.synchronize()
end = time.perf_counter()
print(f"{N} 次執行取平均：{(end - start) / N}s")
```

　　如圖 4-4 所示，torch.cuda.synchronize() 會阻塞程式直到最後一個操作在 GPU 上執行完成後，再傳回 CPU 進行記錄時間戳記。這裡測量的主要是 GPU 執行運算元的時間。大多數情況下，CPU 在提交運算元時產生的額外銷耗可以與 GPU 執行重疊，從而不會顯著影響總執行時間。

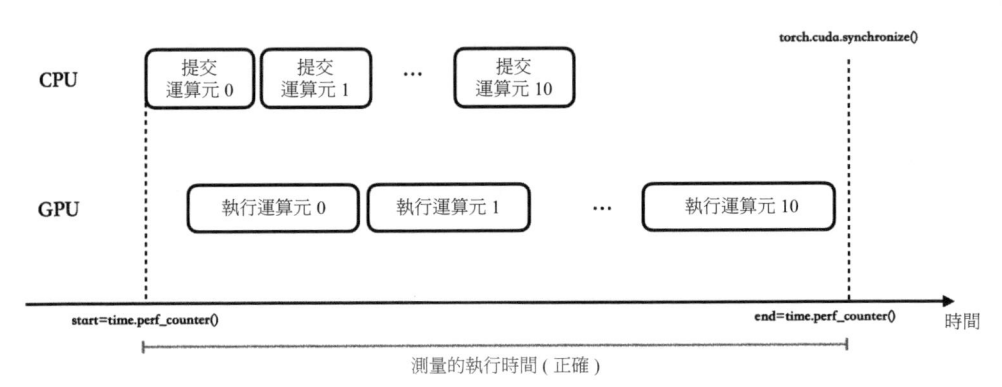

▲ 圖 4-4　經 CPU-GPU 同步後，正確測量 GPU 時間的原理圖

4.2.4 精確計量 GPU 的執行時間

4.2.3 小節中我們聯合使用 torch.cuda.synchronize() 和 time.perf_counter() 來計量 GPU 程式的執行時間。這實際上是在 CPU 端測量 GPU 操作的耗時，而 CPU-GPU 的同步過程會產生一定延遲，所以使用上面的 CPU 時間戳記間隔測量的 GPU 耗時是要略長於 GPU 運算元實際執行時間的。

那麼可不可以直接在 GPU 上精確測量執行時間呢？答案是肯定的，我們可以透過 CUDA Event 來完成 GPU 上的時間測量。與 CUDA 運算元一樣，CUDA Event 也是在 GPU 佇列上執行的 GPU 任務，因此使用兩個 CUDA Event 的時間間隔能夠更加精準地測量 GPU 操作的執行時間。

下面的程式展示了透過 CUDA Event 測量 GPU 時間的方法。簡單來說我們建立了兩個 torch.cuda.Event() 物件，隨後利用其 record() 方法在 GPU 佇列中進行標記，最後透過兩個 CUDA Event 的時間間隔來測量 GPU 執行時間：

```python
import torch

sz = 512
shape = (sz, sz, sz)
x = torch.randn(dtype=torch.float, size=shape, device="cuda")
y = torch.randn(dtype=torch.float, size=shape, device="cuda")

start = torch.cuda.Event(enable_timing=True)
end = torch.cuda.Event(enable_timing=True)
start.record()
z = x + y
end.record()

# 等待 GPU 執行完成
torch.cuda.synchronize()

print(f" 用時 {start.elapsed_time(end)}ms")
```

我們在程式結束的時候依然使用了 torch.cuda.synchronize()，但這僅是為了確保 GPU 計算完成，使用 CUDA Event 測量 GPU 的執行時間本身並不需要進行 CPU-GPU 間的同步。使用上述程式測量 GPU 執行時間的示意圖如下所示，可以看出使用 CUDA Event 測量出的 GPU 時間更為精準。

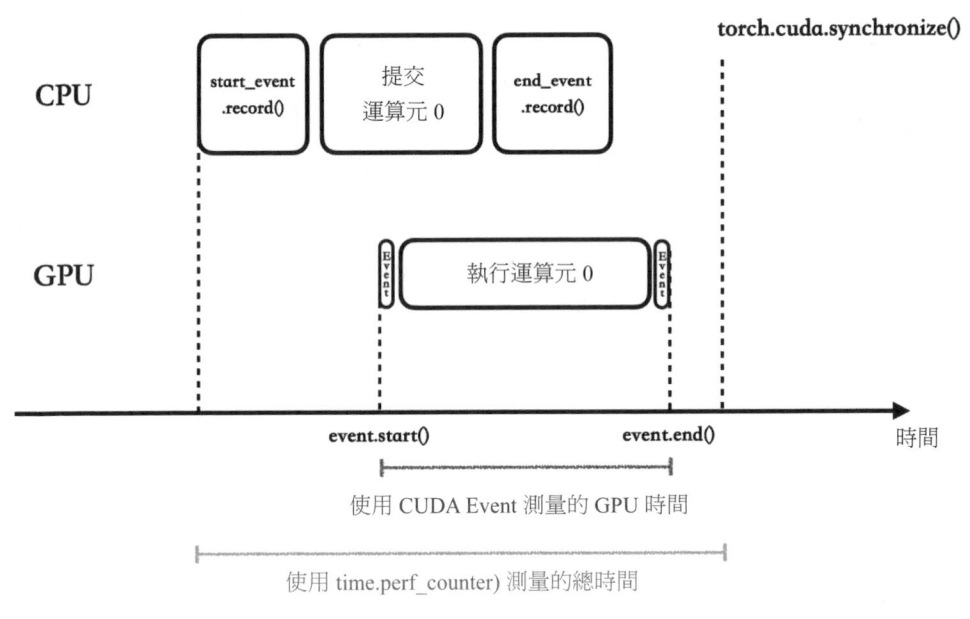

▲ 圖 4-5　CUDA Event 精確測量 GPU 時間的原理圖

4.3　PyTorch 性能分析器

對訓練流程簡單、各個訓練模組耦合很淺的程式來說，直接透過 4.2 小節介紹的方法測量每個模組的執行時間就能大致知道性能瓶頸在哪裡。然而現實中的訓練程式往往邏輯複雜，而且涉及較多的不同訓練階段，僅列印執行時間不足以提供有效的資訊。這時我們可以考慮使用綜合性的性能分析工具。

性能分析工具也是分不同層級的，**往往越是底層的分析工具越能提供更多資訊**，但這並不總是一件好事，過多的底層硬體資訊很可能帶來的是干擾而非

4.3 PyTorch 性能分析器

幫助。舉個例子，我們可能透過某種底層分析工具發現，一種叫作 hfma.rn.f16 的指令佔比很高，請問我們要如何最佳化 hfma.rn.f16 指令呢？答案是很難最佳化，因為 hfma.rn.f16 對應了半精度乘加操作，這是很多運算元裡都會使用的計算指令，所以研究 hfma.rn.f16 的佔比並不能說明太多問題。然而底層分析工具中經常包含成百上千條類似的干擾資訊，需要花費成倍的時間來不斷查詢、分析、實驗和排除這些干擾。

從上面的例子可以看出，選用「合適」的分析工具要比一味地追求更底層的工具更為重要。對於訓練過程的整體最佳化而言，本書最為推薦使用 PyTorch 原生的 torch.profiler。在與 Perfetto UI 進行聯用之後，它能夠極佳地兼顧使用的好用性和性能指標的資訊量。

大部分性能分析工具都提供多種不同分析功能，torch.profiler 自然也是如此。所以接下來本書將從不同方面來依次介紹 torch.profiler 的能力。

4.3.1 性能分析

我們先從 torch.profiler 最基本的功能開始介紹。下面的範例程式展示了如何使用 torch.profiler 進行性能分析。我們將想要測試性能的程式 model(inputs) 放在 torch.profiler 的作用域下面，如果同時對多段不同程式進行分析，還可以使用 record_function 來給不同程式碼部分的性能測試結果貼上相應的標籤，方便在分析時進行辨認。

```
import torch
import torchvision.models as models
from torch.profiler import profile, record_function, ProfilerActivity

model = models.resnet18().cuda()
inputs = torch.randn(5, 3, 224, 224, device="cuda")

with profile(activities=[ProfilerActivity.CPU, ProfilerActivity.CUDA]) as prof:
    with record_function("model_inference"):
        model(inputs)
```

```
print(prof.key_averages().table(sort_by="cuda_time_total", row_limit=10))
```

torch.profiler 列印的結果如圖 4-6 所示。可以看到測試的程式碼部分在 GPU 上執行的時長只有 919μs, 且大部分時間花在了 aten::cudnn_convolution 等卷積相關的函數呼叫上。除此以外，batchnorm 運算元只佔了很少的時間。因此這個程式最大的性能瓶頸在卷積運算元上面。

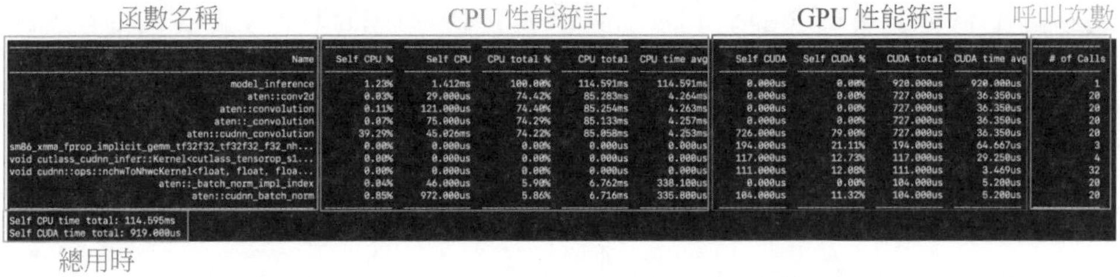

Name	Self CPU %	Self CPU	CPU total %	CPU total	CPU time avg	Self CUDA	Self CUDA %	CUDA total	CUDA time avg	# of Calls
model_inference	1.23%	1.412ms	100.00%	114.591ms	114.591ms	0.000us	0.00%	920.000us	920.000us	1
aten::conv2d	0.03%	29.000us	74.42%	85.283ms	4.264ms	0.000us	0.00%	727.000us	36.350us	20
aten::convolution	0.11%	121.000us	74.40%	85.254ms	4.263ms	0.000us	0.00%	727.000us	36.350us	20
aten::_convolution	0.07%	75.000us	74.29%	85.133ms	4.257ms	0.000us	0.00%	727.000us	36.350us	20
aten::cudnn_convolution	39.29%	45.026ms	74.22%	85.058ms	4.253ms	726.000us	79.00%	727.000us	36.350us	20
sm86_xmma_fprop_implicit_gemm_tf32f32_tf32f32_f32_nh...	0.00%	0.000us	0.00%	0.000us	0.000us	194.000us	21.11%	194.000us	64.667us	3
void cutlass_cudnn_infer::Kernel<cutlass_tensorop_s1...	0.00%	0.000us	0.00%	0.000us	0.000us	117.000us	12.73%	117.000us	29.250us	4
void cudnn::ops::nchwToNhwcKernel<float, float, floa...	0.00%	0.000us	0.00%	0.000us	0.000us	111.000us	12.08%	111.000us	3.469us	32
aten::_batch_norm_impl_index	0.04%	46.000us	5.90%	6.762ms	338.100us	0.000us	0.00%	104.000us	5.200us	20
aten::cudnn_batch_norm	0.85%	972.000us	5.86%	6.716ms	335.800us	104.000us	11.32%	104.000us	5.200us	20

Self CPU time total: 114.595ms
Self CUDA time total: 919.000us

▲ 圖 4-6 PyTorch Profiler 性能分析範例

4.3.2 顯示記憶體分析

torch.profiler 可以追蹤每個運算元在執行時分配的顯示記憶體大小，可以間接用來定位顯示記憶體峰值出現的位置。下述範例程式展示了如何開啟 torch.profiler 的顯示記憶體分析功能，列印的結果如圖 4-7 所示。

```
import torch
import torchvision.models as models
from torch.profiler import profile, record_function, ProfilerActivity

model = models.resnet18().cuda()
inputs = torch.randn(5, 3, 224, 224, device="cuda")

with profile(
    activities=[ProfilerActivity.CPU, ProfilerActivity.CUDA], profile_memory=True
) as prof:
    model(inputs)
```

4.3 PyTorch 性能分析器

```
print(prof.key_averages().table(sort_by="self_cuda_memory_usage", row_limit=5))
```

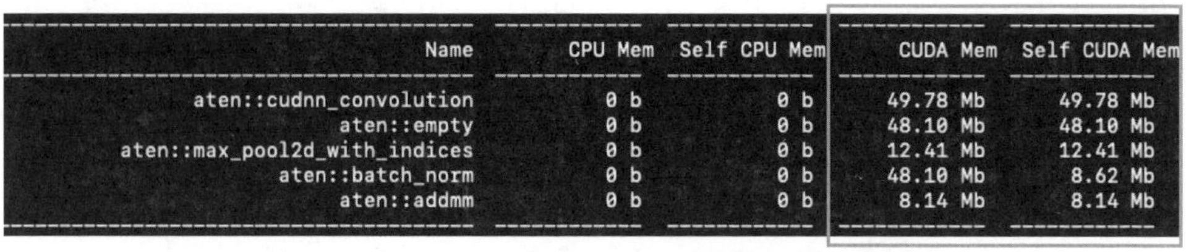

```
                       Name    CPU Mem  Self CPU Mem    CUDA Mem  Self CUDA Mem
       aten::cudnn_convolution      0 b           0 b    49.78 Mb       49.78 Mb
                   aten::empty      0 b           0 b    48.10 Mb       48.10 Mb
  aten::max_pool2d_with_indices     0 b           0 b    12.41 Mb       12.41 Mb
              aten::batch_norm      0 b           0 b    48.10 Mb        8.62 Mb
                  aten::addmm      0 b           0 b     8.14 Mb        8.14 Mb
```

▲ 圖 4-7 PyTorch Profiler 顯示記憶體分析範例

不過這裡的資訊比較籠統，只能對每個運算元的記憶體佔用有個大致了解，如果想要專門對顯示記憶體進行最佳化，則推薦使用 PyTorch 原生的顯示記憶體工具 torch.cuda.memory._record_memory_history()，我們會在第 7 章顯示記憶體最佳化專題中進行詳細講解。

4.3.3 視覺化性能圖譜

類似 4.3.1 中這樣直接列印 torch.profiler 的性能分析結果，在閱讀的時候畢竟還是不太方便，因此 torch.profiler 還支援匯出用於視覺化分析的檔案，可以透過下面展示的程式來匯出：

```
prof.export_chrome_trace("profiler_export_trace.json")
```

在當前資料夾會出現一個名為 profiler_export_trace.json 的檔案，在瀏覽器中開啟 **Perfetto trace viewer**[1] 匯入該檔案，便能夠以時間軸的形式瀏覽事件，如圖 4-8 所示。

1　https://ui.perfetto.dev/

如圖 4-8 所示，這個介面中有三個需要特別注意的區域，靠上的兩個區域對應了 CPU 任務佇列，可以進一步分為前向傳播部分和反向傳播部分；而下面的區域則對應 GPU 任務佇列。圖中還能觀察到一條從 CPU- 前向傳播到 GPU- 任務佇列的連線，標記著 CPU 和 GPU 任務的對應關係，對此不甚熟悉的讀者請參考 3.5 小節對非同步機制的講解。

圖 4-9 中的每個條幅對應一個程式事件，比如運算元的執行、函數的呼叫等。我們可以點擊圖中的某個 GPU 條幅，這時 Perfetto UI 會將該 GPU 運算元對應的 CPU 任務提交連接起來。除此以外還會彈出一個介面，顯示該 GPU 事件的詳細資訊，比如起止時間、硬體相關資訊等。在定位到性能瓶頸後，這些資訊可以輔助我們對性能瓶頸的來源進行深入分析。

4.3.4 如何定位性能瓶頸

利用 4.3.3 小節中講解的 PyTorch Profiler 的視覺化性能影像，我們很容易就能夠發現訓練程式的性能瓶頸。而且除了上面提到的基礎功能，PyTorch Profiler 還可以記錄呼叫堆疊資訊，對於將問題鎖定回 Python 程式非常有幫助。對於絕大多數場景而言，我們可以透過以下標準流程來查詢性能瓶頸：

（1）觀察 GPU 佇列，如果 GPU 佇列整體都非常稀疏，那麼性能瓶頸在 CPU 上。

（2）觀察 GPU 佇列，如果任務佇列密集，而沒有顯著空白區域，說明 GPU 滿載，那麼性能瓶頸在 GPU 運算元。

（3）觀察 GPU 佇列，如果任務佇列密集，同時存在 GPU 空閒區域，則需要放大空閒區域進行進一步觀察。

（4）觀察 GPU 空閒區域，查看空閒前後 GPU 任務以及 CPU 任務詳情，並以此推斷導致 GPU 佇列阻塞的原因。

我們透過圖 4-10 展示幾種典型的性能影像及其對應的性能瓶頸：

4.3 PyTorch 性能分析器

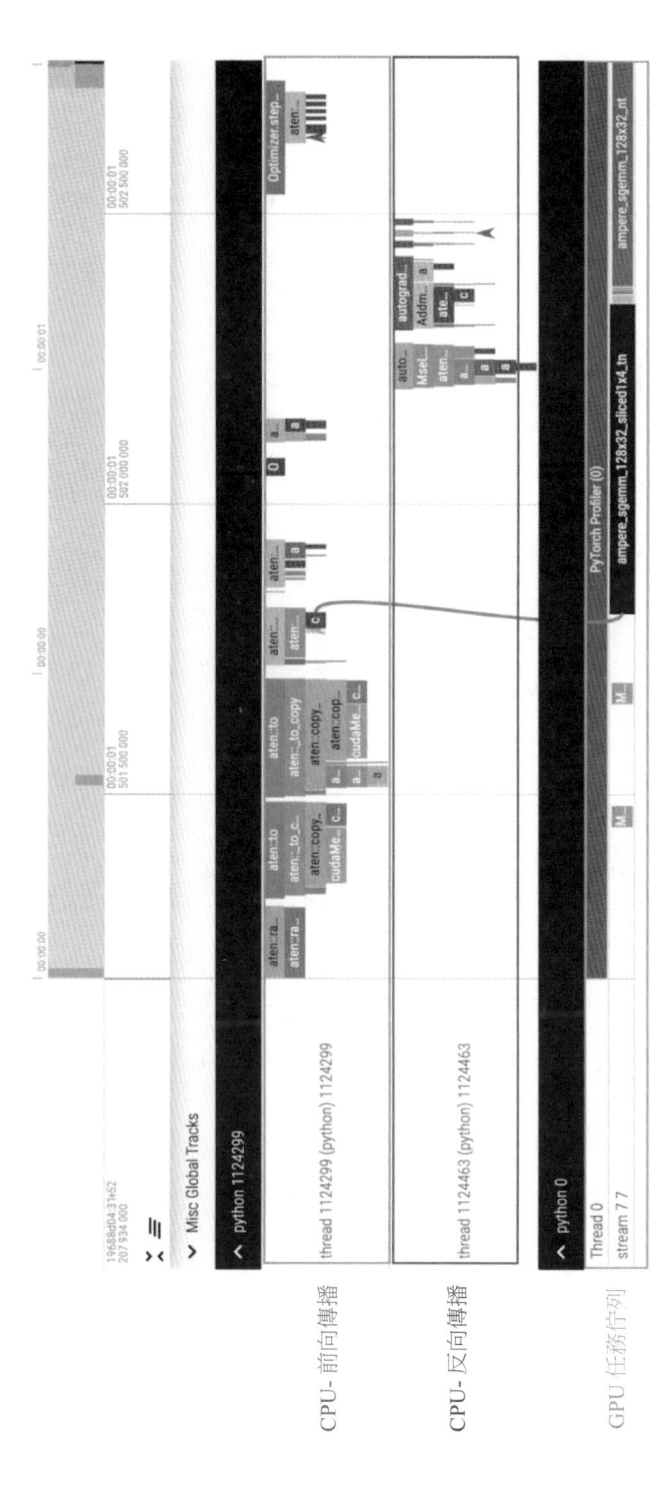

▲ 圖 4-8 PyTorch Profiler 性能影像範例

4-25

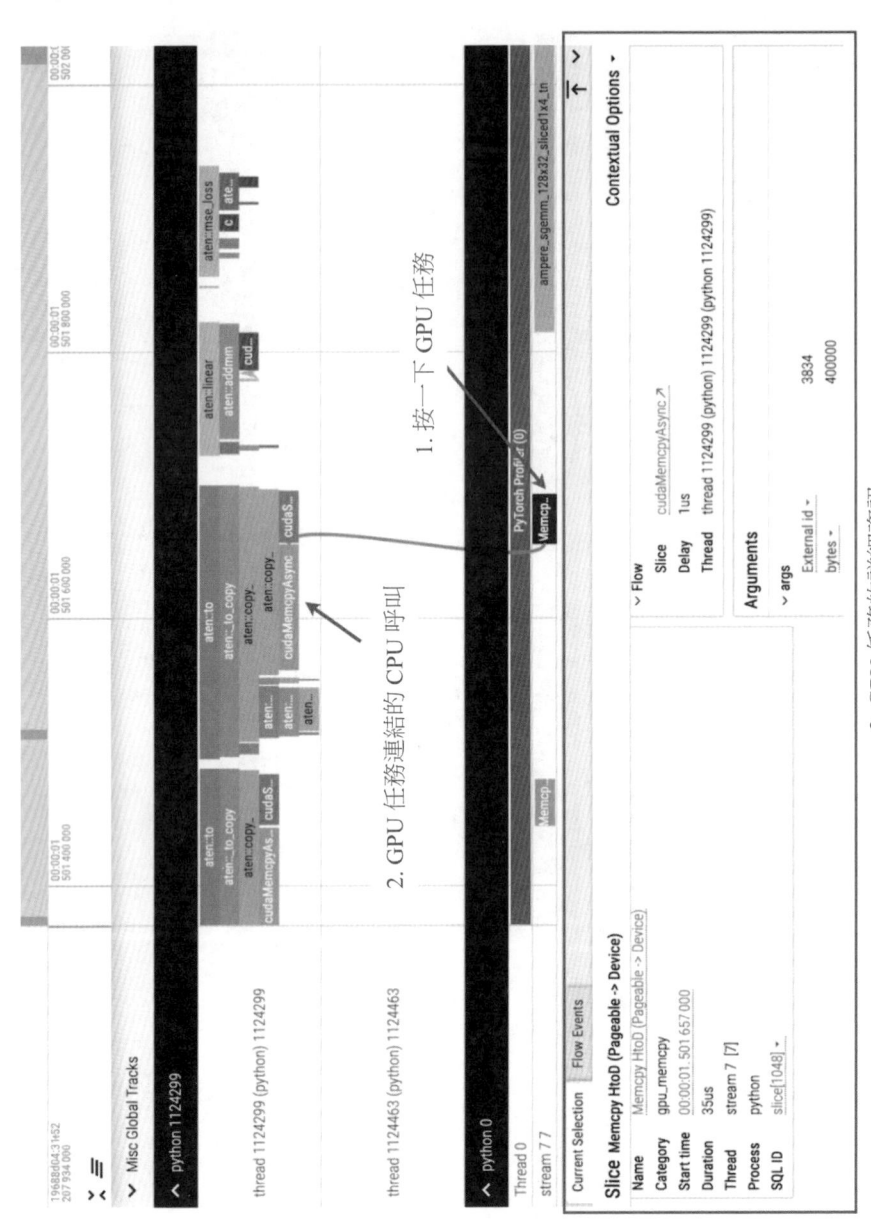

▲ 圖 4-9 PyTorch Profiler 性能影像的詳細資訊

4.3 PyTorch 性能分析器

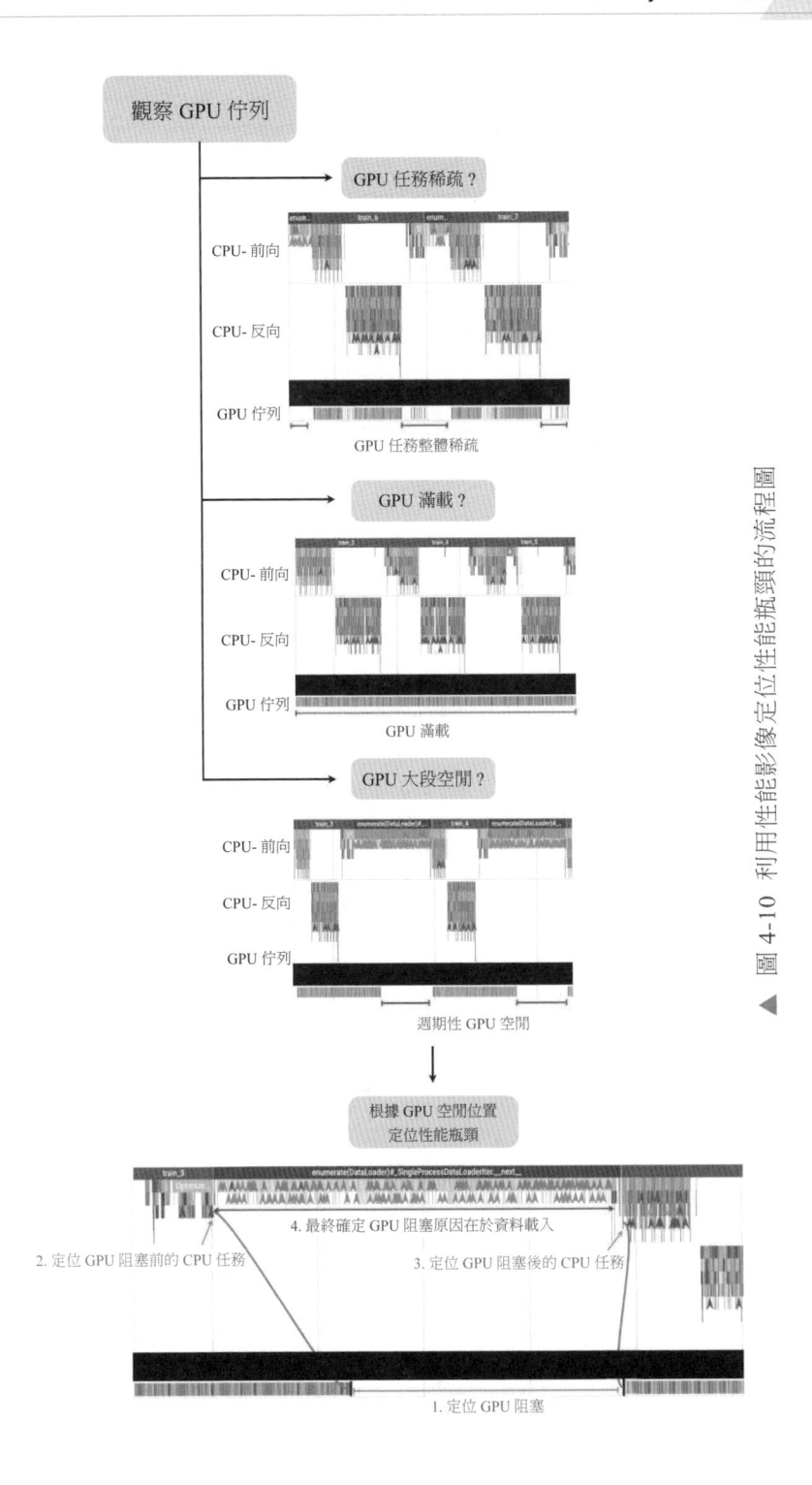

▲ 圖 4-10 利用性能影像定位性能瓶頸的流程圖

4.4 GPU 專業分析工具

4.3 節提到的 PyTorch Profiler 因其使用便捷性和豐富的分析指標而受到廣泛使用，對於訓練過程的全面分析幫助很大。PyTorch Profiler 在好用性和專業性之間更傾向於前者，它提供了好用的介面和一些直觀簡潔的性能指標來幫助定位性能瓶頸和分析性能問題。對於絕大多數性能分析的場景使用 PyTorch Profiler 就綽綽有餘了，然而當需要進行更高級的最佳化時，我們可能希望拿到更加深入底層的性能資料。在這些情況下，我們需要轉向 NVIDIA 官方提供的更為專業的性能分析工具。因此在本節我們重點介紹 Nsight Systems 和 Nsight Compute 兩種專業分析工具。

4.4.1 Nsight Systems

Nsight Systems 與 PyTorch Profiler 非常相似，但是可以提供更為豐富的性能資訊，因此常用來作為對 PyTorch Profiler 的補充。整體來說 Nsight Systems 有兩方面優點是 PyTorch Profiler 所不具有的：

- Nsight Systems 是非侵入式的性能分析工具，不需要對程式進行任何改動；PyTorch Profiler 則需要在程式中增加 torch.profiler 等函數。
- Nsight Systems 能夠顯示更詳細的資訊，包括作業系統、CUDA API、通訊等層面的資訊，對多 GPU 性能分析的支援也更加完善。

然而對深度學習訓練來說，絕大多數場景使用 PyTorch Profiler 就已經足夠了，這使得 Nsight Systems 在深度學習領域中常常作為補充工具使用。有鑑於此，我們這裡就不對 Nsight Systems 做過多的介紹了，感興趣的讀者朋友可以自行參考其官方文件和教學。

4.4.2 Nsight Compute

　　Nsight Systems 是對 PyTorch Profiler 的補充，二者還是屬於相同層級的分析工具；Nsight Compute 則是完全專注於底層 GPU 核心函數的性能指標的分析工具。Nsight Compute 提供的資訊多而龐雜，同時收集性能資訊的速度非常慢，所以往往只用來分析較小的程式段。具體到訓練過程來說，一般只有在最佳化 CUDA 運算元時才會考慮使用 Nsight Compute 用於定位運算元內部的性能瓶頸。

　　要想充分發揮 Nsight Compute 的作用，需要讀者同時掌握 GPU 的硬體知識和 CUDA 程式設計模型的相關概念。Nsight Compute 的主要功能是展示各個 CUDA 函數（CUDA Kernel）的執行資訊。然而這個所謂的「執行資訊」過於豐富，以至於其使用文件異常冗長，還是讓我們透過一個具體的例子來展示吧。

　　為了讓讀者朋友對 Nsight Compute 的分析速度之慢建立起直觀的認識，這裡我們用 Nsight Compute 分析一個完整模型的訓練過程，儘管它多用於分析單一運算元，程式如下：

```
import torch
import torch.nn as nn
import torch.optim as optim


class SimpleCNN(nn.Module):
    def __init__(self):
        super(SimpleCNN, self).__init__()
        self.conv1 = nn.Conv2d(1, 20, 5)
        self.pool = nn.MaxPool2d(2, 2)
        self.conv2 = nn.Conv2d(20, 50, 5)
        self.fc1 = nn.Linear(50 * 4 * 4, 500)
        self.fc2 = nn.Linear(500, 10)

    def forward(self, x):
```

```
        x = self.pool(torch.relu(self.conv1(x)))
        x = self.pool(torch.relu(self.conv2(x)))
        x = x.view(-1, 50 * 4 * 4)
        x = torch.relu(self.fc1(x))
        x = self.fc2(x)
        return x


net = SimpleCNN().to("cuda")
criterion = nn.CrossEntropyLoss()
optimizer = optim.SGD(net.parameters(), lr=0.001, momentum=0.9)

for i in range(10):
    inputs = torch.randn(32, 1, 28, 28, device="cuda")
    labels = torch.randint(0, 10, (32,), device="cuda")
    optimizer.zero_grad()
    outputs = net(inputs)
    loss = criterion(outputs, labels)
    loss.backward()
    optimizer.step()
```

我們可以直接用 Nsight Compute 的圖形介面來啟動 PyTorch 程式，詳細的使用方法請參考官方文件。參數配置方面，大部分使用系統預設的參數就完全足夠了，唯獨「Metrics」的配置需要特別注意，如圖 4-11 所示。

一般我們對訓練程式進行整體分析時會勾選「basic」選項，這時 Nsight Compute 只會分析數十種性能指標，幫助我們對可疑的運算元進行粗略定位。當我們將性能瓶頸定位到少數幾個運算元後，再將「Metrics」切換到「full」選項。這樣 Nsight Compute 就會分析多達上百種性能指標，同時還會繪製非常實用的資料曲線圖、示意圖等，幫助我們進行深入的性能分析。不過限於篇幅原因，我們這裡只簡單介紹「basic」選項的結果，有興趣的讀者還請移步 Nsight Compute 官方文件進行更加系統和全面的學習。

4.4 GPU 專業分析工具

當 Nsight Compute 完成分析後，首先出現的介面是一個總結介面（summary），如圖 4-12 所示。

▲ 圖 4-11 Nsight Compute Metrics 配置介面

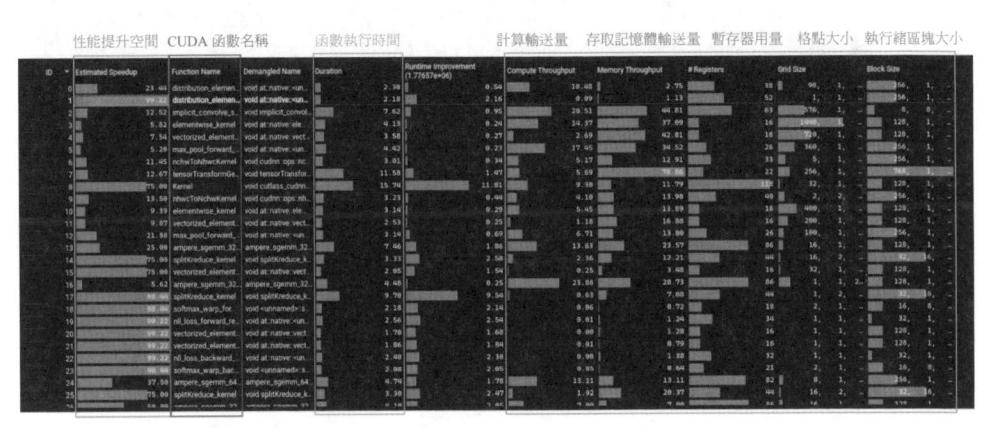

▲ 圖 4-12 Nsight Compute 性能分析範例

4-31

第 4 章　定位性能瓶頸的工具和方法

在總結介面中，我們可以看到執行的每個 CUDA 函數的名稱（function name）、執行時間（duration）、大量硬體資訊如輸送量和每個執行緒的暫存器用量等，這些資訊我們後續會進行簡要的介紹。除此以外 Nsight Compute 還會預估函數的最佳化空間（estimated speedup），但具體數值僅供參考。

這些資訊要具體怎麼使用呢？讓我們按兩下其中任意一個函數名稱，進入細節（details）視圖，這時我們會看到大量硬體相關的性能資訊。這些資訊非常龐雜，但是整體來說按照圖 4-13 中所示的幾個區域進行歸類：

讓我們對一個一個區域進行解釋。首先是最上方的區域，這個區域反映的是執行過程中，GPU 不同硬體單元的輸送量。一般來說輸送量最高的硬體單元就是該 CUDA 函數的性能瓶頸，以此可以判斷 CUDA 函數屬於計算密集型還是存取記憶體密集型。

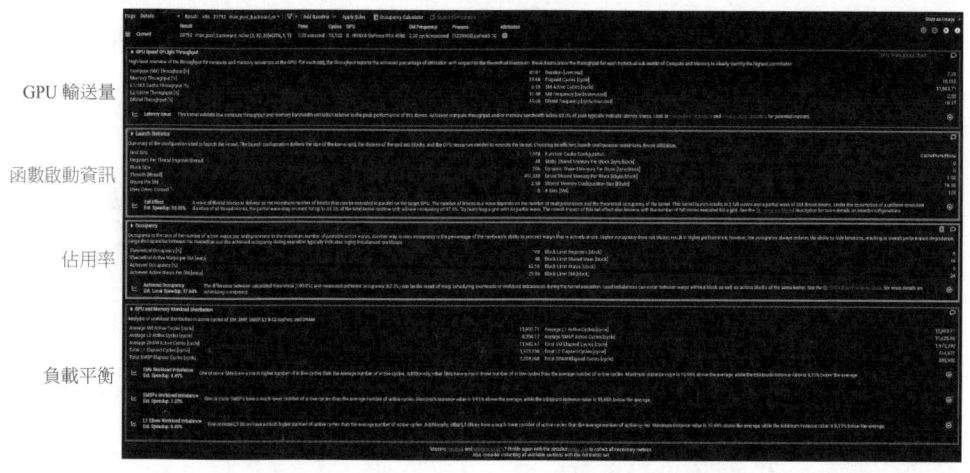

▲ 圖 4-13　Nsight Compute 詳細性能分析資訊

具體來說，如果我們觀察一個池化函數（pooling）的硬體使用率情況，如圖 4-14 所示，就會發現其計算輸送量（Compute Throughput）要遠高於存取記憶體輸送量（Memory Throughput），說明當前這個池化函數是計算密集型的，但這有些反直覺。從計算特點來看，池化函數每次需要讀取一塊很大的資料區域，但是對這些資料的計算卻比較簡單，因此理應是存取記憶體密集型為主。

4-32

4.4 GPU 專業分析工具

從這個例子我們就可以看出 Nsight Compute 帶來的價值，它能夠定位表現異常的運算元、提供性能分析資料，並最終幫助我們完成運算元最佳化。然而限於篇幅原因，我們就不進一步展開分析這個池化運算元的問題了。

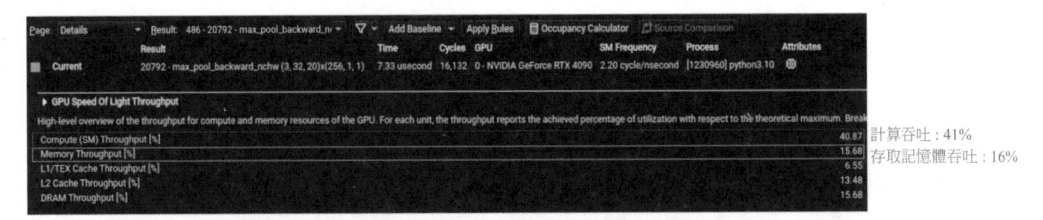

```
Page: Details    Result: 486 - 20792 - max_pool_backward_n...    Add Baseline ▼  Apply Rules  Occupancy Calculator  Source Comparison
                Result                                          Time    Cycles    GPU                        SM Frequency      Process            Attributes
     Current    20792 - max_pool_backward_nchw (3, 32, 20)×(256, 1, 1)  7.33 usecond  16,432  0 - NVIDIA GeForce RTX 4090  2.20 cycle/nsecond  [1230960] python3.10

▶ GPU Speed Of Light Throughput
High-level overview of the throughput for compute and memory resources of the GPU. For each unit, the throughput reports the achieved percentage of utilization with respect to the theoretical maximum. Break
  Compute (SM) Throughput [%]                                                                                                                          40.87        計算吞吐：41%
  Memory Throughput [%]                                                                                                                                15.68        存取記憶體吞吐：16%
  L1/TEX Cache Throughput [%]                                                                                                                           6.55
  L2 Cache Throughput [%]                                                                                                                              13.48
  DRAM Throughput [%]                                                                                                                                  15.68
```

▲ 圖 4-14 Nsight Compute 硬體使用率資訊

接下來讓我們將注意力移動到 **CUDA 函數啟動資訊（Launch Statistics）** 部分，這裡展示的是每個 CUDA 函數在執行時的相關配置，比如說格點數量（Grid Size）、執行緒區塊大小（Block Size）、總執行緒數（Threads）等，這部分資訊可以用來反映運算元是否充分利用了 GPU 的資源。

比如說圖 4-15 中運算元的問題就在於配置的格點數量太少，沒能充分使用 GPU 的流式多處理器（SM）。在圖中藍色框的位置處，還可以看到 Nsight Compute 對此舉出的提示，GPU 支援 128 個平行的多處理器核心，但是這個 CUDA 函數只呼叫了 40 個，所以還有性能最佳化的空間。

```
▶ Launch Statistics
Summary of the configuration used to launch the kernel. The launch configuration defines the size of the kernel grid, the division of the grid into blocks, and the GPU resources needed to execute the kernel. Cho
  Grid Size                                                                                                                                            40
  Registers Per Thread [register/thread]                                                                                                              126
  Block Size                                                                                                                                          128
  Threads [thread]                                                                                                                                  5,120
  Waves Per SM                                                                                                                                       0.31
  Uses Green Context                                                                                                                                    0

  Small Grid       The grid for this launch is configured to execute only 40 blocks, which is less than the GPU's 128 multiprocessors. This can underutilize some multiprocessors. If you do not inte
  Est. Speedup: 68.75%   hardware resources. See the  Hardware Model  description for more details on launch configurations.
```

▲ 圖 4-15 Nsight Compute CUDA 函數啟動資訊

最後讓我們觀察**佔用率區域（Warp Occupancy）**。這部分資訊反映了多執行緒在 GPU 上執行時，實際的平行程度。比如圖 4-16 中存在的問題是執行緒使用率不高，理論上可以同時平行 48 個執行緒組，實際上只有 10 個，僅達到了理論平行度的 20%。從提示中可以看出，導致該現象的原因可能有

4-33

兩類。一種可能是每個執行緒中的計算任務過於簡單，導致執行緒束的建立和排程銷耗要顯著大於執行緒計算任務的銷耗，所以最佳化方向是讓多個簡單執行緒合併成一個計算量較大的執行緒。另一種可能性則是執行緒束的負載不均衡，比如 CUDA 程式中存在大量執行緒發散，導致不同分支的執行緒束無法同步執行─這就需要我們結合 CUDA 程式進行具體分析。

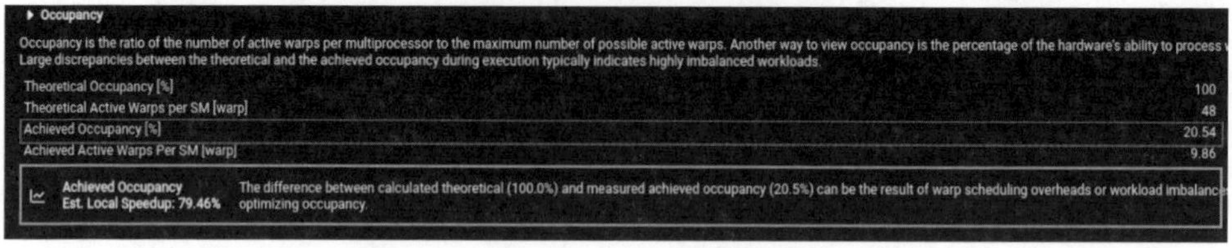

▲ 圖 4-16 Nsight Compute 佔用率資訊

除了上面列舉的資訊以外，還有很多額外的資訊可以輔助進行性能最佳化，包括我們沒有仔細講解的「計算、儲存平衡」區域等。限於篇幅和內容的原因，我們不作更多的展開，有興趣的讀者朋友可以自行參考相關的文章和分析。

4.5 CPU 性能分析工具

4.5.1 Py-Spy

PyTorch Profiler 在 GPU 分析方面的主要問題是深度不夠，因此在 4.4 小節中我們介紹了 Nsight Systems 和 Nsight Compute 作為深度方面的補充。而在 CPU 分析方面，PyTorch Profiler 的主要問題則是廣度不夠，也就是覆蓋的分析範圍不夠全面，這主要是因為 PyTorch Profiler 只負責追蹤 PyTorch 的介面呼叫，而對於 NumPy、PIL、Scipy 等三方函數庫的呼叫完全無法顯示。

4.5 CPU 性能分析工具

我們可以透過下述程式來觀察到這一點，程式中存在一段耗時良久的 NumPy 呼叫，而這部分 NumPy 呼叫在 PyTorch Profiler 的性能圖譜上顯示為一片空白。

```
import torch
import numpy as np
from torch.profiler import profile, record_function, ProfilerActivity


class SimpleModel(torch.nn.Module):
    def __init__(self):
        super().__init__()
        self.linear = torch.nn.Linear(10, 10)

    def forward(self, x):
        return self.linear(x)


def numpy_heavy_computation(input_array):
    size_inner = 1000
    size_0 = input_array.shape[0]
    size_1 = input_array.shape[1]
    result = input_array
    for _ in range(2):
        matrix_a = np.random.randn(size_0, size_inner)
        matrix_b = np.random.randn(size_inner, size_1)
        result = np.dot(matrix_a, matrix_b) + result
    return result


def run(data, model):
    processed_data = numpy_heavy_computation(data)
    tensor_data = torch.tensor(
        processed_data[:10, :10], dtype=torch.float32, device="cuda"
    )
    output = model(tensor_data)


def main():
```

4-35

第 4 章 定位性能瓶頸的工具和方法

```
    model = SimpleModel().to("cuda")
    data = np.random.randn(10, 10)
    for i in range(1000):
        run(data, model)
    torch.cuda.synchronize()


if __name__ == "__main__":
    main()
```

可以看到圖 4-17 中的性能圖譜上完全沒有顯示 NumPy 相關的 CPU 呼叫，只是留作空白。

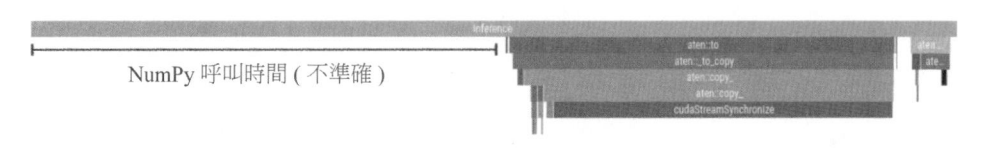

▲ 圖 4-17 PyTorch Profiler 未能追蹤 NumPy 函數的示意圖

那麼如果想要全面地分析 CPU 性能該怎麼辦呢？這時可以借助 Py-Spy[1] 工具，它同樣是非侵入式的，表示我們不需要修改任何一行 Python 程式，即可透過以下命令開啟 CPU 分析：

```
py-spy record -o profile.svg -- python test.py
```

Py-Spy 可以生成一種名為火焰圖（flame graph）的視覺化檔案。將上面指令產生的 profile.svg 檔案拖到瀏覽器中，就可以看到如圖 4-18 所示的火焰圖了。

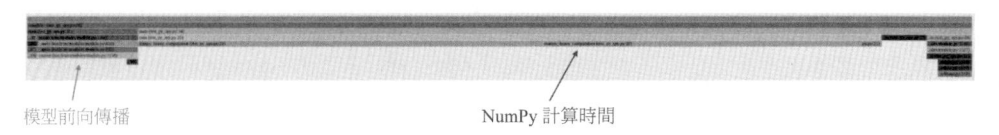

▲ 圖 4-18 Py-Spy 火焰圖範例

1　https://github.com/benfred/py-spy

4.5 CPU 性能分析工具

　　火焰圖的每個豎條都表示一組呼叫堆疊，上面是堆疊底、下面是堆疊頂。一般來說 Python 函數名稱會出現在靠近堆疊底的位置，而堆疊頂一般是一些底層的 C++ 函數名稱。當把滑鼠移動到火焰圖的某個函數上時，還會在後面顯示該函數對應的程式位置以及採樣數。採樣數本質上和執行時間只差一個係數，這個係數就是採樣間隔，預設情況下採樣間隔是 100 samples/s，因此採樣數除以 100 就是函數實際執行的時間了。

　　從圖中可以快速找到 numpy_heavy_computation 對應的執行時間，這就是我們程式中 NumPy 計算對應的 CPU 呼叫。Py-Spy 是對所有 Python 原生程式以及第三方函數庫都適用的分析工具，非常適合用來專門對 CPU 任務進行分析。

4.5.2 strace

　　有時候在 Py-Spy 的火焰圖中可以觀測到一些函數明顯佔用了過長的時間，卻不知道系統在幹什麼。這時，使用 strace 來查看程式與作業系統之間的即時互動，如檔案操作、記憶體管理和網路通訊等，通常能帶來極大的幫助。strace 是一個在 Linux 環境中極其實用的診斷和偵錯工具，它能夠追蹤並記錄程式執行的所有系統呼叫，包括每個呼叫的函數名稱、傳遞的參數以及傳回值。strace 的使用方法也很直接，既可以透過 strace 啟動一個程序，也可以追蹤一個正在執行的處理程序，程式如下所示。

```
# 透過 strace 執行一個程序
strace python test.py

# 追蹤一個已經執行的進程
strace -p <pid>
```

在使用 strace 追蹤程式時，有一些常見的與性能相關的系統呼叫值得我們特殊關註：

- 檔案相關的系統呼叫，如 open/close/read/write/lseek 等
- 網路通訊相關的系統呼叫，如 socket/bind/listen/send/recv 等
- 處理程序控制相關的系統呼叫，如 fork/execve/wait 等
- 記憶體管理相關的系統呼叫，如 mmap/munmap/brk 等

strace 可以有效地幫助開發者了解程式在執行時期的行為，特別是用於診斷程式的性能異常等。

4.6 本章小結

本章主要介紹如何定位性能瓶頸，具體包括圖 4-19 所示的三個步驟：

（1）配置一個穩定且可複現的軟硬體環境。

（2）透過計時或觀察 PyTorch 性能圖譜來發現性能問題。

（3）使用底層硬體和系統相關的性能分析工具來剖析問題的根本原因。

一旦找到了性能問題並理解其原因，就可以參考第 6 章中的性能最佳化方法進行最佳化。此外，還可以參考第 9 章中的高級最佳化方法進行進一步最佳化。

4.6 本章小結

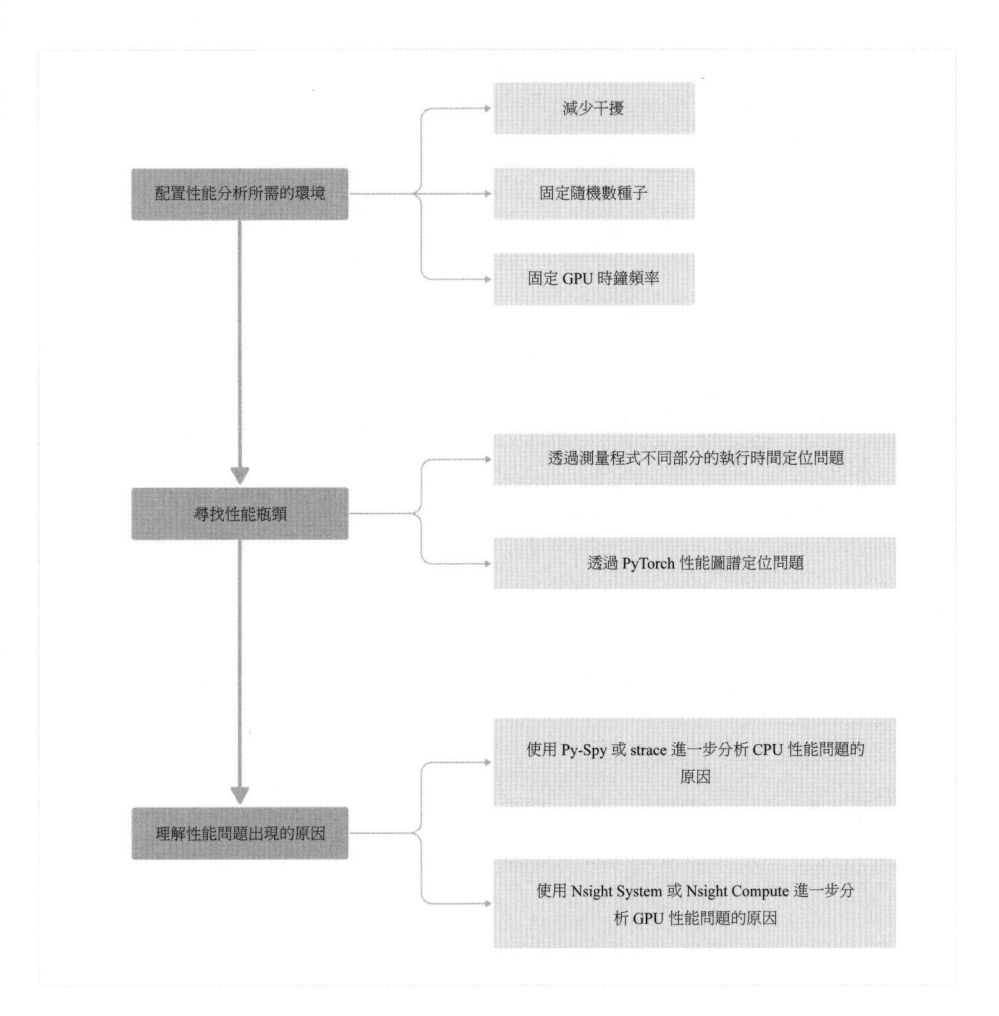

▲ 圖 4-19 定位性能瓶頸的工具和方法

第 4 章 定位性能瓶頸的工具和方法

MEMO

資料載入和前置處理專題

深度學習是一門從巨量資料中學習複雜模型的資料科學,因此資料的載入和處理也是深度學習中的核心模組。大致來說,為模型訓練準備資料包括以下幾個步驟(圖 5-1):

(1)從網路或其他通路收集原始資料。

(2)對原始資料進行清洗和離線前置處理,生成標準化的資料。

(3)從硬碟上載入資料到記憶體,供 CPU 進行即時前置處理。

(4)將資料從記憶體傳輸到顯示記憶體,供 GPU 進行模型訓練相關的計算。

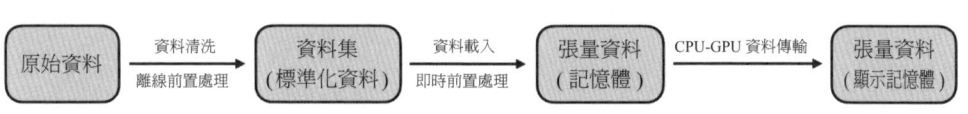

原始資料 →(資料清洗 離線前置處理)→ 資料集(標準化資料)→(資料載入 即時前置處理)→ 張量資料(記憶體)→(CPU-GPU 資料傳輸)→ 張量資料(顯示記憶體)

▲ 圖 5-1 資料的處理流程示意圖

本章我們將深入講解模型訓練中資料相關的話題。

5-1

第 5 章 資料載入和前置處理專題

5.1 資料連線的準備階段

前文所說的「獲取原始資料→ 資料清洗→ 離線前置處理→ 資料載入和傳輸→ 完成模型訓練」這一完整的資料處理流程，一般更適用於成熟的、需要擴大巨量資料規模的訓練專案。對剛起步階段的模型訓練專案來說，快速跑通程式並完成正確性驗證才是第一要務。這也正是我們連線完整資料處理流程之前，需要首先進行的準備工作。

一般在專案初始，我們以能將模型程式跑通作為第一目標，這時甚至可以不連線任何資料集，而只使用 torch.rand() 建立的隨機張量來類比輸入，快速發現程式實現中的錯漏之處。在模型跑起來後，下一步是需要驗證模型的收斂性，這時我們才會面臨連線資料集的問題。

收斂性的驗證對資料規模要求較小：可能幾千個資料樣本就已經足夠了，但是對資料品質的要求相對較高。一般建議從高品質資料集中取出一個小規模的子資料集進行驗證，這樣模型會更加容易收斂。等到模型各方面得到充分驗證之後，再考慮使用大量資料進一步訓練。

在驗證收斂性的階段，使用公開資料集通常已經綽綽有餘了。這裡我們列舉一些常見的公開資料集，如表 5-1 所示。

▼ 表 5-1 常用的公開資料集

	資料集內容	資料集大小
MNIST	手寫數字辨識資料集，10 個類別	60000 個訓練樣本和 10000 個測試樣本
CIFAR10/CIFAR100	10 類和 100 類的 32×32 彩色影像資料集	60000 個樣本
ImageNet	大規模影像辨識資料集，超過 1000 個類別	1281167 個訓練樣本，50000 個驗證樣本，100000 個測試樣本

	資料集內容	資料集大小
COCO	用於影像辨識、分割和物件檢測的大型態資料集	328K 個樣本
20 Newsgroups	新聞群組文章的文字資料集	20000 篇新聞文章，分為 20 個類別
IMDb Movie Reviews	電影評論的情感分析資料集	50000 條影評，分為正面和負面兩類
Wikipedia Corpus	用於自然語言處理的大型文字語料庫	不斷更新和增長，可達數 TB
Google Open Images Dataset	大規模影像資料集	約 900 萬張影像，帶有 6000 萬個對象的標注

驗證工作的核心目的是幫助我們確定要使用的模型結構和訓練程式，並盡可能排除潛在的錯誤。在此基礎上，我們才能開始連線正式的資料處理流程。

5.2 資料集的獲取和前置處理

一般來說大多數模型訓練首先從已經成熟的資料集開始，例如第 5.1 小節介紹的公開資料集或企業自有的內部資料集。一般在模型取得初步訓練效果且結構相對穩定後，才會著手大規模地收集原始資料或對資料進行深入清洗，以此提升模型性能。值得注意的是，原始資料的收集、標注和資料集的詳細清洗工作一般雖然獨立於模型開發，但這些步驟對整個過程來說極其關鍵。

5.2.1 獲取原始資料

資料品質對模型的性能及訓練的收斂速度至關重要，因此獲取高品質資料集一直是資料工程師不懈的努力目標。原始資料集主要來自兩個來源：

（1）許多機構和研究組織提供的公開資料集，涵蓋了廣泛的領域，包括影像辨識和自然語言處理等，例如 ImageNet、COCO 和 Kaggle 競賽資料集。

第 5 章　資料載入和前置處理專題

（2）自主收集的資料，這可能包括企業內部的業務資料，透過開放的 API 介面獲取的特定類型態資料，或透過網路爬蟲技術收集的社交媒體資料、政府和機構發佈的報告資料等。

5.2.2　原始資料的清洗

深度學習本質上是從資料中提取資訊的一門實驗科學，因此掌握資料清洗和前置處理的技術至關重要。人工智慧、深度學習、資料科學相關的研究工作聽起來十分高端大氣上檔次，但是當我們真正入門了之後就會發現，在解決實際問題的時候，辛辛苦苦推導的數學公式時常毫無用武之地，反覆修改模型結構也未必能帶來顯著性差異。反倒是對資料集進行一次簡單的清洗，能讓模型品質上升一個臺階。

一個演算法工程師必須具備的關鍵能力之一是對資料的敏感度：對於特定任務，能夠判斷資料集可能存在的問題，知道理想資料應呈現的形態，能組織高品質的資料集，並能驗證資料的品質。這種對資料的敏感度通常需要透過實際經驗累積，並且與特定任務和資料集緊密相關，高度依賴實際操作。因此，本小節將主要介紹一些通用的基本資料清洗技術。

原始資料的來源可以多種多樣，既可以透過純自動化指令稿獲取並處理，也可以透過實地擷取資料輔以人工標注的方法得到資料集。比如著名的 Laion-5B 資料主要是基於網絡爬取的圖片、圖片配字並進一步清洗得到；而一些無人車公司的物件辨識資料集，則是透過車載攝影機收集實際路面資料，再經過資料標注團隊處理得到的。

然而不管經由何種通路得到的原始資料，其資料品質往往比較粗糙，會混雜著一些錯誤、無效或非典型的資料點。清洗這些無效資料的方法不一而足，與資料集的形式、面向的訓練任務等息息相關，其具體的操作步驟和方法並沒有一個統一的標準。所以這裡我們重點討論一些資料清理的想法。

5.2 資料集的獲取和前置處理

既然是清理,那麼首先應該認識一下原始資料為什麼會「髒」。對深度學習資料來說,我們可以將資料按照有無標籤進行分類。

無標籤的資料一般用於無監督學習,這類資料的問題往往出在部分資料自身品質較差。這裡只列舉一些常見情況:

- 圖片 / 視訊 / 圖形類資料:低解析度、高雜訊、高曝光。
- 文字類資料:不符合自然語言,含有奇怪的符號、標點、特殊數值等。

有標籤的資料則往往用於監督學習,在資料本身品質差的基礎上,還會出現標籤和資料對不上的問題,也就是所謂的「貨不對版」,比如說圖片的分類不正確,或圖片的描述不合適。除此以外,還有可能出現一對多的錯誤,比如同樣的圖片被貼上了相互衝突的描述等,如圖 5-2 所示。

標籤錯誤	描述錯誤	描述衝突
Table.png	"A brown bear"	"A cute dog"　"A horrible corgi"

▲ 圖 5-2 常見的資料錯誤範例

如何對這些資料進行清理呢,一般來說人工清洗是不現實的,大部分資料清洗工作都依賴於指令稿進行。為了寫作這樣的指令稿,我們首先要做的是為無效資料劃定一筆明確的界限。比如對於圖片類資料,只要滿足下述任何一筆則可以認定為無效資料:

- 解析度低於某個設定值
- 有大量噪點

5-5

- 過度曝光

- …

接下來我們要細化每一條標準，也就是找到判斷圖片是否滿足某個標準的方法。以圖片資料為例，圖片解析度和長寬比都是很容易透過圖片獲得的資訊，過度曝光可以透過圖片的整體亮度來界定，但是檢測圖片是否有噪點就需要借助電腦視覺的演算法或預訓練的模型來判斷了。如果不想制定特別詳細的標準，也可以透過大模型為資料進行評分。這種基於第三方模型進行資料清洗的方法，本質上是一種資料蒸餾，必須使用足夠優質的預訓練模型才能保證結果的準確性。

5.2.3 資料的離線前置處理

資料清洗的目的主要是確保資料集的完整性和合理性，去校正錯誤或不適合特定任務的資料點。但這不表示此時的資料集可以直接用於模型訓練。很多模型對於輸入資料有嚴格的要求，比如要求特定的圖片尺寸、要求數值歸一化到 [-1,1] 區間等。除此以外我們還需要對資料進行增強，比如對文字資料進行重寫，對圖片資料進行轉置等操作來增加泛化能力。此時我們可以根據需要，對資料集進行進一步的離線前置處理，從而改善資料的品質和結構，便於後續的資料分析和建模。一些常見的離線資料前置處理步驟包括數值範圍的標準化、資料編碼、資料增強等。

數值範圍的標準化一般對模型收斂速度有幫助。其具體方法有很多，如最小 - 最大歸一化 (min-max scaling) 或縮放到正態分佈的標準化 (standardization)。在實際情況中需要根據具體的資料特性甚至多次實驗來決定最合適的標準化方法。最常用的最小 - 最大歸一化方法是將所有特徵值縮放到一個指定範圍內，通常是 [0,1]。這種方法能夠保持資料原有的分佈的同時，將所有特徵縮放到相同尺度，這對很多基於數值距離的演算法是非常重要的一步。但需要注意的是，該方法對於異常值非常敏感，可能會導致其他正常值被壓縮到一個很小的區間內，因此，在使用最小 - 最大歸一化之前一定要確保資料中的異常值已經被處理。

最小 - 最大規範化的公式是 $x_{new} = \dfrac{x - x_{min}}{x_{max} - x_{min}}$

其中 x 是原始值，x_{min} 和 x_{max} 分別是該特徵在資料集中的最小值和最大值，x_{new} 是規範化後的新值。

資料編碼則是將非數值資料轉為數值格式的過程，資料集中的標籤資料一般都需要經過資料編碼才能輸入到模型中。比如 CIFAR-10 資料集中，每張圖片代表的物體類別，是以如「Airplane」「Automobile」等文字來描述的，這些文字顯然不能直接轉化為 PyTorch 張量作為模型輸入，所以我們需要自行對這些文字類別進行編碼，比如將「Airplane」編碼為「0」，將「Automobile」編碼為「1」等，對應的我們也要求圖片分類模型輸出的物體類別遵循我們既定的編碼方式，所以如果模型推理出圖片的類別為「1」，我們就會將其解讀為「Automobile」的圖片。

資料分佈不均衡也是一個老生常談的問題，即資料集中某些類別的樣本數量遠少於其他類別。這種不平衡有可能導致模型在訓練過程中對佔多數的類別過度擬合，而無法有效學習到少數類別的特徵。一些基礎的解決方法包括升降採樣以及資料增強，資料增強透過對原始資料集應用一系列變換來建立額外的訓練資料，從而提高模型的泛化能力和在實際應用中的堅固性。在影像處理中，資料增強的方法可能包括改變亮度、對比度、旋轉影像、翻轉影像、隨機裁剪等。在文字處理中，資料增強可能包括同義詞替換、句子重排等。除此以外，不同領域還有其獨特的解決資料均衡性的方法，對此感興趣的讀者可以參考相應的論文進行最佳化。

在涉及超大規模資料的機器學習任務中，資料量往往非常龐大，這時我們可以考慮不直接讀取龐大的原始資料進入模型，而是先進行一輪**特徵提取**。不同業務領域的提取特徵手段不盡相同，但本質上都是對原始資料的壓縮和再加工。比如文字生成圖片的 Stable Diffusion 模型，它會首先使用預訓練的 VAE

第 5 章　資料載入和前置處理專題

編碼模型，從 512×512 大小的原始圖片中，提取出多通道 64×64 個特徵，而後續的生成模型只使用這多通道 64×64 大小的特徵張量作為輸入。除此以外還有根據經驗模型進行特徵提取的手段，比如在推薦系統中，工程師會使用一些基於經驗的數學模型，從原始資料中提取出若干特徵標的，後續的深度學習模型則使用這些相對少量的特徵標的作為輸入。值得注意的是，雖然有效的特徵提取能顯著地提高模型的性能和準確性，減少訓練所需的時間，但它是一個需要反覆迭代和實驗的過程。只有對資料和應用有深入的理解並反覆透過實驗驗證，才能提取到有效的資訊。

　　Python 作為資料科學生態中最廣泛使用的程式語言，提供了非常豐富的原生工具函數庫。深度學習中資料的前置處理方法很多都在這些工具函數庫中有好用且高效的實現，對使用者來說了解並掌握這些工具對於提高資料離線前置處理的效率非常有幫助。由於本書的重點更偏向於 PyTorch 框架相關的高效使用，此處僅列出一些常用的資料處理工具，如圖 5-3 所示，感興趣的讀者可以參考擴充閱讀進一步了解。

- NumPy 是 Python 的基礎函數庫，主要用於高性能的科學計算。它提供了一個強大的 N 維陣列物件，用於儲存和操作大型態資料集。NumPy 還包括許多高級數學函數和線性代數運算，是其他許多資料科學和機器學習函數庫的基礎。

- Pandas 是一個資料處理和分析工具，非常適合處理結構化資料（如表格資料）。它提供了 DataFrame 和 Series 這兩種資料結構，用於有效地儲存和操作資料。Pandas 支持資料的讀取、寫入、清洗、轉換、聚合和視覺化等多種操作。

- Matplotlib 是一個用於建立靜態、互動式和動態視覺化的函數庫。它廣泛用於繪製圖表、長條圖、散點圖等，是資料分析和機器學習中用於資料視覺化的主要工具之一。

- Scikit-learn 是 Python 生態中一個用於機器學習的函數庫，提供了一系列監督和非監督學習演算法。它還包括用於資料前置處理、模型評估、模型選擇和調優的工具。不過 Scikit-learn 本身是一個以 CPU 為主的機器學習函數庫，它最佳化了很多演算法在 CPU 上執行的效率，但並沒有為 GPU 提供專門的支援。

- Pillow 是一個影像處理函數庫，是 Python Imaging Library(PIL) 的分支。Pillow 提供了廣泛的影像處理功能，包括影像讀取、顯示、儲存、轉換和操作。在機器學習中，尤其是在處理影像資料時，Pillow 是一個非常有用的工具。

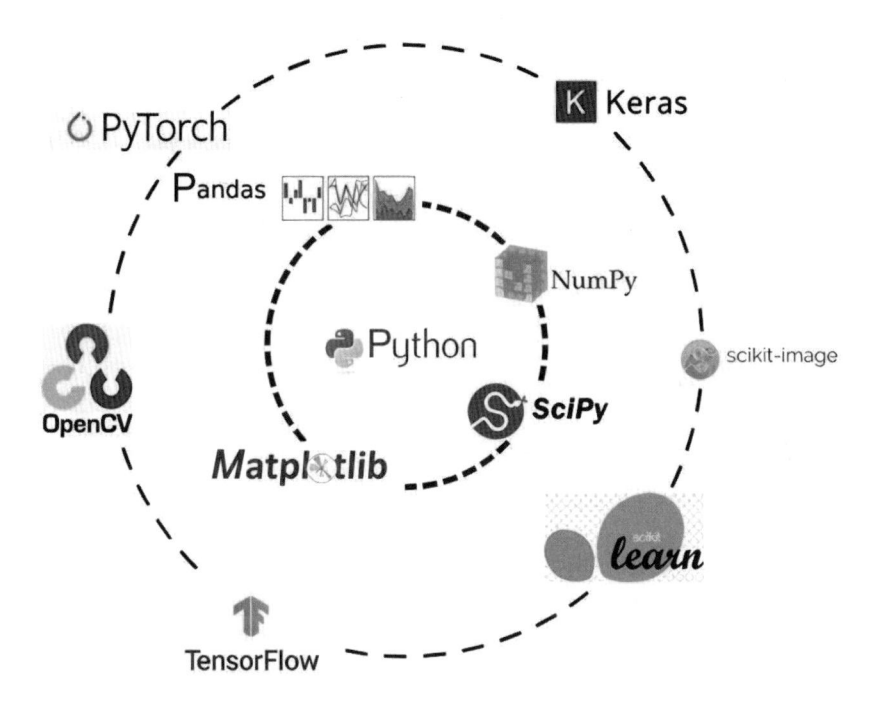

▲ 圖 5-3 Python 生態圈擁有強大的資料科學研究的工具 [1]

---

[1] https://www.alpha-quantum.com/blog/machine-learning-python/machine-learning-with-python/

5.2.4 資料的儲存

經歷了原始資料的獲取和標注，進一步的資料清洗，以及離線前置處理後，我們就得到了一個適合用於深度學習訓練的資料集。那麼這樣的資料集要以什麼形式儲存到硬碟上，檔案目錄又該如何組織呢？這一小節中，讓我們以一個知名的公開資料集 CIFAR-10[1] 為例，講解資料集的組成、結構以及資料的具體儲存方式。

從網路[2]上下載並解壓縮 CIFAR-10 資料集的原始資料後，我們可以觀察到其檔案目錄結構如下所示：

```
cifar-10-raw-images
|- images
    |- train
        |- Airplane
            |- aeroplane_s_000004.png
            |- ...
        |- Automobile
        |- Bird
        |- ...
```

一般來說，一個資料集由三種類型的資料組成：

- 核心資料：比如圖片、視訊、音訊、文字等，根據資料集面向的訓練任務而定。
- 資料標籤或其他補充資訊（可選）：比如圖片分類資料中，每張圖片對應的類別標籤；比如圖片 - 文字資料集中每個圖片對應的文字描述。
- 資料集資訊：比如資料集的版本、原始資料來源、前置處理方法、參數等。

1　cs.toronto.edu/~kriz/cifar.html

2　https://figshare.com/s/0c1dfc3be66eb622cf85

5.2 資料集的獲取和前置處理

大部分深度學習領域的資料集都有其面向的訓練任務，**核心資料**往往與資料集導向的訓練任務息息相關。比如 CIFAR-10 是主要圖片分類任務導向的資料集，所以其核心資料是不同物體的圖片，比如 aeroplane_s_000004.png。

根據訓練任務的需求，有一些資料集還有對**核心資料的描述資訊**作為補充。比如 CIFAR-10 中每個圖片都有對應的類別標籤，但因為 CIFAR-10 的類別較少，所以資料標籤是直接透過資料夾名字表示的。而在其他資料集中，資料描述檔案則可以多種多樣，比如 Laion-5B 資料集中每張圖片對應的描述是一段對圖片的文字描述（image caption），而一些三維圖形資料集中，資料描述則還可能包括相機位置等角度相關的參數。一般來說資料描述檔案以文字形式儲存，具體格式可能是 JSON、CSV、TXT 等。

核心資料和資料標籤一般會轉化為訓練任務的輸入送到模型中，而資料集的描述則可能並不參與模型訓練的過程。一般來說**資料集的描述**可能包括原始資料的來源、收集方法、標注方法以及資料處理的演算法和參數等，有些資料集還包括一些額外的統計資訊，比如資料聚類相關的指標、資料品質相關的指標等。這些資訊往往用於對資料集的進一步清洗或篩選。

在實際應用中，我們常常會碰到各種複雜的**資料格式**。這些格式大多是為了最佳化資料的可讀性、儲存和讀取效率的某些方面而專門設計的。舉例來說，npy 或 npz 格式是專為 NumPy 陣列資料設計的壓縮格式；Parquet 格式則是一種列式儲存格式，以其出色的讀寫性能和高壓縮比而聞名，非常適合處理大量資料；而 bin 格式通常指自訂的二進位壓縮格式，解析這類格式時通常需要配合特定的程式或附加的描述檔案。表 5-3 列出了一些常見的資料集檔案格式及其特性。

▼ 表 5-3　不同資料格式的對比

	CSV	JSON	npy	Parquet
資料格式	行式資料	崁套資料	陣列資料	列式資料
儲存形式	文字	文字	二進位	二進位
可讀性	高	高	低	低
儲存空間效率	低	低	高	高
讀取性能	低	低	高	高
空間更友善的壓縮格式	如 Apache Avro 等	TFRecord	npz	N/A
適用範圍	建議單檔案小於 GB 等級的資料	建議單檔案小於 GB 等級的資料	支援向量化磁碟讀寫，適用於大型檔案，需要足夠的記憶體	儲存在分散式資料函數庫的大規模資料

5.2.5　PyTorch 與第三方函數庫的互動

　　由於其龐大的資料量，資料集一般儲存在本地或伺服器的硬碟上，這也是資料讀取的起點。我們往往使用現成的 Python 函數庫將資料從硬碟讀取程式中，此時資料被我們載入到了記憶體。比如圖片類檔案可以透過 PIL 函數庫讀取，序列化檔案則可能透過 json 等相應的函數庫函數讀取。這樣我們就完成了資料讀取的第一步，即將資料從硬碟讀取到記憶體的過程。

　　此時讀取記憶體的資料通常以第三方函數庫資料型態如 NumPy ndarray 或 PIL Image 形式存在，PyTorch 無法直接解析這些類型。以 NumPy 為例，它為 Python 提供了好用的多維陣列物件 NumPy ndarray 以及一系列運算元組的函數和工具，但可惜的是它只支援 CPU。因此 PyTorch 在誕生之初的目標之一就是做 GPU 上的高性能「NumPy」，希望利用 GPU 高效的平行處理能力提升科學計算的處理速度和規模。

5.2 資料集的獲取和前置處理

所有資料，無論是第三方函數庫的還是 Python 原生的，都必須轉化為張量後才能用於訓練。PyTorch 為了便於使用 NumPy 資料，特別提供了將 NumPy ndarray 轉為張量的介面。對於其他無直接介面的函數庫如 Pandas 等，建議先轉為 NumPy ndarray 再匯入到 PyTorch。

PyTorch 為 NumPy 提供了 from_numpy 介面，用於將一個 numpy.ndarray 轉化為 CPU 後端的 torch.Tensor，如下所示，從列印結果可以看出，變數 y 被成功匯入成 PyTorch 中的張量資料。

```
import numpy as np
import torch

x = np.zeros((3, 3))
y = torch.from_numpy(x)

print(y, type(y))

# tensor([[0., 0., 0.],
#         [0., 0., 0.],
#         [0., 0., 0.]], dtype=torch.float64) <class 'torch.Tensor'>
```

然而細心的讀者可能會提出一個問題，from_numpy 讀取出來的張量，其資料依然存放在原來 np.ndarray 記憶體中嗎，還是被複製到了新的記憶體區域中？

這個問題通常需要查閱 PyTorch 介面文件來明確介面的具體行為。對範例中的 from_numpy 呼叫，其傳回的 PyTorch 張量記憶體位址與原先的 numpy.ndarray 完全相同，也就是說沒有做額外的資料複製操作。從性能角度來說，避免資料複製自然是最為高效的做法，然而這樣的記憶體重複使用也可能造成意外的資料更改，在使用時需要特別小心。

當 PyTorch 無法重複使用原始 numpy.ndarray 的記憶體時，from_numpy 會顯示出錯。舉例來說，下面的程式範例中，陣列 y 的 stride 包含負數，而且前 PyTorch 不支援具有負數 stride 的張量。在這種情況下，使用者可以透過呼叫 numpy.ndarray.copy() 手動建立一個副本，但這會失去記憶體重複使用帶來的性能優勢。

```
import numpy as np
import torch

x = np.random.random(size=(4, 4, 2))
y = np.flip(x, axis=0)

# 錯誤
# ValueError: At least one stride in the given numpy array is negative,
# and tensors with negative strides are not currently supported.
# (You can probably work around this by making a copy of your array  with array.copy().)
torch.from_numpy(y)

# 建立副本後能夠正常執行
torch.from_numpy(y.copy())
```

目前為止，我們完成了從硬碟讀取資料並匯入為 PyTorch 張量的過程。

5.3 資料集的載入和使用

5.2 小節簡單介紹了獲取原始資料、進行資料清理和資料前置處理的方法，也講解了資料從硬碟載入到 PyTorch 張量中的過程。我們當然可以沿用類似的想法來完成資料的加載，比如使用 json、csv 等函數庫函數讀取標籤資訊，使用 PIL 等函數庫來載入圖片資料，最後再使用如 tensor.from_numpy() 等介面將資料轉化為張量資料送入模型中。這樣串列的資料載入方法在進行模型的初步驗證時自然是可行的。然而在進行大規模訓練的時候，串列的資料載入和前置處理就會顯著阻塞模型運算，嚴重影響訓練效率。因此本章將重點講解如何高效率地載入和使用前置處理好的資料。

5.3 資料集的載入和使用

為了最佳化資料載入過程，需要增加對資料前置處理的支援—在模型進行 GPU 運算的同時，CPU 能非同步準備好下一輪的訓練資料。同時也希望能增加對資料的平行讀取，從而增加資料讀取的輸送量。幸運的是，PyTorch 已經提供了 Dataset 類別和 Dataloader 類別來支援上述資料載入過程的最佳化。

對於一個 PyTorch 訓練任務，我們通常會建立一個 Dataset 類別的實例，定義如何從硬碟讀取資料集，然後透過 Dataloader 類別迭代地載入 Dataset 中的資料。簡單來講，Dataset 描述了讀取單一資料的方法以及必要的前置處理，輸出的是單一張量。DataLoader 則定義了批量讀取資料的方法，包括 BatchSize、預先讀取、多處理程序讀取等，輸出的結果是一批張量。

這種設計模式使得資料的處理（由 Dataset 管理）與資料的批次迭代載入（由 DataLoader 管理）解耦，變得既靈活又高效。本小節將依次講解 Dataset 和 Dataloader 類別的使用方法，以及如何實現高效的資料載入和傳輸。

在 PyTorch 中，Dataset 類別和 DataLoader 類別是資料處理管線中的兩個核心組件。它們分別負責不同的功能，Dataset 類別定義了如何獲取單一資料點，輸出的是單一資料張量。而 DataLoader 類別則負責透過特定的採樣方式和執行順序從 Dataset 中載入資料，輸出批次資料給模型進行訓練。DataLoader 還內建了多處理程序載入和預先讀取功能，在模型進行 GPU 運算的同時，CPU 能非同步準備好下一輪的訓練資料。結合對資料的平行預先讀取，確保 GPU 時刻有資料可用。

這種設計模式使得單一資料的載入到記憶體以及前置處理（由 Dataset 管理）和資料的迭代載入（由 DataLoader 管理）解耦，既靈活又高效。本小節我們將講解如何結合使用這兩種元件，從而高效率地為模型訓練提供資料。

▲ 圖 5-4 Dataset 和 DataLoader 在資料載入過程中的作用

5.3.1 PyTorch 的 Dataset 封裝

在 PyTorch 中，Dataset 類別是一個抽象類別，用於描述資料集的內容和結構。Dataset 類別為載入和處理資料提供了一個統一的介面，可以自訂如何載入資料和處理資料。PyTorch 框架提供了兩種類型的資料集抽象：映射式資料集 (map style dataset) 和迭代式資料集 (iterable style dataset)，它們在資料的存取和適用場景上有所不同。

▼ 表 5-4　PyTorch 支援的映射式和迭代式資料集各自特點和應用場景

	映射式資料集 (torch.utils.data.Dataset)	迭代式資料集 (torch.utils.data.IterableDataset)
實例中需要自定義的方法	__getitem__(self, index)：接收一個索引（index），並傳回資料集中對應索引的資料項目 __len__(self)：傳回資料集中的資料項總數	__iter__(self): 定義如何迭代地讀取檔案
存取	支援隨機存取，可以透過索引存取任何資料項目	不支援隨機或透過索引存取，只能透過迭代來遍歷資料集
適用場景	當所有的資料都可以被載入到記憶體中，或當每個樣本可以獨立地從檔案系統或其他資源中檢索時，映射式資料集特別有用	當資料集太大而不能被全部載入到記憶體中，或資料以流的形式來自網路或即時生成時，使用迭代式資料集較為合適
範例	CIFAR-10、MNIST 等小資料集	大型文字檔（如大型記錄檔）或即時資料流程（如實時股票行情）

兩種類型的 Dataset 類別都需要實現基本的建構函數 init(self,…)，這個函數在 Dataset 實例建立的時候會被呼叫。在這個方法中，通常會初始化資料集的相關參數，如檔案路徑、資料轉換方法等，也是進行資料前置處理（如讀取檔案、資料清洗）的地方。

5.3 資料集的載入和使用

PyTorch 已經為許多常用的資料集提供了預實現的 Dataset 類別，大大簡化了常見資料集的載入和處理過程。這些類別通常位於 PyTorch 的特定領域的函數庫中，如圖片資料集的定義在 torchvision.datasets 模組中，程式如下。

```
import torchvision.datasets as datasets
import torchvision.transforms as transforms

transform = transforms.Compose([transforms.ToTensor()])

train_dataset = datasets.CIFAR10(
    root="./data", train=True, download=True, transform=transform
)
test_dataset = datasets.CIFAR10(
    root="./data", train=False, download=True, transform=transform
)
```

這些預實現的 Dataset 類別大幅簡化了資料載入過程，使得我們可以更專注於建構和訓練模型，而非花費大量時間重複很多人都處理過的資料。

當然如果使用的是自己收集的資料集就沒有現成的 Dataset 類別可用了，不過 PyTorch 的 Dataset 抽象非常簡潔，自訂的方法其實也非常簡單。在 5.2.4 小節中，我們下載了 CIFAR-10 資料集，並簡單介紹了其組成結構。現在讓我們繼續以 CIFAR-10 資料集為例，講解如何透過自訂 Dataset 類別來載入其資料。

首先需要定義一個繼承自 Dataset 類別的 CifarDataset。然後為 CifarDataset 實現下面三個方法：

- __init__ 方法：建構指向每個資料路徑的清單，比如在上例中我們建構了「圖片路徑 - 標籤」的列表。我們沒有直接讀取圖片，這是防止記憶體被過多資料擠爆。
- __len__ 方法：傳回資料集中的樣本數。

- __getitem__ 方法：根據索引讀取圖片資料，並將資料轉為 PyTorch 張量。

具體方法的定義可以參考下面的 CifarDataset 類別，它同時提供了一種遍歷資料的樣例程式。

```python
import os
import numpy as np
import torch
from torch.utils.data import Dataset
from PIL import Image


class CifarDataset(Dataset):
    label_encoder_ = {
        "Airplane": 0,
        "Automobile": 1,
        "Bird": 2,
        "Cat": 3,
        "Deer": 4,
        "Dog": 5,
        "Frog": 6,
        "Horse": 7,
        "Ship": 8,
        "Truck": 9,
    }

    def __init__(self, root_folder):
        self.image_label_pairs = []
        # construct list of: (image_path, label)
        train_foldername = "images/train"
        train_path = os.path.join(root_folder, train_foldername)
        class_folders = os.listdir(train_path)
        for class_name in class_folders:
            class_folder_path = os.path.join(train_path, class_name)
            image_names = os.listdir(class_folder_path)
            for image_name in image_names:
                image_path = os.path.join(class_folder_path, image_name)
                label = self.encode_label(class_name)
```

```
                self.image_label_pairs.append((image_path, label))

    def __len__(self):
        return len(self.image_label_pairs)

    def __getitem__(self, idx):
        image_path, label = self.image_label_pairs[idx]

        img = Image.open(image_path)
        img_array = np.array(img)
        img_tensor = torch.tensor(img_array)
        return img_tensor, label

    def encode_label(self, label_str):
        assert isinstance(label_str, str)
        return CifarDataset.label_encoder_[label_str]


if __name__ == "__main__":
    dataset = CifarDataset("/home/ailing/Downloads/cifar10-raw-images/")
    for i in range(len(dataset)):
        img_data, label = dataset[i]
        print("image: ", img_data.shape, "label: ", label)
```

5.3.2 PyTorch 的 DataLoader 封裝

我們注意到上面的 Dataset 類別定義的是單一索引到資料的映射，而 Dataloader 類別則定義了如何載入一個批次的資料，並提供了一種高效靈活的實現來載入資料集。與模型訓練相關的資料載入操作，如對資料集進行採樣並批次載入資料、使用多個子處理程序來平行加載資料等都在 Dataloader 類別中有良好的實現和封裝。

接著 5.3.1 小節中定義的 CifarDataset 資料集，繼續定義一個 DataLoader 實例：

```
if __name__ == "__main__":
    dataset = CifarDataset("path/to/cifar-10")

    dataloader = DataLoader(
        dataset, batch_size=4, shuffle=True, drop_last=True, num_workers=0
    )
    for i, batch in enumerate(dataloader):
        img_data, label = batch
        print("image: ", img_data.shape, "label: ", label)
```

其中幾個關鍵的參數及其含義如下：

- batch_size：指定每個批次中的樣本數量。

- shuffle：是 sampler 參數的「快速鍵」。shuffle=False 相當於順序採樣，即 sampler= SequentialSampler；而 shuffle=True 相當於隨機採樣即 sampler=RandomSampler。如果需要自訂更為複雜的採樣策略，使用者也可以實現一個 Sampler 類別，並指定 Dataloader 的 sampler 參數。

- num_workers：載入資料時使用的子處理程序數量。

- drop_last：當資料集中的樣本數量不能被 batch_size 整除時，是否忽略最後一個不完整的批次。

從列印出的結果看到，DataLoader 按照設置的 batch_size 每批載入 4 張圖片（每張是 32×32 大小的圖片，每個像素有 3 個通道）及其對應的標籤。

```
image:  torch.Size([4, 32, 32, 3]) label:  tensor([8, 8, 0, 3])
```

5.4 資料載入性能分析

有一定模型訓練和最佳化經驗的讀者可能都遇到過類似的問題：訓練的迴圈用時共計 5s，其中模型的前向和反向加起來只用了不到 1s，剩下的時間都

5.4 資料載入性能分析

被一個叫作資料載入的黑洞吃掉了。雖然乍一聽很離譜，但在實際操作中卻非常常見。我們「省吃儉用」買了最高級的 GPU，但卻發現程式的性能不是被 GPU 的性能所限制，而是受限於給 GPU 餵資料的速度。這就像一把本應連發的衝鋒槍，卻配上了彈容量只有一發的彈夾，導致換彈的時間遠遠長於火力輸出的時間。

現代的深度學習任務常常需要處理非常龐大的資料集，但是將這些大規模資料集載入到記憶體十分耗時。而且考慮到相對有限的記憶體大小，這些資料通常不能全部預先加載到記憶體中，而只能在需要的時候臨時從硬碟載入到記憶體，且每輪訓練完成後立刻卸載釋放記憶體空間。從硬碟中讀取資料的效率要遠遠低於 CPU 的計算速度，當然就更不能和 GPU 的計算速度相比了，因此，低效的資料讀取經常成為訓練過程的瓶頸，導致高效的運算資源因資料載入而處於等候狀態。圖 5-5 就是一個典型的資料部分是性能瓶頸的例子，其特徵主要有兩個：

- GPU 有空閒
- GPU 的閒置時間明顯與資料的載入和處理部分重合

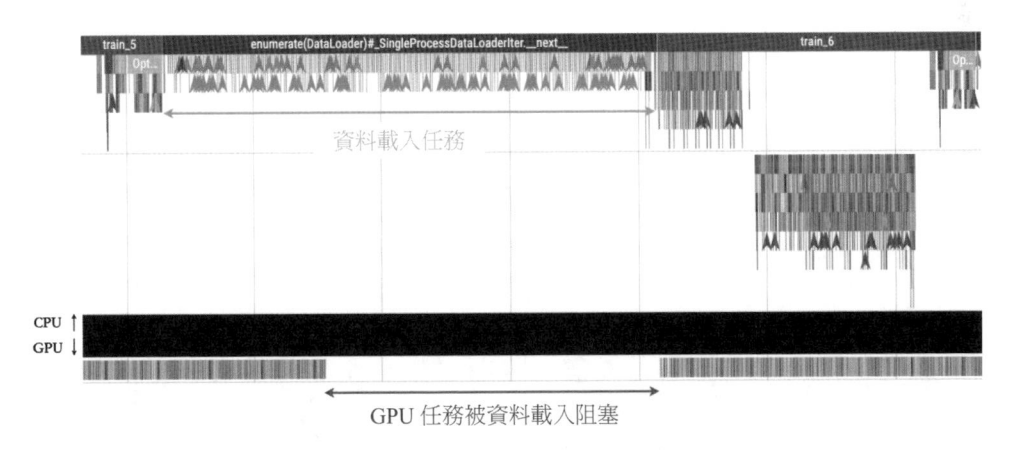

▲ 圖 5-5 性能瓶頸定位到資料載入部分的範例

首先需要明確資料部分的性能最佳化目標是保持 GPU 持續工作，避免因資料等待導致 GPU 空閒。GPU 空閒可能由多種因素引起，如從硬碟讀取資料到記憶體的延遲時間、CPU 預處理時間過長，或是資料從 CPU 傳輸到 GPU 的速度慢等。特別需要注意以下幾點：

（1）資料載入的主要目的是確保 GPU 的連續執行，具體 GPU 在執行什麼任務及其執行效率暫不在本章討論範圍內。

（2）我們當前專注於最佳化資料載入過程，而有關資料傳輸對 GPU 空閒的影響將在第 6 章詳細討論。

（3）只需最佳化到確保 GPU 執行不被阻塞。在 GPU 任務已經排隊的情況下，過度提交任務不僅不會提升 GPU 的執行速度，還可能因 CPU 資源爭奪而引起性能下降。

本節更多的是分析資料載入性能瓶頸的來源和想法，而具體的最佳化方法則留到第 6 章中統一進行講解。

5.4.1 充分利用 CPU 的多核心資源

在進行任何分析之前，首先要觀察性能影像，判斷性能瓶頸是否出現在資料載入階段。判斷性能瓶頸的方法可以參考 4.3.4 小節的介紹。如果我們觀察到類似圖 5-5 所示的性能問題，並能將瓶頸定位到資料載入階段，那麼首先可以嘗試的方法是開啟 htop，查看 CPU 的活動狀態。這時我們可能會觀察到程式佔滿一個 CPU 計算核心（即 CPU 使用率達到 100%），而其他核心卻處於閒置狀態，出現了如圖 5-6 所示「1 核心工作，多核心圍觀」的現象。

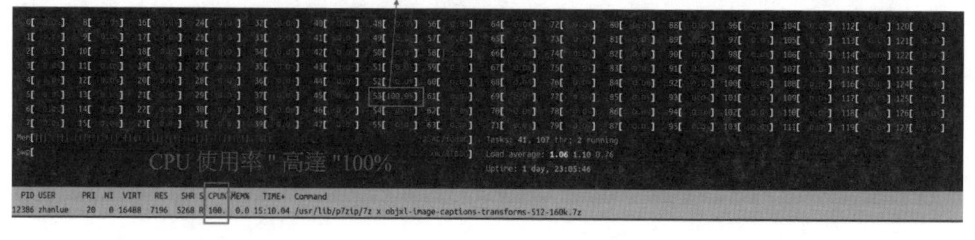

▲ 圖 5-6 htop 中監測到 CPU 只有單核心在工作，其餘核心處於閒置狀態

5.4 資料載入性能分析

這時我們的最佳化想法應當是嘗試開啟多處理程序平行。在模型訓練中，PyTorch 的 DataLoader 可以透過 num_workers 和 prefetch_factor 參數來調整子處理程序的數量，從而更好地利用多核心 CPU 資源。預設情況下，num_workers 的值為 0，表示不建立任何子進程，所有資料載入工作都在主處理程序中執行，這正是導致上述單核心工作的原因。透過使用多個 CPU 處理程序平行載入資料，讓每個子處理程序負責載入一個資料樣本，可以顯著提高 CPU 的處理速度。但需要注意的是，子處理程序過多可能導致記憶體佔用過多、I/O 阻塞等副作用。因此，最佳的 num_workers 值需要根據硬碟和 CPU 的負載情況來調整。

5.4.2 最佳化 CPU 上的計算負載

在開啟多處理程序最佳化之後，如果發現 GPU 仍在等待資料，且 CPU 上的資料載入和處理時間過長，特別是 htop 中 CPU 核心都達到如圖 5-7 所示的滿載狀態，這說明在 CPU 上進行的資料前置處理和轉換的計算量過重。不過這並非沒有最佳化空間，如果程式對 CPU 性能的利用不充分，也可能導致這種看起來很忙但實際還有餘力的現象。這種情況在第三方函數庫的實現中其實很常見。

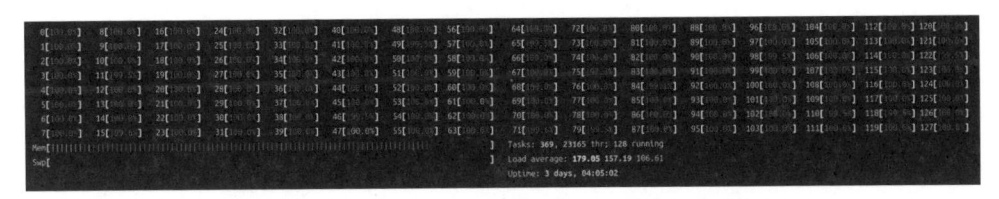

▲ 圖 5-7 在 htop 中觀察到 CPU 計算負載過重

以上文提到的 Pillow 函數庫為例。Pillow 的實現對 CPU 使用效率較低，而 Pillow-SIMD 則利用了 CPU 指令集中的 SIMD（Single Instruction Multiple Data，單指令多資料）指令（如 SSE4 或 AVX2）來加速影像處理，在影像縮放、過濾和色彩空間轉換等操作上可以比標準的 Pillow 函數庫快幾倍。以下是一個簡單的影像縮放範例，讀者可以自行安裝 Pillow 和 Pillow-SIMD 分別測試它們的速度。性能資料可能因硬體和系統環境而異，筆者在一台 16 核心 Intel 11 代 i7 處理器上觀察到約 15% 的加速。

```python
from PIL import Image
import time


def resize_image(image_path, output_size):
    with Image.open(image_path) as img:
        img = img.resize(output_size)
        img.save("output.png")


image_path = "example.png"
output_size = (4096, 4096)  # 新的尺寸

# 開始計時
start_time = time.time()

# 執行圖像縮放
resize_image(image_path, output_size)

# 計算耗時
duration = time.time() - start_time
print(f"Time taken: {duration} seconds")
```

除了尋找更高效的第三方處理函數庫，我們也可以將計算密集型的資料處理轉成離線預處理，把轉換後的資料儲存在硬碟上備用。如果有一些確實無法預先進行處理的操作，可以考慮將該操作從 CPU 移至運算能力更強大的 GPU 進行。

5.4.3 減少不必要的 CPU 執行緒

需要額外注意的是，NumPy 等工具如果使用不當也會造成不必要的 CPU 超載。這主要是因為 NumPy 等加速函數庫為了追求極致的性能，在底

5.4 資料載入性能分析

層使用了大量多執行緒 CPU 資源。NumPy 的底層實現中，使用了 BLAS 和 LAPACK 等第三方函數庫來加速向量、矩陣和線性代數相關的操作，但是 BLAS 和 LAPACK 的很多函數，如矩陣乘法、奇異值分解（Singular Value Decomposition,SVD）的實現預設是多執行緒平行的，相當於將大量 CPU 資源集中在自己身上，這時 CPU 想要並存執行其他任務，就難免力有未逮。感興趣的讀者可以自行嘗試一下，在配有多核心 CPU 的機器上執行，以下程式：

```
import numpy as np
import pdb

pdb.set_trace()
```

觀察 htop 中對應的 Python 處理程序，就會發現 NumPy 其實偷偷地建立了與 CPU 核心數相等（此處筆者的 CPU 是 Intel 的 16 核心 11 代 i7）的執行緒，方便後續的計算，如圖 5-8 所示。

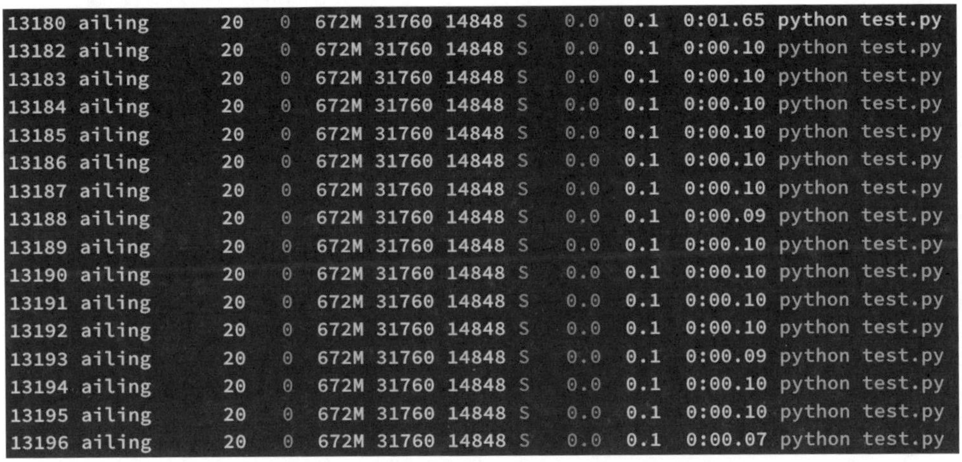

▲ 圖 5-8 NumPy 預設啟動了多執行緒進行運算

如前所述，這樣的操作雖然對於 NumPy 程式的性能是有益的，但是擠佔了其他處理程序的運算資源。一種常見情況是 NumPy 與 PyTorch DataLoader 的資料載入處理程序發生衝突。DataLoader 使用多個處理程序載入資料，每個

第 5 章 資料載入和前置處理專題

資料載入處理程序在 import numpy 的時候都會為 NumPy 獨立地建立 N（N = CPU 核心數）個執行緒，過多的 CPU 執行緒會導致記憶體使用增加、不必要的上下文切換銷耗和資源的爭用，從而降低程式的執行效率。因此我們建議使用 NumPy 進行前置處理的讀者適當地限制 NumPy 的執行緒數量，這可以透過設置環境變數來實現，但請注意該操作一定要在 import numpy 之前，程式如下：

```
from os import environ

# 控制 NumPy 底層庫建立的執行緒數量
N_THREADS = "4"
environ["OMP_NUM_THREADS"] = N_THREADS
environ["OPENBLAS_NUM_THREADS"] = N_THREADS
environ["MKL_NUM_THREADS"] = N_THREADS
environ["VECLIB_MAXIMUM_THREADS"] = N_THREADS
environ["NUMEXPR_NUM_THREADS"] = N_THREADS

import numpy as np

import pdb

pdb.set_trace()
x = np.zeros((1024, 1024))
```

再次觀察 htop 的狀態，我們可以確認 NumPy 執行緒的數量已經被減少到 4 個，如圖 5-9 所示。

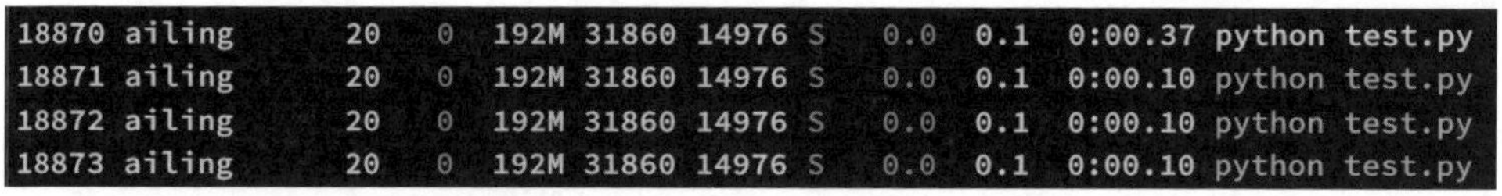

```
18870 ailing      20    0  192M 31860 14976 S   0.0  0.1  0:00.37 python test.py
18871 ailing      20    0  192M 31860 14976 S   0.0  0.1  0:00.10 python test.py
18872 ailing      20    0  192M 31860 14976 S   0.0  0.1  0:00.10 python test.py
18873 ailing      20    0  192M 31860 14976 S   0.0  0.1  0:00.10 python test.py
```

▲ 圖 5-9 設置環境變數後在 htop 中觀察到 NumPy 執行緒減少到 4 個

5.4.4 提升磁碟效率

CPU 超載還有一種可能是其本身的計算負載並不高，但是由於需要大量的磁碟 I/O 導致 CPU 也被卡住了。如果在 htop 中處理程序的狀態顯示為「D」，這表示它處於「不可中斷的睡眠狀態」（uninterruptible sleep）。這通常與進行某些類型的系統呼叫有關，如等待 I/O 操作（硬碟讀寫、網路通訊等）的完成。在訓練過程中這很大可能是由於磁碟的讀寫達到了瓶頸，使用者可以執行 iostat 工具來檢測磁碟的 I/O 負載：

```
iostat -xtck 2
```

如圖 5-10 所示，使用 iostat 工具可以觀測到 iowait 值佔比很高，這表示 CPU 在大量時間裡並沒有進行計算或執行程式碼，而是在等待 I/O 請求（如從硬碟讀取或寫入資料）完成。這通常表明存放裝置成為系統性能的瓶頸。在出現這種情況時我們可以考慮以下想法來緩解：

（1）用記憶體來換取顯著提高的資料載入速度：例如使用 mmap 將檔案的一部分直接映射到記憶體中，然後透過指標存取檔案中的資料，而無須顯式的 I/O 操作。這減少了 I/O 操作的銷耗，提高了資料存取速度。特別是在隨機存取檔案的不同部分時，mmap 表現出色。當然在記憶體容量允許的情況下甚至可以考慮使用記憶體檔（RAMDisk）技術，使用 RAM 來虛擬磁碟，用記憶體來換取顯著提高的資料載入速度。

（2）最佳化硬碟的讀寫模式：在 2.2 小節中，我們介紹了硬碟的兩種讀寫模式，其中連續讀寫模式的性能遠超隨機讀寫模式。因此，我們可以透過將離散資料合併到少量的二進制檔案或 TFRecord 中，將隨機讀寫轉化為連續讀寫，從而成倍地提高讀寫效率。

第 5 章　資料載入和前置處理專題

（3）更換更快的 SSD 硬體：如 NVMe SSD 等。

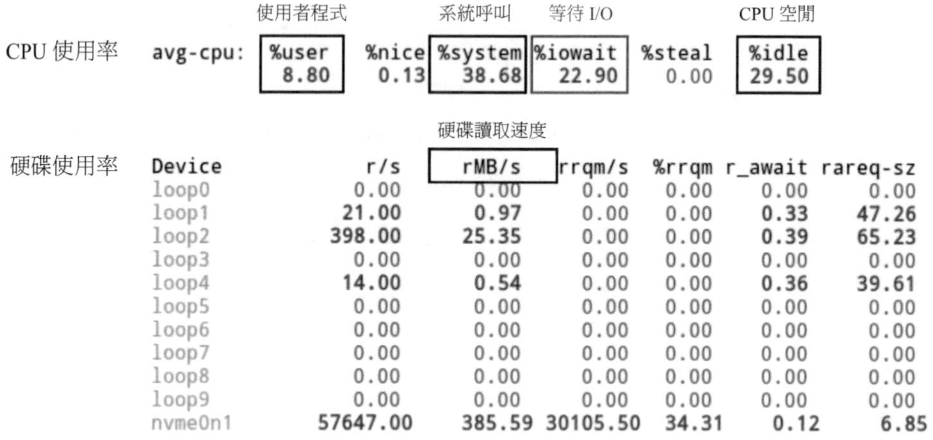

```
                      使用者程式      系統呼叫   等待 I/O              CPU 空閒
CPU 使用率   avg-cpu:  %user  %nice  %system  %iowait  %steal  %idle
                       8.80   0.13    38.68    22.90    0.00   29.50

                                    硬碟讀取速度
硬碟使用率   Device         r/s      rMB/s    rrqm/s  %rrqm  r_await  rareq-sz
             loop0         0.00      0.00     0.00    0.00    0.00     0.00
             loop1        21.00      0.97     0.00    0.00    0.33    47.26
             loop2       398.00     25.35     0.00    0.00    0.39    65.23
             loop3         0.00      0.00     0.00    0.00    0.00     0.00
             loop4        14.00      0.54     0.00    0.00    0.36    39.61
             loop5         0.00      0.00     0.00    0.00    0.00     0.00
             loop6         0.00      0.00     0.00    0.00    0.00     0.00
             loop7         0.00      0.00     0.00    0.00    0.00     0.00
             loop8         0.00      0.00     0.00    0.00    0.00     0.00
             loop9         0.00      0.00     0.00    0.00    0.00     0.00
             nvme0n1   57647.00    385.59  30105.50   34.31    0.12     6.85
```

▲ 圖 5-10 在 iostat 中觀測到 CPU 的 iowait 佔比很高，磁碟讀取負載較高

5.5 本章小結

在圖 5-1 的基礎上，本章講解了資料從磁碟到顯示記憶體的載入和處理流程，並將可能出現的性能問題和解決想法總結在圖 5-11 中。需要強調的是，由於影響程式性能的因素眾多，讀者需要靈活運用 PyTorch 性能影像，並結合如 htop 和 iostat 等 CPU 工具，來分析實際訓練過程中的瓶頸點。首先應確認資料載入是否是訓練的瓶頸之一，然後再定位導致資料載入時間過長的具體原因。此外，本章僅討論了從磁碟到記憶體過程中可能發生的性能問題，關於提升資料從 CPU 到 GPU 傳送速率的最佳化方法將留到 6.1 節中深入講解。

5.5 本章小結

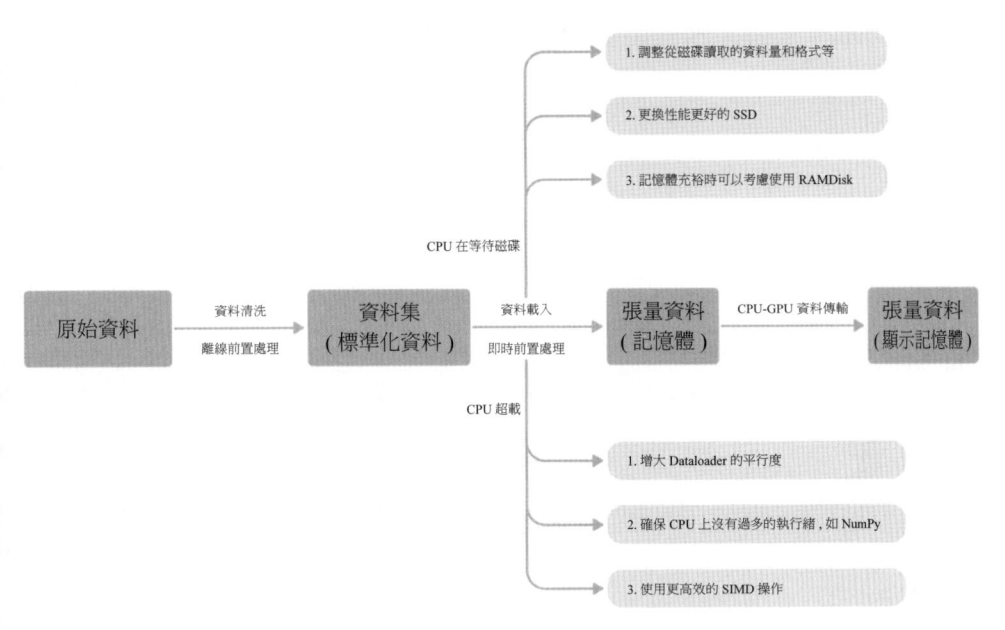

▲ 圖 5-11 常見的資料載入性能問題和解決方法

MEMO

單卡性能最佳化專題

　　本章將詳細探討在單一 GPU 環境下性能最佳化的原理和實踐方法。對大多數個人開發者來說，項目初期通常會使用單卡 GPU 進行各方面的驗證，之後隨著模型和資料集規模的擴大再逐漸加入更多的 GPU 卡。性能最佳化的想法也是相同的，我們一般優先確保單張 GPU 的性能達到最佳，然後再最佳化多個 GPU 聯用時的性能。這種方法可以幫助我們更高效率地利用寶貴的 GPU 資源。

　　相較於具體最佳化技巧的實現，我們更希望讀者能從本章意識到性能最佳化是一項實踐性極強的工作，它要求我們透過解讀性能分析資料並反覆進行實驗，從而理解「為什麼會出現性能瓶頸」以及「為什麼這樣做可以對性能有幫助」。從這一章開始，讀者會發現許多性能和顯示記憶體最佳化方法並非放之四海皆準，它們可能在某些模型上效果顯著，在其他應用中卻適得其反。雖然我們會在介紹每種最佳化技巧時提供範例以及性能分析結果，但這些技巧的效

第 6 章　單卡性能最佳化專題

果高度依賴於具體應用場景，因此本書鼓勵讀者專注於學習普適的性能分析想法，以便了解本章提到的各種最佳化方法背後的原理和適用場景，並能夠靈活地運用它們，以達到最佳實踐效果。盲目地、不加分析地使用最佳化技巧是性能最佳化的常見誤區之一。

本章將從程式性能的整體畫像入手，分析導致常見問題的根源，並提供針對性的最佳化策略。在單卡 GPU 訓練環境中，性能問題主要分為四類：

- GPU 被阻塞：這是由於資料前置處理或傳輸任務等前置依賴未完成，導致 GPU 計算資源空閒等待的情況。
- GPU 執行效率不高：這通常是因為 GPU 上的計算任務設計得不夠好，未能充分發揮硬體的運算能力。
- 不必要的 GPU 與 CPU 間同步：GPU 與 CPU 之間的同步是一個極其費時的操作，使用者有時會在無意中頻繁使用同步操作，進而嚴重降低性能。
- 程式的其他附加銷耗：包括 Python 端的排程銷耗、張量的建立和拷貝等操作。

因此要提升單卡 GPU 的性能主要分兩步：首先是讓 GPU 跑起來，儘量減少 GPU 空閒的時間；接下來是讓 GPU 跑得更快，也就是充分利用硬體的平行能力來實現加速。本章後續的小節，將依次講解如何定位這些問題、分析它們出現的原因並且提供最佳化的樣例。

特別需要注意的是，本章會大量使用 PyTorch 性能分析器列印的性能影像作為參考，對於性能影像不甚熟悉的讀者朋友，建議首先參考 4.3 節的內容。

6.1 提高資料任務的平行度

在深度學習訓練過程中，CPU 的角色通常是執行基本的資料前置處理工作，而 GPU 主要承擔大量計算密集的任務。此外，大多數 GPU 中還配備有獨立的硬體設施，即直接記憶體存取引擎（direct memory access engine），這個裝置負責在記憶體和 GPU 的顯示記憶體之間進行資料的傳輸。

每批資料的處理過程就像一條管線：先在 CPU 上前置處理，接著傳輸到 GPU，最後在 GPU 上進行計算。為了讓整個訓練過程足夠高效，我們需要讓 GPU 始終保持忙碌狀態，這就要求前面的 CPU 前置處理和資料傳輸夠快、夠高效，簡單來說：

- CPU 的前置處理要足夠快，能夠及時給 GPU 提交計算任務，確保 GPU 上有大量計算任務在排隊，始終有活可以幹。
- GPU 任務需要的資料總能夠在它開始執行前就傳輸到顯示記憶體。這樣可以儘量減少 GPU 的閒置時間，讓其始終保持在計算狀態。

因為這兩個步驟都與資料相關，本節將重點介紹如何透過提高平行處理的程度來提高它們的計算性能。

6.1.1 增加資料前置處理的平行度

此前在第 5 章資料集的載入和處理中介紹過資料載入的三個階段：硬碟載入到 CPU、CPU 資料前置處理、CPU 到 GPU 的資料傳輸，並簡單分析了資料載入和處理的常見性能問題。然而紙上得來終覺淺，這裡從一個實際的訓練樣例出發進行更深入的分析。首先定義基礎模型和訓練程式，載入 Cifar-10 資料集並將圖片大小轉化為 512×512，然後送入模型進行訓練：

```
import torch
from torch import nn
from torch.profiler import profile, ProfilerActivity
import torchvision.transforms as transforms
```

第 6 章 單卡性能最佳化專題

```python
from torchvision.datasets import CIFAR10
from torch.utils.data import DataLoader


class SimpleNet(nn.Module):
    def __init__(self):
        super(SimpleNet, self).__init__()
        self.fc1 = nn.Linear(512, 10000)
        self.fc2 = nn.Linear(10000, 1000)
        self.fc3 = nn.Linear(1000, 10)

    def forward(self, x):
        out = self.fc1(x)
        out = self.fc2(out)
        out = self.fc3(out)
        return out


assert torch.cuda.is_available()
device = torch.device("cuda")
model = SimpleNet().to(device)
optimizer = torch.optim.SGD(model.parameters(), lr=0.01)


def train(model, optimizer, trainloader, num_iters):
    with profile(activities=[ProfilerActivity.CPU, ProfilerActivity.CUDA]) as prof:
        for i, batch in enumerate(trainloader, 0):
            if i >= num_iters:
                break
            data = batch[0].cuda()

            # 前向
            optimizer.zero_grad()
            output = model(data)
            loss = output.sum()

            # 反向
            loss.backward()
            optimizer.step()
```

6.1 提高資料任務的平行度

```
    prof.export_chrome_trace(f"traces/PROF_workers_{trainloader.num_workers}.json")


num_workers = 0
transform = transforms.Compose(
    [transforms.ToTensor(), transforms.Resize([512, 512])]
)
trainset = CIFAR10(root="./data", train=True, download=True, transform=transform)
trainloader = DataLoader(trainset, batch_size=32, num_workers=num_workers)

train(model, optimizer, trainloader, num_iters=20)
```

這一段看似平平無奇的訓練程式，其實有很大的性能問題，讓我們進一步觀察其性能圖譜。如圖 6-1 所示，首先觀察性能圖譜的上半部分，這裡顯示的是 CPU 上的任務。我們發現這裡有一個耗時較多的資料載入相關任務。心急的讀者可能看到這裡，就已經認定資料載入太慢是導致性能瓶頸的主要原因了，但實際上判斷資料載入是否對性能產生影響的關鍵是要看資料載入時 GPU 任務佇列的狀態。如果資料載入的整個過程中，GPU 佇列一直處於繁忙狀態—忙於處理積壓的 GPU 任務，那麼資料載入就不會對性能產生很大影響，畢竟計算瓶頸依然在 GPU。但如果資料載入結束前，GPU 佇列就已經空閒下來，這時後續 GPU 任務必須等資料載入完成後才能提交，那就會造成 GPU 佇列的阻塞，對性能產生負面影響。具體到當前的例子裡，在性能圖譜的下半部分也就是 GPU 佇列中，可以觀察到一段長達 10ms 的閒置時間，而在空閒之後緊接著一個 MemcpyHtoD 的資料拷貝任務。這代表 GPU 不僅需要等待資料載入，還需要等資料拷貝完成後才能夠開始計算，所以這裡有很大的性能最佳化空間。

第 6 章　單卡性能最佳化專題

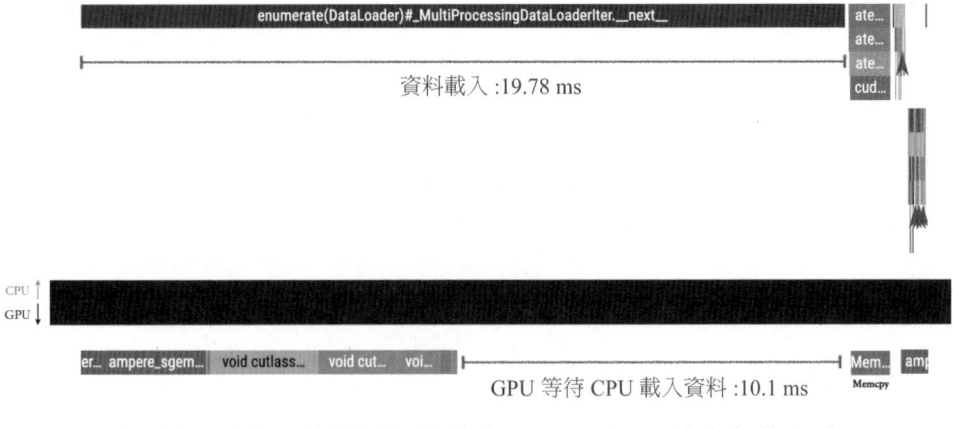

▲ 圖 6-1　資料載入平行度不足（num_workers=0）的性能圖譜

　　首先解決第一個問題，就是如何加速資料的載入過程。資料載入過程包括兩部分：把資料從硬碟讀取到 CPU 上以及對 CPU 上的資料進行前置處理（比如本例中的 Resize 操作）。這兩部分都是在 CPU 上進行的，所以一種簡單直接的加速想法就是使用多核心 CPU 平行地進行資料載入，在模型處理當前資料的同時預先載入後續需要的資料，從而顯著地提高資料處理的效率，減少 GPU 的等待時間。第 5 章提到過在 PyTorch 中可以透過 DataLoader 類別的 num_workers 參數對子處理程序數量進行設置。num_workers 預設值為 0，即使用單核心 CPU 串列載入資料，如果將其數值設為大於 1 的整數，DataLoader 就會使用多核心 CPU 平行預載入和處理資料，當模型正在訓練當前批次的資料時，背景會同時載入下一批次的資料，這樣一旦當前批次訓練完畢，下一批次的資料就已經準備好可以立即使用了，從而大幅地減少了 GPU 的閒置時間。

　　讓我們將 num_workers 設置到 4，並再次查看性能圖譜的相似位置。如圖 6-2 所示，能明顯觀察到資料載入的耗時大幅下降，與此同時 GPU 等待資料載入的時間也縮短到了只有 40μs，遠低於之前的 10ms，這正是多處理程序平行以及資料預載入共同作用的結果。

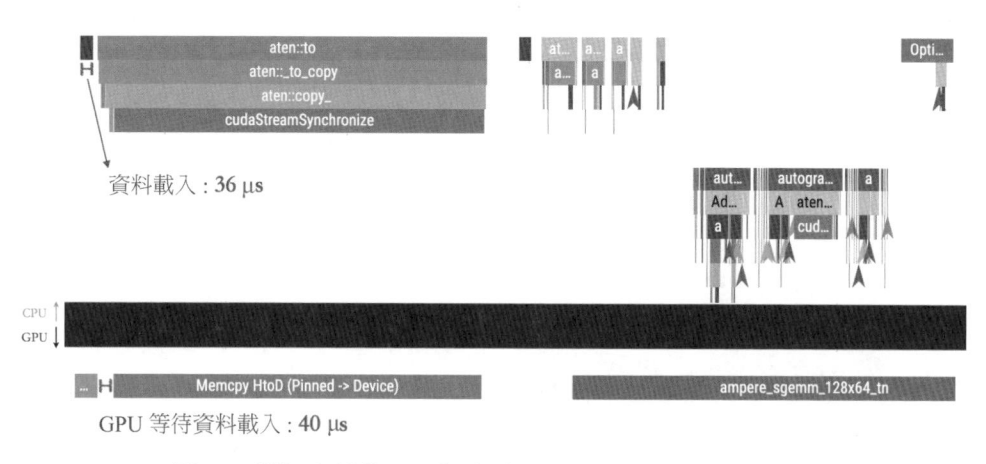

▲ 圖 6-2 增加資料載入平行度（num_workers=4）的性能圖譜

6.1.2 使用非同步介面提交資料傳輸任務

6.1.1 小節中我們透過設置 num_workers 成功增加了資料載入過程的平行度，避免其成為性能瓶頸。然而進一步觀察 num_workers=4 時的性能圖譜（圖 6-3），我們發現資料拷貝和後續 GPU 計算中間總有一段空閒。

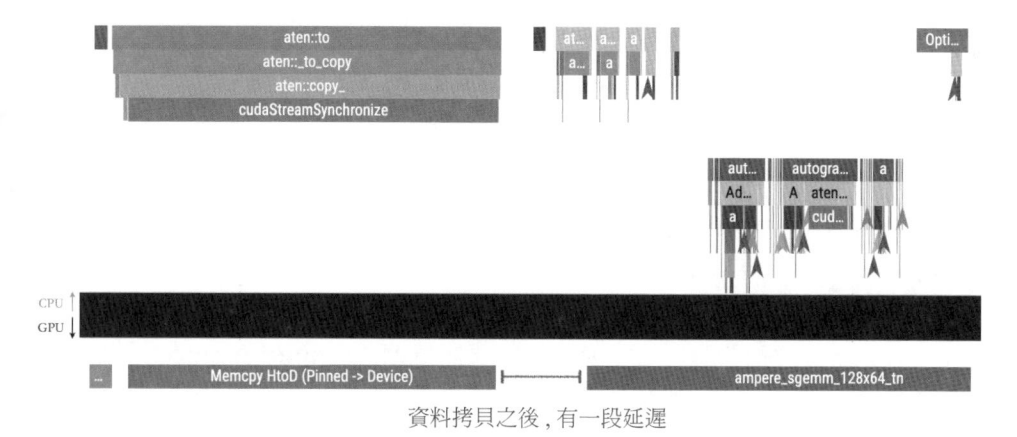

▲ 圖 6-3 使用同步介面提交資料傳輸任務的性能圖譜

第 6 章　單卡性能最佳化專題

我們還注意到性能圖譜的 CPU 資料傳輸任務 aten::to 中，包含了一個同步操作，即 cudaStreamSynchronize，這意味資料從主記憶體到顯示記憶體的拷貝是會阻塞 CPU 的。也就是說在執行資料拷貝時，CPU 什麼也幹不了，只能空置等待當前 GPU 佇列中的任務都執行完畢、佇列清空後才能繼續向 GPU 提交任務。更為具體的分析如圖 6-4 所示。

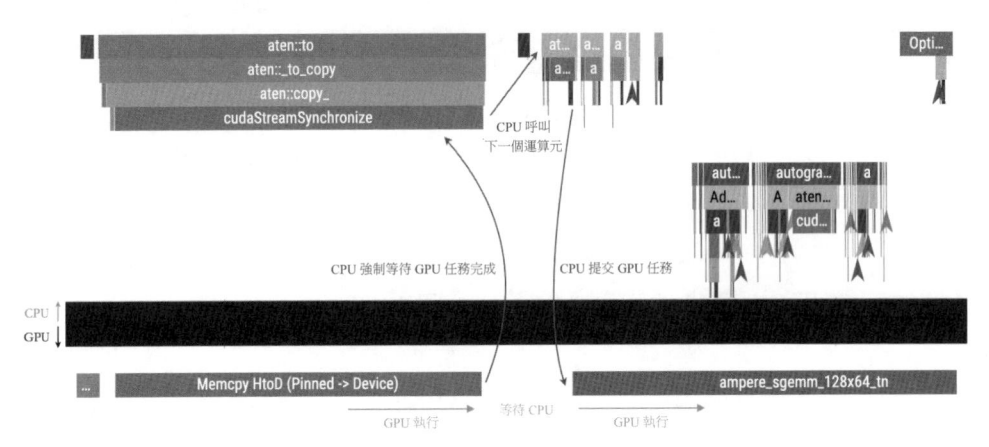

▲ 圖 6-4　同步資料傳輸介面導致性能下降的原因分析

為什麼性能圖譜中會出現 cudaStreamSynchronize 呢？這其實是因為程式中使用了 tensor.to(device) 的方法將張量從 CPU 複製到 GPU，預設採取的是同步模式。在這種模式下，CPU 必須等資料傳輸完畢才能執行後續程式。為了提高效率，我們可以考慮將這個資料傳輸過程設置為非阻塞模式，從而允許在向 GPU 傳輸資料的同時，CPU 能夠繼續執行其他任務。為了實現啟用非阻塞模式式的資料傳輸，必須同時滿足下面兩個條件：

（1）需要傳輸的資料必須儲存在**鎖頁記憶體（pinned memory）**中。鎖頁記憶體的物理位址是固定的，不會被作業系統換出到磁碟，從而允許 GPU 直接存取這部分記憶體。在 PyTorch 中建立的張量預設是常規的**頁記憶體（pageable memory）**，但可以透過 DataLoader 的設置直接將資料載入到鎖頁記憶體，或使用 tensor.pin_memory() 方法手動將張量移動到鎖頁記憶體。

6.1 提高資料任務的平行度

（2）在呼叫資料傳輸時需要設置為非阻塞模式，如 tensor.to("cuda", non_blocking=True)。這樣資料傳輸的任務會被提交到 GPU 的任務佇列中，CPU 則不需要等待資料傳輸完成即可繼續執行後續程式。

讀者可能會擔心非阻塞模式會導致 GPU 資料錯誤，但 GPU 內部有自己的**任務佇列（CUDA stream）** 系統。在沒有特別指定 CUDA 計算流的情況下，所有任務預設進入同一個佇列，並且會按照任務提交的順序串列執行。因此，只要我們先使用 tensor.to(device,non_blocking=True) 提交資料傳輸任務，然後再提交 GPU 上的計算任務，就能保證任務的執行順序是正確的，從而避免資料錯誤的問題。在 6.1.1 小節程式的基礎上，進一步改為使用非阻塞的資料拷貝方式，程式如下：

```
def train(model, optimizer, trainloader, num_iters):
    with profile(activities=[ProfilerActivity.CPU, ProfilerActivity.CUDA]) as prof:
        for i, batch in enumerate(trainloader, 0):
            if i >= num_iters:
                break
            data = batch[0].cuda(non_blocking=True)

            optimizer.zero_grad()
            output = model(data)
            loss = output.sum()

            loss.backward()
            optimizer.step()

    prof.export_chrome_trace(f"traces/PROF_non_blocking.json")


transform = transforms.Compose(
    [transforms.ToTensor(), transforms.Resize([512, 512])]
)
trainset = CIFAR10(root="./data", train=True, download=True, transform=transform)
trainloader = DataLoader(trainset, batch_size=4, pin_memory=True, num_workers=4)
```

```
# non_blocking
train(model, optimizer, trainloader, num_iters=20)
```

　　進一步觀察性能圖譜的相同位置，在圖 6-5 中可以觀察到，當使用 non_blocking=True 進行資料傳輸後，張量的拷貝操作 cudaMemcpyAsync 就不再需要呼叫 cudaStreamSynchronize 來進行同步了。同時，在 GPU 佇列中，資料從主記憶體到裝置的拷貝（MemcpyHtoD）與隨後的計算任務能夠實現幾乎無縫的銜接，有效避免了 GPU 上不必要的等待時間，提高了整體的處理效率。

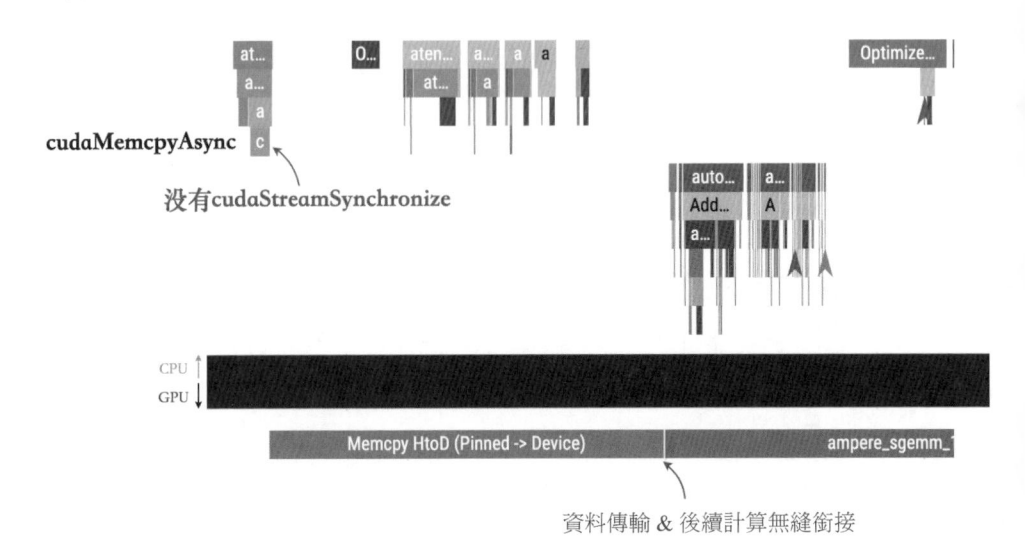

▲ 圖 6-5　使用非同步介面進行資料傳輸的性能圖譜

6.1.3　資料傳輸與 GPU 計算任務平行

　　在前面的內容中，我們透過增加 CPU 資料載入的平行度和使用非同步資料傳輸介面，盡量減少了 GPU 在等待資料任務的時間。特別是在 6.1.2 小節的結尾，我們實現了資料傳輸與後續 GPU 計算任務的無縫銜接，避免了不必要的等待時間，可以連續不斷地執行佇列中的計算任務。但是資料傳輸和 GPU 上的計算卻仍然是按順序串列執行的（圖 6-6）。那麼，是否有可能讓資料傳

6.1 提高資料任務的平行度

輸和 GPU 計算平行起來呢？

對硬體比較了解的讀者可能知道在 NVIDIA GPU 上，CPU 到 GPU 的資料拷貝和 GPU 的計算任務是由不同的硬體單元處理的，因此理論上這兩者可以平行進行。然而，這兩個過程之間存在資料依賴問題—如果資料拷貝還未完成，計算任務又該怎麼進行運算呢？

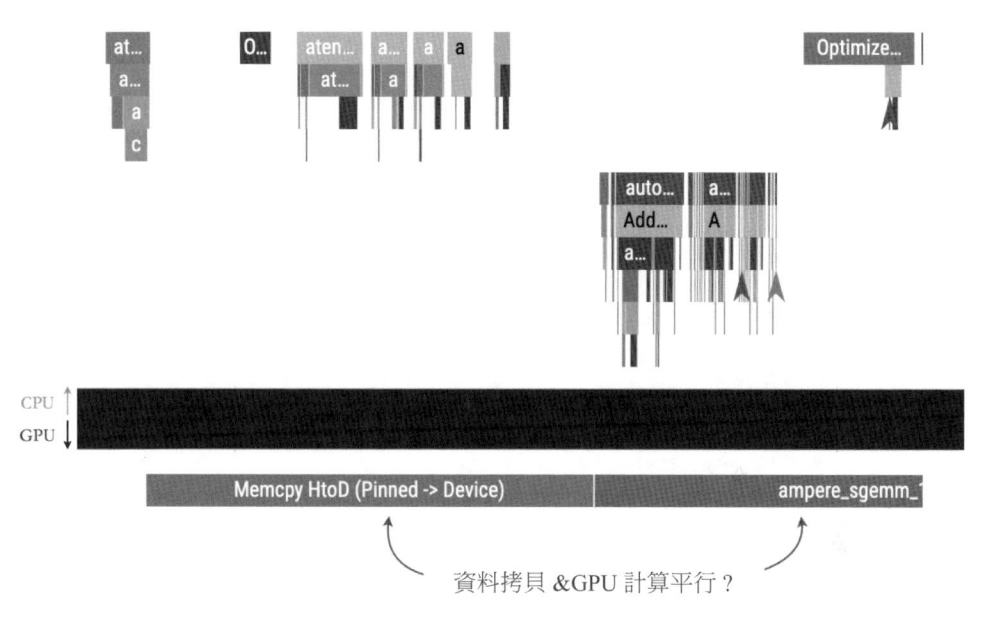

▲ 圖 6-6 考慮資料拷貝與 GPU 計算平行可行性的示意圖

我們可以採取類似 CPU 預載入資料的策略：在當前訓練輪次進行的同時，預先把下一輪訓練所需的資料從 CPU 複製到 GPU 上。要做到這一點，我們需要透過配置不同的 GPU 計算流（CUDA Stream）來建立一個平行的資料拷貝任務。

下面我們來改寫 6.1.2 小節的程式，將資料拷貝與 GPU 計算平行起來：

```
def train(model, optimizer, trainloader, num_iters):
    # Create two CUDA streams
    stream1 = torch.cuda.Stream()
    stream2 = torch.cuda.Stream()
```

6-11

```python
submit_stream = stream1
running_stream = stream2
with profile(activities=[ProfilerActivity.CPU, ProfilerActivity.CUDA]) as prof:
    for i, batch in enumerate(trainloader, 0):
        if i >= num_iters:
            break

        with torch.cuda.stream(submit_stream):
            data = batch[0].cuda(non_blocking=True)
            submit_stream.wait_stream(running_stream)

            # Forward pass
            optimizer.zero_grad()
            output = model(data)
            loss = output.sum()

            # Backward pass and optimize
            loss.backward()
            optimizer.step()

        # Alternate between the two streams
        submit_stream = stream2 if submit_stream == stream1 else stream1
        running_stream = stream2 if running_stream == stream1 else stream1

prof.export_chrome_trace(f"PROF_double_buffering_wait_after_data.json")
```

　　為了實現資料傳輸與 GPU 計算的平行，我們將資料傳輸任務和模型計算任務交替提交到兩個不同的 GPU 佇列中。為了能夠正確更新參數，我們還要保證兩個 GPU 佇列的重疊部分僅限於資料傳輸，而計算部分不發生重疊，這也是為什麼我們引入了 submit_stream.wait_stream(running_stream) 來進行 GPU 佇列間的同步和等待。對推理部署熟悉的朋友可能會注意到，這一技巧與推理中常用的雙重緩衝（double buffering）最佳化有些相似。

　　執行改寫後的程式，可以明顯看出資料傳輸與 GPU 計算是並存執行的，如圖 6-7 所示。

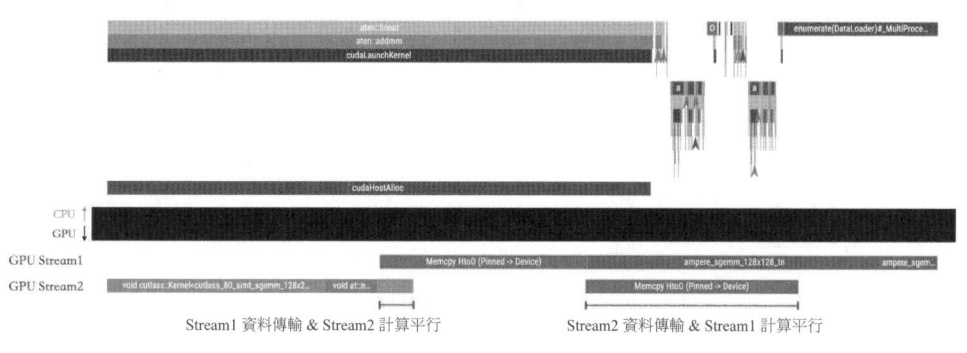

▲ 圖 6-7　使用雙重緩衝機制後的性能圖譜

需要注意的是，雙重緩衝主要是加快資料的拷貝速度，因此在資料量較小、資料傳輸用時較短的場景中，效果可能不太明顯。此外，它也可能帶來 GPU 佇列間同步的額外銷耗，有時可能會導致性能略有下降。

本小節主要展示了在單卡情形下，將 CPU 和 GPU 間的資料傳輸和計算放在不同的 CUDA stream 上實現平行，從而提高性能。在後續的 8.1 節中我們會延用類似的想法，以將沒有資料依賴關係的 GPU 卡間資料傳輸與 GPU 計算平行起來，從而實現分散式訓練的加速。

6.2　提高 GPU 計算任務的效率

在深度學習的計算任務中，GPU 是關鍵的運算資源。我們的目標是充分利用 GPU 的硬體能力，理想狀態是讓 GPU 始終以其最高的浮點運算能力（FLOPS）進行計算，但是實際應用中是不現實的。因此我們需要使用模型浮點運算使用率（model FLOPS utilization, MFU）來衡量 GPU 的使用效率：

$$\text{MFU} = \frac{\text{實際使用 FLOPS}}{\text{理論最高 FLOPS}}$$

6-13

第 6 章　單卡性能最佳化專題

在 6.1 節中我們主要探討了如何最佳化資料傳輸和資料處理任務，以避免這些任務阻塞 GPU 的執行。然而除了資料相關的因素以外，還有一些其他問題也可能導致 GPU 的使用率較低，比如：

（1）GPU 運算元執行時間太短，或運算元中的計算過於簡單，導致為該運算元排程的額外銷耗甚至超過了計算本身，使得 C/P 值較低。

（2）GPU 運算元的平行度不足，未能充分利用 GPU 中大量的執行緒區塊資源導致浪費。

（3）GPU 運算元使用了不合適的記憶體分配，增加了額外的存取記憶體銷耗。

（4）GPU 運算元的具體實現還有改進的空間。

本小節將著重解決第（1）、（2）類型的性能問題。第（3）、（4）類型的問題雖然也很重要，但由於涉及的最佳化原理更複雜，所以會留到第 9 章高級最佳化方法中進行專門討論。

6.2.1　增大 BatchSize

實際訓練的性能圖譜最常出現的問題是，GPU 上的計算任務執行時間過短導致 GPU 使用率不高。如圖 6-8 所示，這裡的性能瓶頸在於 GPU 上的活動非常稀疏，可以注意到 GPU 佇列上的任務耗時都非常短，以至於很多工在圖譜中只是一個「小豎條」。這通常表明 GPU 運算元的計算太過簡單，每次 CPU 提交任務到 GPU 後，只需要很短的時間就能計算出結果。結果是 GPU 大部分時間處於閒置狀態，等待 CPU 提交新的計算任務。

6.2 提高 GPU 計算任務的效率

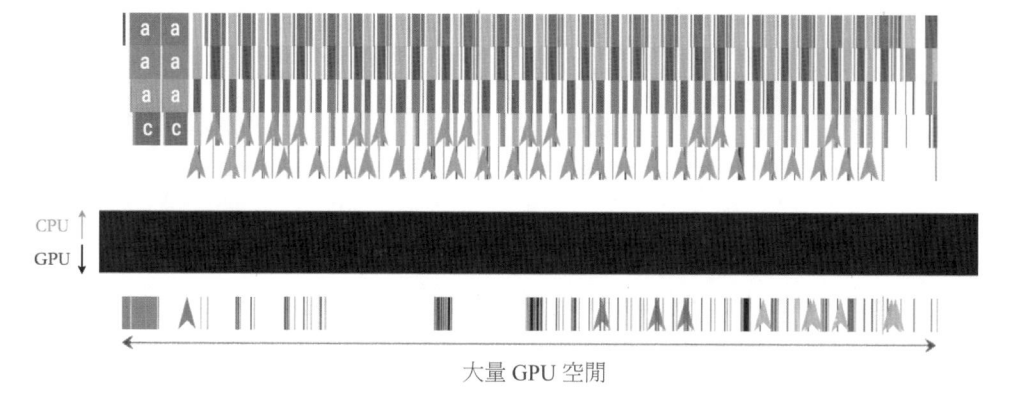

▲ 圖 6-8 ResNet-18 模型單輪訓練性能圖譜

對於性能最佳化而言，理想狀態是 CPU 持續並迅速地向 GPU 提交任務，確保 GPU 的任務佇列始終處於滿載狀態，從而保持 GPU 的使用率在較高水準。在深度學習訓練中，**批處理（batch processing）技術**是指每次迭代中可以同時處理多個資料樣本，這樣可以有效利用 GPU 數量龐大的平行核心，顯著提高整體的輸送量和單一 CUDA 核心函數執行的計算效率。

首先來看看它背後的原理，一個運算元的 CUDA 核心函數實現通常只針對輸入張量的 [C,H,W] 維度，而不會直接涉及 Batch 維度的計算。換句話說 BatchSize 與運算元 CUDA 程式的實現是獨立的，提升 BatchSize 並不能直接提升 CUDA 核心函數的性能。然而它可以增加 GPU 使用的執行緒區塊（block）數量，一次性完成多個樣本的計算。本質上來說，BatchSize 是透過增加計算平行度的方式來提高運算元計算效率的。

第 6 章　單卡性能最佳化專題

如果訓練過程以計算密集型（compute bound）為主，那麼更大的 BatchSize 就能夠更有效地利用 GPU 的平行性，充分佔用每個 CUDA 核心。這樣做不僅減少了 CUDA 核心啟動的銷耗，而且減少了資料載入的次數，最終顯著提升 GPU 的使用率。

以 ResNet-18 為例，我們可以實際測試 BatchSize 對性能的影響。透過對現有訓練程式進行簡單修改，可以測量在不同 BatchSize 下訓練固定數量樣本的總耗時。以下程式使用 torchvision 模組中提供的 resnet18 模型來測試設置不同 BatchSize 的效果：

```
import time

import torch
from torch.utils.data import DataLoader
from torch.profiler import profile, ProfilerActivity

from torchvision.models import resnet18
from torchvision.datasets import CIFAR10
from torchvision.transforms import Compose, ToTensor, Normalize

# 設置 batchsize
batch_size = 4

transform = Compose([ToTensor(), Normalize((0.5, 0.5, 0.5), (0.5, 0.5, 0.5))])
trainset = CIFAR10(root="./data", train=True, download=True, transform=transform)
trainloader = DataLoader(trainset, batch_size=batch_size, num_workers=10)


device = torch.device("cuda:0" if torch.cuda.is_available() else "cpu")
model = resnet18().to(device)
optimizer = torch.optim.SGD(model.parameters(), lr=0.1, momentum=0.9)


def train_num_batches(trainloader, model, device, num_batches):
    for i, data in enumerate(trainloader, 0):
        if i >= num_batches:
            break
```

```python
        inputs, labels = data[0].to(device), data[1].to(device)

        outputs = model(inputs)
        loss = torch.nn.CrossEntropyLoss()(outputs, labels)
        optimizer.zero_grad()

        loss.backward()
        optimizer.step()


# 熱身
train_num_batches(trainloader, model, device, num_batches=5)
num_batches = len(trainloader) / batch_size

start = time.perf_counter()
train_num_batches(trainloader, model, device, num_batches=num_batches)
torch.cuda.synchronize()
end = time.perf_counter() - start
print(f"batch_size={batch_size} 執行時間：{end * 1000} ms")

with profile(activities=[ProfilerActivity.CPU, ProfilerActivity.CUDA]) as prof:
    train_num_batches(trainloader, model, device, num_batches=10)
prof.export_chrome_trace(f"traces/PROF_resnet18_batchsize={batch_size}.json")
```

將訓練時間對 BatchSize 作圖，可以得到訓練時間隨 BatchSize 變化的關係圖（圖 6-9）。結果表明，隨著 BatchSize 的增大，訓練時間最初會顯著減少，但隨後逐漸趨於穩定。如前所述，BatchSize 透過增加 GPU 的計算平行度來提高性能，但這種平行度受到 GPU 執行緒塊總數的限制。在這個例子中，我們看到的飽和現象正是因為 GPU 的執行緒區塊已經達到了使用上限。

第 6 章　單卡性能最佳化專題

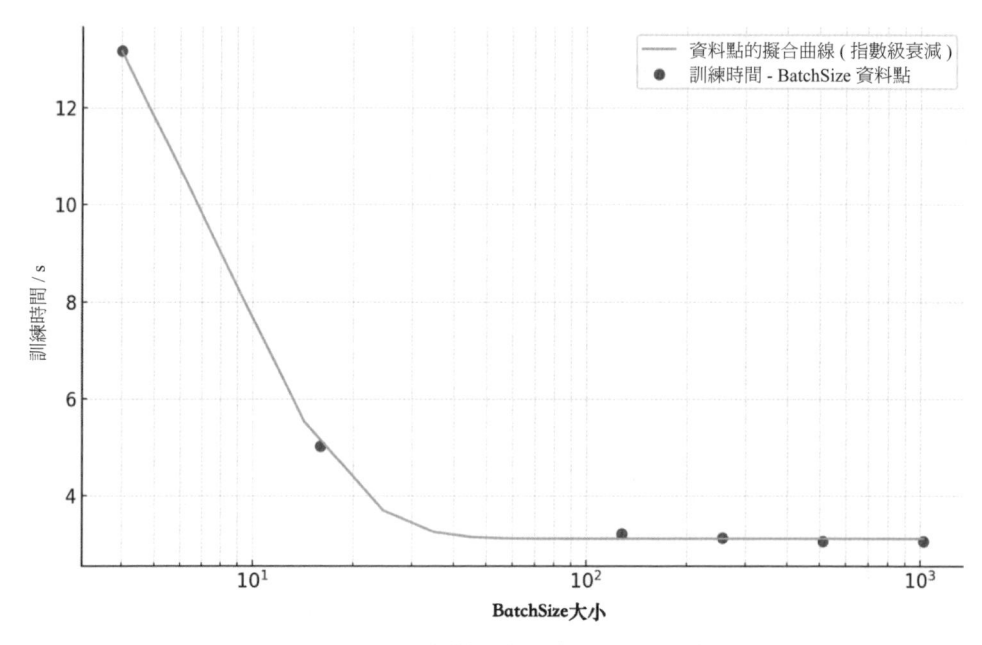

▲ 圖 6-9　ResNet-18 訓練總時長隨 BatchSize 的變化關係

讓我們聚焦於訓練時間顯著下降的階段。如果將 BatchSize 從 4 增加到 128，就可以在性能影像（圖 6-10）上觀察到很明顯的變化：

▲ 圖 6-10　不同 BatchSize 下單輪訓練過程性能圖譜對比

進一步放大圖 6-10 中的資料點，觀察一下單一運算元的變化。如圖 6-11 所示，在 BatchSize 為 4 的時候，CPU 排程運算元花費的時間（42μs）要遠大於 GPU 執行計算的時間（2μs）。而在 BatchSize 增大到 128 時，GPU 執行計算的時間則顯著變長（38μs），同時提交到 GPU 上的任務需要排隊一段時間

6.2 提高 GPU 計算任務的效率

之後才能執行。這時因為當 BatchSize 增大後，單一運算元的計算量也隨之增大，從而導致計算時間有所增加。這種情況下，GPU 處理這些任務的速度將遠低於 CPU 提交任務的速度，比如訓練的結尾處我們可以觀察到「拖尾」現象（圖 6-12），這表示 GPU 的任務佇列始終保持滿載。

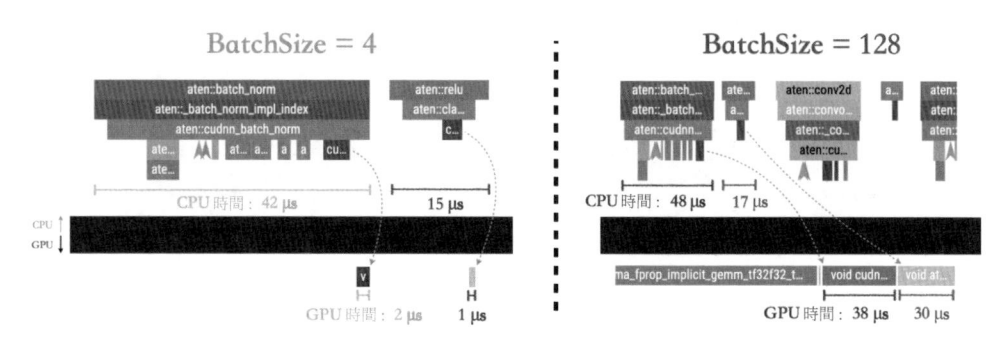

▲ 圖 6-11 增大 BatchSize 能夠提高 GPU 使用率的原因解析

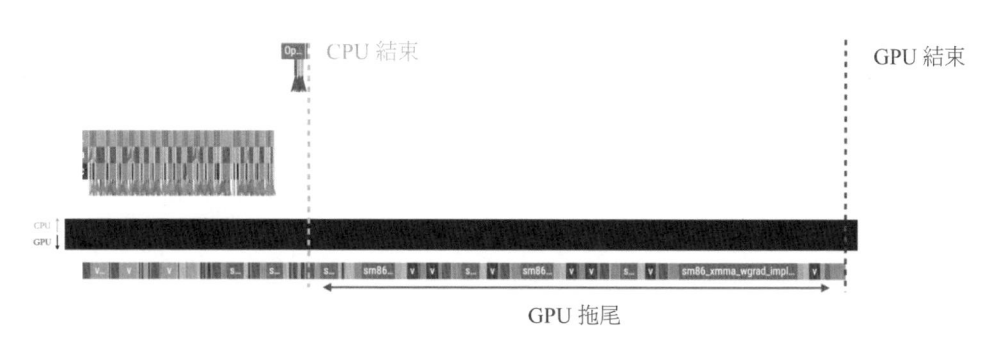

▲ 圖 6-12 ResNet-18 訓練結尾處的 GPU 拖尾現象

同時，增加 BatchSize 並不是沒有代價的。較大的 BatchSize 可能會影響模型的泛化能力，儘管這也受到訓練集大小、組成、網路結構和訓練方法等因素的影響。實際上，許多大型模型使用較大的 BatchSize，這也表明在巨量資料集上，較大的 BatchSize 的負面影響可能會有所減輕。選擇 BatchSize 時，需要在模型品質和訓練速度之間找到平衡，具體還應基於實驗結果進行選擇。

儘管如此，對於中等或更大規模的模型，為了最大化 GPU 使用率，BatchSize 通常會盡可能增大直至達到顯示記憶體的限制，尤其是在大型模型中，因此，最佳化顯示記憶體使用也成為提高訓練速度的有效手段。關於顯示記憶體的最佳化，我們將在第 7 章顯示記憶體最佳化中進行詳細討論。

6.2.2 使用融合運算元

在第 3 章中，我們討論了 PyTorch 的動態圖特性，它的靈活性和好用性受到廣泛稱讚。然而，這種靈活性也表示 PyTorch 中的 GPU 運算元比較輕量，每個運算元呼叫都需要經過一系列層級的呼叫流程：從 Python 到 C++，再到 CUDA 執行，然後將結果傳回 C++，最後回到 Python。對層級較多的模型來說，這樣的操作排程銷耗佔比較大。因此，本節將專注於如何透過改變程式寫法，合併相鄰的運算元呼叫來減少這些排程銷耗。

一種有效的策略是手動合併運算元，這通常需要一定的數學技巧來將多個相鄰的運算元融合成一個單一的運算元。一個典型的例子是合併多個連續的逐元素操作（elementwise operations），例如：

```
import torch

x = torch.rand(3, 3)
y = torch.rand(3, 3)

z = x * y
z1 = z + x
print(z1)

# 可以將上面的計算合併為一個運算元，結果是等價的
z2 = torch.addcmul(x, x, y)
print(z2)
```

除了上面的例子以外，一些常見的融合還包括**點積與加法合併**：

```
import torch

a = torch.rand(4, 4)
b = torch.rand(4, 4)
c = torch.rand(4, 4)

x = torch.matmul(a, b)
x1 = x + c
print(x1)


# 融合成一個運算元
x2 = torch.addmm(c, a, b)
print(x2)
```

除了依靠數學知識手動融合多個運算元之外，PyTorch 還在 torch.nn.utils.fusion 模組下提供了一系列常用的運算元融合的介面。舉例來說，fuse_linear_bn_eval 介面能夠將相鄰的 Linear 運算元和 BatchNorm 運算元合併為一個新的 Linear 運算元。讓我們用一個例子進行說明：

```
import torch
import torch.nn as nn
from torch.profiler import profile, ProfilerActivity


class SimpleModel(nn.Module):
    def __init__(self):
        super(SimpleModel, self).__init__()
        self.linear = nn.Linear(100, 50)
        self.bn = nn.BatchNorm1d(50)

    def forward(self, x):
        return self.bn(self.linear(x))
```

第 6 章 單卡性能最佳化專題

```
@torch.no_grad()
def run(data, model, num_iters, name):
    with profile(activities=[ProfilerActivity.CPU, ProfilerActivity.CUDA]) as prof:
        for _ in range(num_iters):
            original_output = model(input_tensor)
    prof.export_chrome_trace(f"traces/PROF_cuda_{name}.json")


model = SimpleModel().to(torch.device("cuda:0"))
model.eval()
input_tensor = torch.randn(4, 100, device="cuda:0")

# 融合前
run(input_tensor, model, num_iters=20, name="no_fusion")

# 融合後
fused_model = torch.nn.utils.fusion.fuse_linear_bn_eval(model.linear, model.bn)
run(input_tensor, fused_model, num_iters=20, name="fusion")
```

運算元融合前後的性能圖譜對比如圖 6-13 所示,使用 torch.nn.utils.fusion.fuse_linear_bn_eval 後,可以清楚地看到模型中相鄰的 Linear 和 BatchNorm 操作被合併成一次新的 Linear 呼叫。這不僅在數學層面減少了計算量,也降低了操作的呼叫次數。

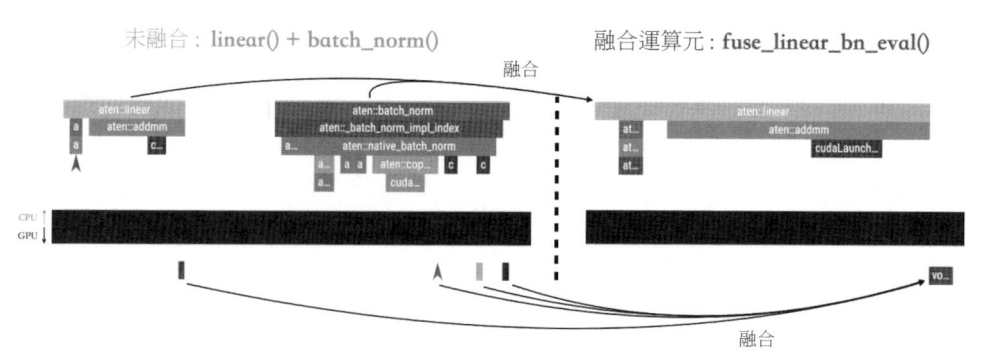

▲ 圖 6-13 運算元融合前後的性能圖譜對比

運算元融合是最佳化深度學習網路的一種非常常見的方法，它有助提升網路執行效率和減少資源消耗。儘管如此，PyTorch 的原生介面中並沒有提供太多關於運算元融合的直接支援，通常需要依賴手動融合運算元，而這一過程可功耗時較長。在實際訓練中，常見的運算元融合方法包括使用 torch.compile 和引入高性能自訂運算元，但這些方法的原理相對複雜，更詳盡的討論和應用將在第 9 章高級最佳化方法中進行。

6.3 減少 CPU 和 GPU 間的同步

在第 3 章中，我們已經介紹過 CUDA 後端上的操作通常是非同步執行的。這表示每個操作分為兩個階段：首先向 GPU 提交計算任務，其次 GPU 完成這些任務。當利用非同步介面時，CPU 在提交了計算任務之後，可以立即繼續執行其他程式，而不需要等待 GPU 完成這些任務。得益於 GPU 強大的佇列機制，非同步機制能夠在保證正確性的同時，極大地提高了訓練效率。

在必要的情況下我們可以手動執行 CPU-GPU 同步操作，即讓 CPU 等待 GPU 上的所有操作都完成。但是，CPU-GPU 同步操作的成本非常高，如果將 CPU 和 GPU 比作兩條可以平行工作的生產線，同步操作就相當於暫停 CPU 生產線，等待 GPU 生產線完成所有任務後，CPU 生產線才能繼續運作。這種情況顯然是我們通常希望避免的。

PyTorch 中的 torch.cuda.synchronize() 函數可以用來進行 CPU 與 GPU 之間的同步，這在偵錯時非常實用。然而在非偵錯階段，開發者應儘量避免手動同步的呼叫，因為它可能會對性能產生顯著的負面影響。

需要注意的是，除了在程式中顯式地呼叫同步函數，PyTorch 中的一些寫法也會隱式地進行同步，這常常是 PyTorch 程式性能的「隱藏殺手」。那麼該如何判斷和找到這些隱式的同步呢？其實也很簡單，絕大多數隱式同步其實有一個共通性，那便是想要在 Python 中使用 GPU 張量的值。典型的操作包括但不限於表 6-1 中的操作。

第 6 章　單卡性能最佳化專題

▼ 表 6-1　可能觸發 CPU-GPU 同步操作的 PyTorch 介面

觸發隱式同步的操作分類	範例和解釋
對 tensor 的元素等級的索引	取出 0 維張量的元素：tensor.item() 取出 1 維張量特定位置的元素：tensor[0]
將 tensor 搬運回 CPU 記憶體的操作	使用者要求資料從 GPU 搬運回 CPU 的操作，如 tensor.cpu() / tensor.numpy()
隱式依賴張量的具體數值的操作	print(tensor)：列印一個張量的前提是計算該張量值的核心函數已經執行完畢，並且該張量的數值需要從 GPU 顯示記憶體傳輸回 CPU 記憶體，因此會隱式地呼叫同步 num_nonzero = len(torch.nonzero(x))：torch.nonzero() 函數的傳回張量的長度取決於計算出來的非零值的個數，而獲得一個張量的非零值的前提是計算該張量值的核心函數已經執行完畢，因此 CPU 需要等待 GPU 上的核心函數執行完成後才能獲得 num_nonzero 的數值繼續執行後續操作

下面看一個可能平時不太會注意到的 torch.nonzero() 的例子：

```
import torch
import torch.nn as nn
from torch.profiler import profile, ProfilerActivity


class Model(torch.nn.Module):
    def __init__(self):
        super(Model, self).__init__()
        self.linear1 = nn.Linear(1000, 5000)
        self.linear2 = nn.Linear(5000, 10000)
        self.linear3 = nn.Linear(10000, 10000)
        self.relu = nn.ReLU()

    def forward(self, x):
        output = self.relu(self.linear1(x))
        output = self.relu(self.linear2(output))
        output = self.relu(self.linear3(output))
        nonzero = torch.nonzero(output)
```

6.3 減少 CPU 和 GPU 間的同步

```
        return nonzero


def run(data, model):
    with profile(activities=[ProfilerActivity.CPU, ProfilerActivity.CUDA]) as prof:
        for _ in range(10):
            model(data)
    prof.export_chrome_trace("traces/PROF_nonzero.json")


data = torch.randn(1, 1000, device="cuda")
model = Model().to(torch.device("cuda"))
run(data, model)
```

在性能畫像（圖 6-14）中我們可以看到 aten::nonzero 的耗時在每輪訓練中佔比很大，達到了 83% 之多。這其中主要問題是在 CPU 上有一段漫長的 cudaMemcpyAsync。

▲ 圖 6-14 含有 nonzero() 運算元的模型，單輪訓練過程的性能圖譜

我們著重來分析這段 cudaMemcpyAsync，這是一個 GPU 到 CPU 的資料拷貝（memcpy device to host）。可是為什麼在 aten::nonzero 中間會出現資料拷貝呢？這其實與這個操作在 PyTorch 中的實現有關，torch.nonzero() 運算元會傳回一個新的張量，其中包含輸入張量中所有非零元素的索引，也就是它們在輸入張量中的位置。換句話說，這個操作的傳回張量的大小依賴於輸入張量的執行時期的具體數值，只有在程式執行起來之後才能確定。因此我們需

6-25

要確保 nonzero 的輸入張量的值運算完畢，計算出非零元素的個數後再將這個數字從 GPU 傳回 CPU 上，這個時候 CPU 才能確切地知道要為這個傳回張量分配多少顯示記憶體。雖然傳輸幾個整數類型的數字本身很快，但它需要等 GPU 佇列上的其他任務完成後才能開始拷貝。這就是為什麼我們放大視圖（圖 6-15）後可以看到 CPU 上有一個 cudaStreamSynchronize，這其實是 CPU 被迫閒置等待 GPU 的運算完成並把非零元素的個數傳回 CPU 的過程。

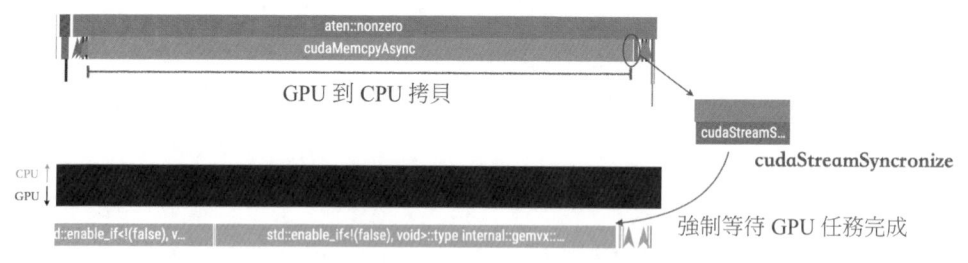

▲ 圖 6-15 nonzero() 運算元導致性能下降的原因分析

這也就解釋了為什麼在 PyTorch 中使用 nonzero 運算元往往會對性能造成較大影響。其根本原因在於它隱式地建立了 CPU 對 GPU 上特定的中間計算結果的依賴。為了確保計算的正確性，不得不插入 GPU 到 CPU 的同步操作，從而形成了一個性能瓶頸。

6.4 降低程式中的額外銷耗

Python 身為高級程式語言提供了很多能夠提升開發效率的靈活特性，但也帶來了不小的額外性能銷耗。因此許多 Python 性能最佳化的函數庫在底層選擇使用 C++ 等高性能語言，這種方法允許在保持 Python 友善介面的同時，提升底層計算的效率。PyTorch 正是採用了這種策略。當我們使用 PyTorch 的任何操作時，都會觸及兩層邏輯：一是上層的 Python 介面，提供靈活性和好用性；二是底層的 C++ 實現，用於保證計算效率。由於第 3 章提到的 PyTorch 的 CPU 和 GPU 非同步執行機制，開發者有時可能不會意識到呼叫 PyTorch

6.4 降低程式中的額外銷耗

API 所隱含的性能銷耗。然而，在實際應用中，這些銷耗所佔的時間比例可能遠超我們的預期。

首先，任何 PyTorch 運算元的呼叫都會產生一定的 Python 層呼叫銷耗。除了有意識地減少不必要的呼叫以外，開發者對這種額外銷耗實際上沒有很好的解決方案。在對性能有極高要求的推理場景中，我們可能會考慮放棄使用 Python，轉而直接採用 C++ 等靜態語言，以最小化排程銷耗。然而，在更加注重靈活性和好用性的訓練場景中，我們可以將 Python 層的額外銷耗視為一種「好用稅」，這是在開發效率和程式性能之間達成平衡的必要成本。

需要特別指出的是，在 PyTorch 中，如果運算元使用不當，其性能銷耗可能非常高。因此，我們希望開發者能夠對這些銷耗有所了解，在開發程式和迭代演算法時，雖然不需要追求極致性能，但還是應該儘量避免浪費 GPU 資源。這裡有兩個銷耗問題的高發區域：

（1）張量的建立和銷毀，特別是涉及顯示記憶體管理的操作，這些都是銷耗較大的操作。我們將在後續章中介紹 PyTorch 內部的快取池機制。雖然快取池可以在一定程度上改善由動態張量分配引起的性能問題，但它並不能完全解決這一問題。

（2）梯度計算也對顯示記憶體和處理能力帶來了相當的額外負擔。在第 3 章提到過，梯度的計算需要儲存前向傳播過程中的所有中間結果，以便在反向傳播時使用。禁用梯度計算不但可以節省大量記憶體，還省去了建構和維護反向傳播的計算圖的過程。

我們將在本小節中來詳細討論如何避免這些不必要的銷耗。

6.4.1 避免張量的建立銷耗

1. 直接在 GPU 上建立張量

在 PyTorch 中，如果要建立一個新的 GPU 張量應該儘量直接在 GPU 上建立並初始化張量，避免在 CPU 上建立再傳輸到 GPU。這裡透過一個例子來探討不同方法建立張量對性能的影響。下面的範例程式不斷重複建立張量，然後列印性能圖譜來分析這些操作在底層所經歷的具體過程：

```python
import torch
import torch.nn as nn
from torch.profiler import profile, ProfilerActivity


def tensor_creation(num_iters, create_on_gpu):
    with profile(activities=[ProfilerActivity.CPU, ProfilerActivity.CUDA]) as prof:
        shape = (10, 6400)
        for i in range(num_iters):
            if create_on_gpu:
                data = torch.randn(shape, device="cuda")
            else:
                data = torch.randn(shape).to("cuda")
    prof.export_chrome_trace(
        f"traces/PROF_tensor_creation_on_gpu_{create_on_gpu}.json"
    )


# 情況 1. 先在 CPU 上建立 Tensor 然後拷貝到 GPU
tensor_creation(20, create_on_gpu=False)

# 情況 2. 直接在 GPU 上建立 Tensor
tensor_creation(20, create_on_gpu=True)
```

先看第一種情況的性能圖譜，如圖 6-16 所示，torch.randn().to("cuda") 實際包含兩個步驟，先是在 CPU 上建立了張量，然後再拷貝到 GPU 上。然而這兩步操作是完全多餘的，為什麼不直接在 GPU 上建立張量並初始化呢？

6.4 降低程式中的額外銷耗

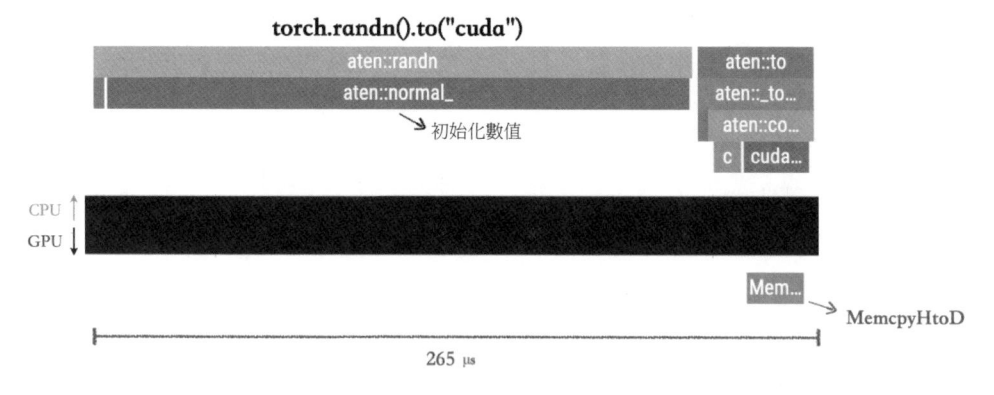

▲ 圖 6-16 使用 torch.randn().to("cuda") 寫法的性能圖譜

然後再看一下第二種也就是直接在 GPU 上建立張量的情況，其性能圖譜如圖 6-17 所示，可以看到指定 device='cuda' 後，PyTorch 直接將張量資料分配在 GPU 顯示記憶體中，同時初始化了張量的數值。這樣就最佳化掉了此前提到的 CPU 張量建立過程和資料拷貝過程。

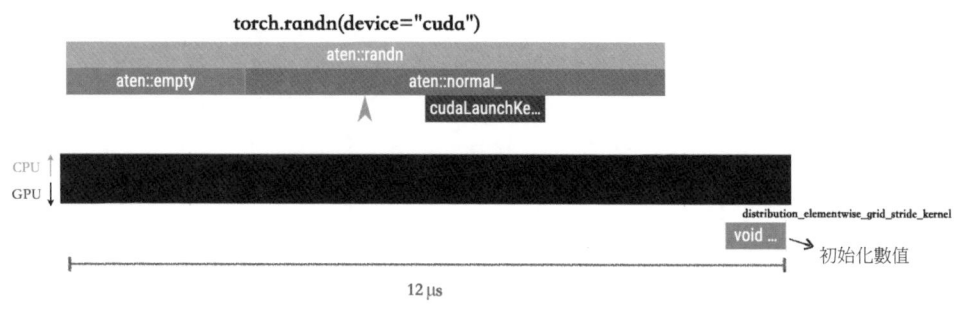

▲ 圖 6-17 使用 torch.randn(device="cuda") 寫法的性能圖譜

對比一下兩種寫法的耗時，在本例中使用 torch.randn().to("cuda") 的寫法耗時 265μs，而使用 torch.randn(device="cuda") 的寫法則只需要 12μs。

2. 使用原位操作

大部分 PyTorch 操作預設會為傳回張量建立新的記憶體，但大部分張量在創造出來之後只使用一次即被銷毀，這樣多少會造成資源的浪費。既然顯示記

6-29

憶體的分配和銷毀都是比較大的時間銷耗，是否可以更加高效率地利用已經分配的顯示記憶體呢？答案是可以的，可以透過使用原位操作來最佳化顯示記憶體分配過程。

在第 3 章提到過原位操作是運算元的特殊變形，這些操作不會生成新的輸出張量，而是直接在輸入張量上進行修改。由於省去了記憶體的建立過程，原位操作通常在性能上更為高效。下面將透過一個具體的例子來展示原位操作：

```python
import torch
from torch.profiler import profile, ProfilerActivity


def run(data, use_inplace):
    with profile(activities=[ProfilerActivity.CPU, ProfilerActivity.CUDA]) as prof:
        for i in range(2):
            if use_inplace:
                data.mul_(2)
            else:
                output = data.mul(2)
    prof.export_chrome_trace(f"traces/PROF_use_inplace_{use_inplace}.json")


shape = (32, 32, 256, 256)

# Non-Inplace
data1 = torch.randn(shape, device="cuda:0")
run(data1, use_inplace=False)

# Inplace
data2 = torch.randn(shape, device="cuda:0")
run(data2, use_inplace=True)
```

在這個例子中，使用 data.mul() 進行的是非原位操作，從其性能圖（圖 6-18）中可以觀察到一個非常耗時的 cudaMalloc 操作。這表明一個新的張量被建立，並且其資料被分配到 GPU 上。相比之下，如果使用 data.mul_()，則會進行原位操作，該操作只觸發一個與乘法計算相關的 GPU 函數，而無須額外進行顯示記憶體分配，因此，使用 data.mul_() 在性能上通常更具優勢。筆者的機器上本範例的原位操作比非原位操作快了 20%[1]。

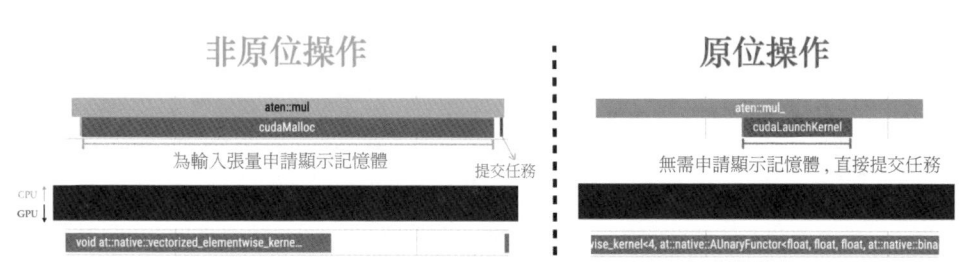

▲ 圖 6-18 使用原位操作與否的性能圖譜對比

6.4.2 關閉不必要的梯度計算

通常情況下有兩種常見的不需要進行反向梯度更新的場景。首先，在訓練過程中，某些部分的程式僅負責執行前向傳播。舉例來說，在某些模型微調的場景中，我們通常在一個預訓練的模型上增加一個自訂的小型模組。在這種情況下，預訓練模型的參數會被凍結，只對新增的自訂模組進行訓練。對於這部分僅需要前向傳播的程式，通常使用 torch.no_grad() 這個上下文管理器。在這個上下文管理器的範圍內，所有建立的張量的 requires_grad 屬性都被標識為 False，這些張量參與的計算操作不會被追蹤歷史，也就是不會在反向傳播中計算梯度。這樣做可以顯著減少記憶體消耗並加速計算。

---

[1] 該數字僅供參考，提升的具體比例與軟硬體環境以及操作的張量大小都有關。

第 6 章　單卡性能最佳化專題

另一種不需要反向梯度更新的場景是純推理程式，這樣的使用場景下往往所有的程式段都只承擔前向傳播的任務，整個執行過程中完全不涉及反向傳播。對熟悉 PyTorch 的開發者而言，首先需要將模型設置為評估模式，即呼叫 model.eval()。此操作主要改變某些層的行為：舉例來說，在推理模式下，BatchNormalization 層將不會更新統計資料，且 Dropout 層不會執行隨機丟棄功能。這是確保在推理時獲得準確結果的必要步驟，儘管它對性能的提升並不顯著。為了加速推理過程，PyTorch 提供了 torch.inference_mode() 介面，這是比 torch.no_grad() 更為激進的推理預測程式導向的最佳化，除了不生成反向運算元以外，還會關閉一系列只在反向過程起作用的檢查或設置，比如原位運算元的版本檢測機制等。

我們來組織一個簡單的例子，觀察一下開啟 torch.inference_mode() 對性能的影響。在筆者的機器上不使用 torch.inference_mode() 總執行時間為 6.22ms，而使用之後則降低到 5.32ms，因此在本例中使用 torch.inference_mode() 節省了 15% 的執行時間。

```
import torch
import torch.nn as nn
import time


class SimpleCNN(nn.Module):
    def __init__(self):
        super(SimpleCNN, self).__init__()
        self.conv1 = nn.Conv2d(3, 16, kernel_size=3, stride=1, padding=1)
        self.relu = nn.ReLU()
        self.conv2 = nn.Conv2d(16, 32, kernel_size=3, stride=1, padding=1)

    def forward(self, x):
        x = self.conv1(x)
        x = self.relu(x)
        x = self.conv2(x)
        return x
```

```
def infer(input_data, num_iters, use_inference_mode):
    start = time.perf_counter()
    
    with torch.inference_mode(mode=use_inference_mode):
        for _ in range(num_iters):
            output = model(input_data)
    
    torch.cuda.synchronize()
    end = time.perf_counter()
    return (end - start) * 1000


model = SimpleCNN().to(torch.device("cuda:0"))
input_data = torch.randn(1, 3, 224, 224, device="cuda:0")

# 開啟 Inference Mode
infer(input_data, num_iters=10, use_inference_mode=True)   # warm up
runtime = infer(input_data, num_iters=100, use_inference_mode=True)
print(f"開啟 Inference Mode 用時：{runtime}s")

# 關閉 Inference Mode
infer(input_data, num_iters=10, use_inference_mode=False)  # warm up
runtime = infer(input_data, num_iters=100, use_inference_mode=False)
print(f"關閉 Inference Mode 用時：{runtime}s")
```

6.5 有代價的性能最佳化

假如程式中非 GPU 部分的額外銷耗已經下降到了極致，對訓練速度的最佳化是不是就到了極限了呢？當然不是，我們仍然可以進一步透過資源置換的方式加速訓練。深度學習領域往往可以在模型精度、計算速度、顯示記憶體佔用以及分散式的頻寬資源之間進行置換。比如可以犧牲一點點精度來換取訓練速度的大幅提升，最典型的例子是混合精度訓練，我們會留到第 9 章高級最佳化方法中深入講解。

本小節將著重介紹兩種比較簡單的透過置換其他指標來提高訓練性能的最佳化方法。

6.5.1 使用低精度資料進行裝置間拷貝

讓我們首先聚焦於 CPU-GPU 資料傳輸過程。6.1 小節討論了資料傳輸的最佳化想法，核心思想是使用非同步介面，減少 GPU 任務等待資料拷貝的時間。然而這並沒有加速資料拷貝本身，對於大尺寸的輸入張量，或使用很大 BatchSize 的場景，資料拷貝本身會消耗相當長的時間。

這時我們可以考慮使用低精度資料型態進行裝置間拷貝。可以參考常用的量化壓縮方法來將高精度資料轉化為低精度資料，讀取到 GPU 後再轉化回高精度資料參與訓練[1]；或使用對 GPU 友善的編解碼演算法─讀取編碼壓縮後的資料，然後在 GPU 上進行解碼等。

一個典型的例子是處理 RGB 影像資料，由於其設定值範圍通常為 0～255，我們可以使用 uint8 類型（每個數值佔用 1 位元組）替代 float 類型（每個數值佔用 4 位元組）來儲存資料。由於 uint8 類型的張量體積只有相同尺寸 float 類型的四分之一，因此在傳輸過程中可以實現顯著的速度提升。

下面透過一個例子來對比 float32 類型和 uint8 類型張量的資料拷貝速度：

```
import torch
import torch.nn as nn
from torch.profiler import profile, ProfilerActivity


def data_copy(data, dtype_name=""):
    with profile(activities=[ProfilerActivity.CPU, ProfilerActivity.CUDA]) as prof:
        for _ in range(10):
```

---

[1] https://huggingface.co/docs/optimum/en/concept_guides/quantization

6.5 有代價的性能最佳化

```
            output = data.to("cuda:0", non_blocking=False)
    prof.export_chrome_trace(f"traces/PROF_data_copy_{dtype_name}.json")


# Float precision
data1 = torch.randn(4, 32, 32, 1024, dtype=torch.float32)
data_copy(data1, "float32")


# Uint8 precision
data2 = torch.randint(0, 255, (4, 32, 32, 1024), dtype=torch.uint8)
data_copy(data2, "uint8")
```

執行結束後可以列印出性能圖譜並進行對比。如圖 6-19 所示，float32 類型張量的資料拷貝時間為 1373 μs，遠大於 uin8 類型張量的拷貝時間 337 μs。

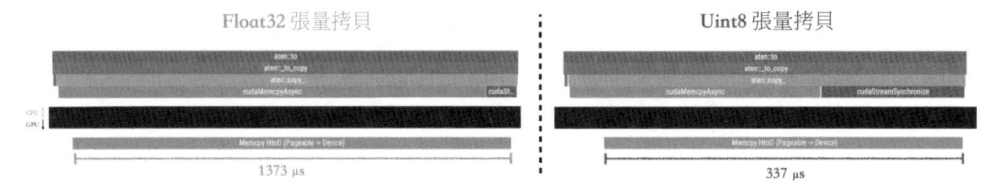

▲ 圖 6-19 float32 和 uint8 張量的資料拷貝性能圖譜對比 [1]

在條件允許的時候應該儘量使用無損的壓縮技術，然而實際應用中大部分量化壓縮演算法以及部分編解碼演算法都是失真壓縮。因此在決定使用低精度資料前還需要仔細驗證，並不是所有類型的資料都有類似 0～255 的設定值範圍的。對一些沒有明確數值界限的資料來說，量化壓縮到低精度資料可能對於訓練結果和收斂性是有損傷的，要根據實際實驗進行取捨判斷。

---

1 截取最後一輪迴圈對應的區域

第 6 章　單卡性能最佳化專題

6.5.2 使用性能特化的最佳化器實現

深度學習訓練過程包含四大主要步驟：資料載入、前向傳播、反向傳播、參數更新。讓我們將目光轉向參數更新過程。在訓練任務中，一般不會將反向傳播計算出來的梯度直接累加到模型參數上，而是透過最佳化器（optimizer）來控制參數更新的數值。一般來說最佳化器會對梯度進行一系列加工，隨後計算出參數更新的具體數值。

考慮到動輒上億的參數規模，最佳化器對梯度的更新速度也是影響訓練性能的主要因素之一。因此 PyTorch 針對每種最佳化器，提供了三種不同的梯度更新實現：for-loop、for-each、fused。這三種實現的主要區別，在於對性能和顯示記憶體兩者的偏重不同。

for-loop 是最為偏重於節省顯示記憶體的實現，但是性能比較差。舉例說明其實現原理：假如使用 SGD 方法更新 10 個參數——從 w_1 到 w_{10}，則 for-loop 會使用 Python 中的串列迴圈，每次更新其中一個權重，SGD 的梯度更新方式通常包括一次乘法和一次加法：

```
# 偽程式
for w in [w1, w2, ..., w10]:
    w = w - lr * w.grad
```

在 PyTorch 中，由於動態圖的局限性，所有運算元計算都不能自動融合，因此更新所有參數需要呼叫 10 次乘法運算元和 10 次加法運算元。這總計 20 次運算元的呼叫成本可能遠大於底層 CUDA 乘法、CUDA 加法計算。特別是在參數量非常多的時候，反覆的運算元呼叫會極大地損耗性能。為了解決這個問題，PyTorch 進一步引入了 for-each 方法。

for-each 是相對偏重於性能的方法，但其佔用的顯示記憶體會更多。前文提到 for-loop 方法更新 10 個參數需要呼叫 10 次乘法運算元和 10 次加法運算元。由於所有參數更新都是相互獨立的，我們可以先把 10 個參數合併到一個張量

6.5 有代價的性能最佳化

中,這樣就只需要對這個合併張量呼叫 1 次乘法運算元和 1 次加法運算元即可。這相當把所有參數預先合成為一個巨大的參數,然而只對這一個參數進行更新。雖然實際計算量沒有變化,但是極大地降低了運算元反覆呼叫的次數,提高了性能。

對 SGD 這樣比較簡單的最佳化器,最佳化到 1 次加法和 1 次乘法呼叫就已經非常不錯了。但是對一些更複雜的最佳化器來說,比如包含了若干乘法、除法、加減法、平方開方等運算的 Adam 最佳化器而言,即使使用了 for-each 方法之後依然還有很多運算元呼叫。那麼有沒有方法能進一步將這些運算元也融合起來呢?答案是肯定的,fused 方法在 for-each 的基礎上,進一步將最佳化器的所有計算都合併成一個運算元,所以能夠達到最佳的計算性能,但是其顯示記憶體佔用也比較高。

接下來透過對比一個實例使用 for-loop、for-each、fused 方法的性能圖譜來展示它們之間的差異。

```python
import torch
from torch.profiler import profile, ProfilerActivity


class SimpleNet(torch.nn.Module):
    def __init__(self):
        super(SimpleNet, self).__init__()
        self.fcs = torch.nn.ModuleList(torch.nn.Linear(200, 200) for i in range(20))

    def forward(self, x):
        for i in range(len(self.fcs)):
            x = torch.relu(self.fcs[i](x))
        return x


def train(net, optimizer, opt_name=""):
    data = torch.randn(64, 200, device="cuda:0")
    target = torch.randint(0, 1, (64,), device="cuda:0")
    criterion = torch.nn.CrossEntropyLoss()
```

```
    with profile(activities=[ProfilerActivity.CPU, ProfilerActivity.CUDA]) as prof:
        for _ in range(5):
            optimizer.zero_grad()
            output = net(data)
            loss = criterion(output, target)
            loss.backward()
            optimizer.step()
        prof.export_chrome_trace(f"traces/PROF_perf_{opt_name}.json")


# For-loop
net = SimpleNet().to(torch.device("cuda:0"))
adam_for_loop = torch.optim.Adam(
    net.parameters(), lr=0.01, foreach=False, fused=False
)
train(net, adam_for_loop, opt_name="for_loop")


# For-each
net = SimpleNet().to(torch.device("cuda:0"))
adam_for_each = torch.optim.Adam(
    net.parameters(), lr=0.01, foreach=True, fused=False
)
train(net, adam_for_each, opt_name="for_each")


# Fused
net = SimpleNet().to(torch.device("cuda:0"))
adam_fused = torch.optim.Adam(net.parameters(), lr=0.01, foreach=False, fused=True)
train(net, adam_fused, opt_name="fused")
```

　　for-loop 每次只更新一個參數，如圖 6-20 所示 for-loop 實現會迴圈呼叫 add、lerp、mul、addcmul 等運算元，這樣直接導致頻繁的運算元呼叫，對性能產生很大的影響。

6.5 有代價的性能最佳化

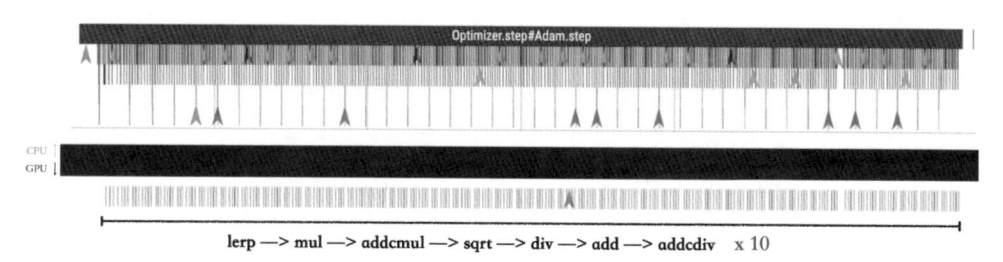

▲ 圖 6-20 使用 for-loop 模式的 Adam 最佳化器的性能圖譜

for-each 實現則會將 add、lerp、mul、addcmul……這些獨立的呼叫按類型合併，所以在圖 6-21 的 GPU 佇列中只會看到 7 個融合運算元對應的計算任務，大大減少了呼叫的銷耗。

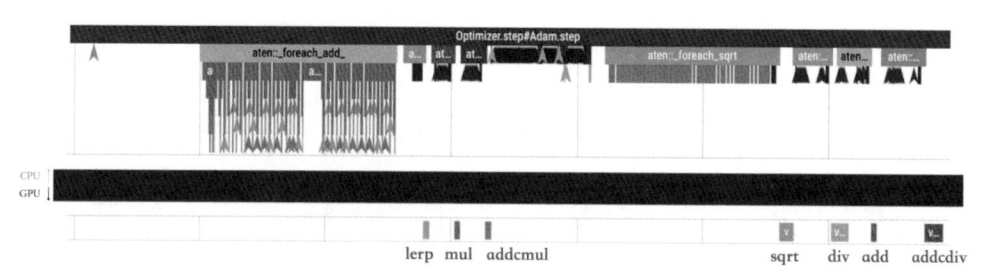

▲ 圖 6-21 使用 for-each 模式的 Adam 最佳化器的性能圖譜

fused 則採用了更為激進的融合策略，可以從圖 6-22 看到運算元呼叫次數減少到了兩次，分別為兩個巨大的融合運算元，這導致最佳化器的 CPU 延遲被壓縮到非常短，在性能上更具優勢。

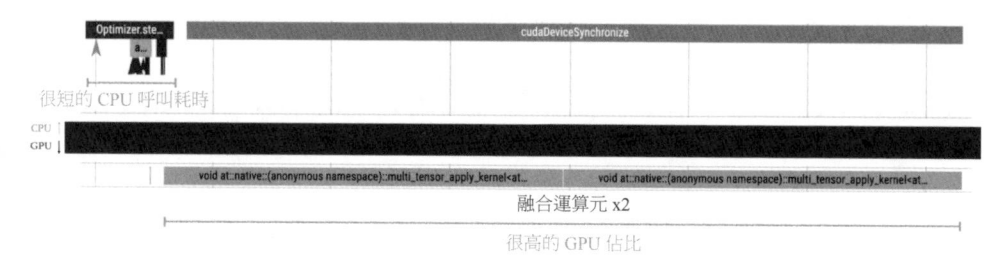

▲ 圖 6-22 使用 fused 模式的 Adam 最佳化器的性能圖譜

綜合來看，for-loop 通常是最慢的方法，因為它在 Python 層面一個一個處理元素，不能很好地利用硬體加速。此外，每次迭代都可能涉及 Python 的全域解譯器鎖（GIL）和其他開銷，因此僅適合小規模資料處理。for-each 操作通常比 for-loop 方法更快，因為它們減少了 Python 解譯器的呼叫次數，並可能在底層實現平行處理。而 fused 方法通常能夠提供最佳性能，因為它們減少了記憶體存取次數和中間狀態的儲存需求，同時充分利用了現代硬體的平行能力，更適用於高效的大規模訓練和複雜操作的場合。

6.6 本章小結

將本章介紹的所有最佳化方法總結如圖 6-23 所示。

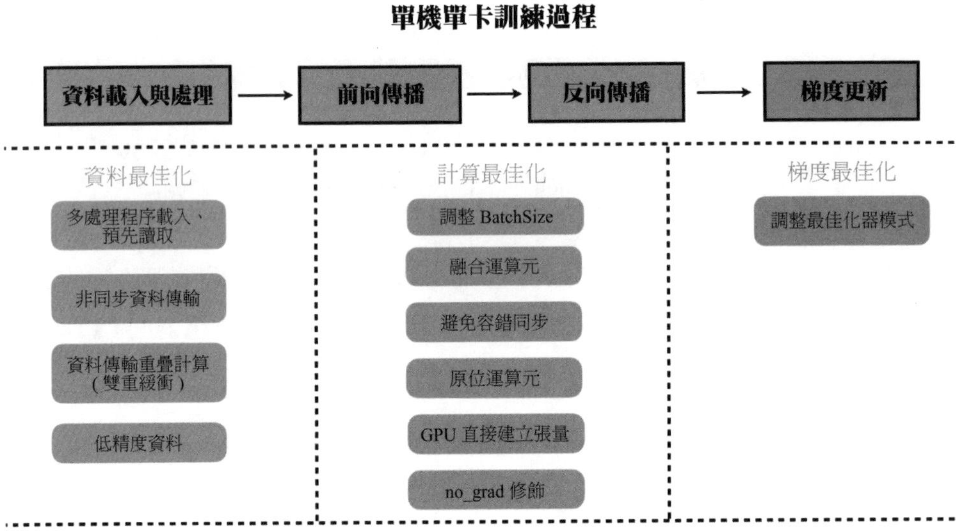

▲ 圖 6-23 性能最佳化方法總結

在實踐中，我們可以重複以下步驟來不斷分析並最佳化訓練系統的性能：

（1）生成性能影像。

（2）觀察性能影像，參考 4.3.4 小節的內容定位性能瓶頸對應的訓練階段。

6.6 本章小結

（3）根據性能瓶頸產生的原因，決定採用的最佳化方法。

（4）重新生成性能影像驗證最佳化效果。

我們會在第 10 章 GPT-2 最佳化全流程中展示如何實際運用上述分析步驟。除此以外，本章說明的性能最佳化方法，其最佳化上限是將 GPU 佇列中的「氣泡」完全消除─也就是讓 GPU 達到滿載狀態，但這並不是性能最佳化的終點。在 GPU 達到滿載之後，我們還可以借助第 9 章高級最佳化方法中的技巧來進一步最佳化 GPU 計算效率。最後當我們將訓練性能最佳化到極限之後，還可以採用分散式系統中資料平行的策略再次對模型訓練進行加速。

第 6 章　單卡性能最佳化專題

MEMO

7

單卡顯示記憶體最佳化專題

　　顯示記憶體最佳化在神經網路訓練領域是一個經常討論的話題。有訓練模型經驗的讀者應該對 GPU 的**顯示記憶體溢位（Out of Memory，OOM）**錯誤並不陌生，也了解模型規模越大，需要的顯示記憶體越多的道理。

　　對於深度學習訓練過程而言，顯示記憶體是和性能同等重要的指標。但在實際操作中，顯示記憶體最佳化往往比性能最佳化的優先順序更高，這是為什麼呢？核心原因在於顯示記憶體直接組成了模型訓練的硬門檻，會極大地限制我們能夠訓練的模型規模。

第 7 章　單卡顯示記憶體最佳化專題

本章將介紹兩類方法：通用的顯示記憶體最佳化方法，和透過其他資源來置換顯示記憶體的最佳化方法。其中透過其他資源置換的方式通常用於硬體資源有限的情況，置換的資源可以包括運算資源、CPU 和 GPU 間的資料傳輸頻寬等。

然而在講解顯示記憶體最佳化的具體方法之前，我們還需要首先了解兩個前置知識，一個是 PyTorch 的顯示記憶體管理機制，另一個則是顯示記憶體的分析方法，前者對顯示記憶體分析的準確性有很大影響，後者教會我們如何定位顯示記憶體峰值的位置。

7.1 PyTorch 的顯示記憶體管理機制

開發執行在 CPU 上的程式時，每當需要分配陣列等佔用大量記憶體的資料時，都會向作業系統申請記憶體，而作業系統則會在堆疊堆積上面為程式開闢出額外的記憶體空間。顯示記憶體的分配與記憶體幾乎一模一樣，只是分配的主體從作業系統改成了 GPU 驅動而已。

然而在第 3 章中提到，在動態圖模式下 PyTorch 常常頻繁分配、銷毀張量資料，但 GPU 驅動每次分配、回收顯示記憶體的延遲和效率都比較低，如果 PyTorch 頻繁進行顯示記憶體建立和回收，效率就會大打折扣。因此 PyTorch 引入了**顯示記憶體池機制**自行管理張量的顯示記憶體分配。

每當需要為張量分配顯示記憶體時，PyTorch 不會只申請張量所需的顯示記憶體大小，而是向驅動一次性申請一塊更大的顯示記憶體空間，這樣多出來的顯示記憶體空間就會被顯示記憶體池快取下來。除此以外，任何張量在銷毀後，其佔用的顯示記憶體空間也不會直接歸還給 GPU 驅動，而是同樣被顯示記憶體池快取下來。這樣的好處在於，當需要再次為新張量分配顯示記憶體時，就可以從顯示記憶體池的快取中進行分配，而不需要效率低下的 GPU 驅動參與了。PyTorch 顯示記憶體池機制如圖 7-1 所示。

7.1 PyTorch 的顯示記憶體管理機制

顯示記憶體池的快取機制

PyTorch 程式
x = torch.rand(...)
1. Tensor x: 8 MB

顯示記憶體池
8 MB | 12 MB　顯示記憶體段 1
4. Tensor x　5. 快取剩餘的 12 MB

2. 申請 20MB 顯示記憶體

CUDA 驅動　物理顯示記憶體　20 MB
3. 分配 20 MB 顯示記憶體

快取的二次分配機制

PyTorch 程式
x = torch.rand(...)
y = x * x
1. Tensor y: 10 MB

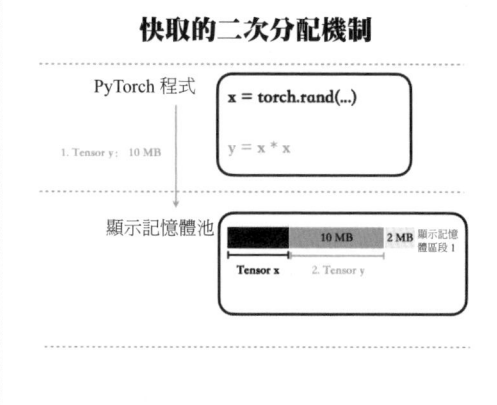

顯示記憶體池
10 MB | 2 MB　顯示記憶體區段 1
Tensor x　2. Tensor y

▲ 圖 7-1 PyTorch 顯示記憶體池機制示意圖

　　每當快取下來的顯示記憶體耗盡時，PyTorch 就會繼續向 GPU 驅動申請一段新的顯示記憶體。如果我們將顯示記憶體比作房子，GPU 驅動比作房東，那麼 PyTorch 的顯示記憶體池就相當於一個二房東，本質上就是對分配出來的若干顯示記憶體段進行二次管理。

　　然而顯示記憶體池機制也有兩個缺點。第一個缺點是顯示記憶體池會導致 PyTorch 總是佔用比實際需求更多的顯示記憶體。大部分情況下顯示記憶體池額外佔用的顯示記憶體不會太大，但是一旦進行了刪除模型、刪除大致積張量等釋放大量顯示記憶體的操作後，被快取下來而無法釋放的顯示記憶體量就非常大了，甚至會影響程式的後續執行。這時可以考慮呼叫 torch.cuda.empty_cache() 介面，這個介面會盡可能釋放所有完全空閒的顯示記憶體段。

　　然而 torch.cuda.empty_cache() 並不總是能解決顯示記憶體不夠用的問題，其原因就在「完全空閒」這 4 個字上面。不管一個顯示記憶體段的長度有多大，只要上面還有哪怕 1 位元組的佔用，整段顯示記憶體就無法被 PyTorch 顯示記憶體池歸還給 GPU 驅動，這就是經典的顯示記憶體碎片化問題。那麼顯示記憶體池能否將不同顯示記憶體段上的零散佔用壓縮到少數幾個顯示記憶體段，從而騰出幾個「完全空閒」的顯示記憶體段呢？經過實際測試，直到 PyTorch

7-3

2.2 為止，還未能支援此功能。呼叫 torch.cuda.empty_cache() 的效果以及顯示記憶體碎片化問題的示意圖如圖 7-2 所示。

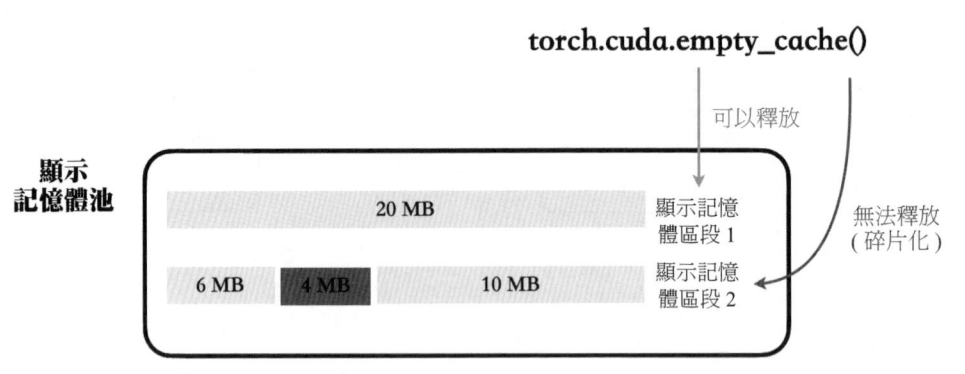

▲ 圖 7-2　碎片化導致快取無法釋放示意圖

那麼，一旦出現顯示記憶體碎片化問題要如何解決呢？一個實用的方法是設置 max_split_size_mb，這個參數的含義是拒絕 PyTorch 分割比該參數大的顯示記憶體段，可以有效阻止將小的張量分配到大的顯示記憶體段中，導致顯示記憶體碎片化。設置越小的 max_split_size_mb 數值，則碎片化風險越小，但是顯示記憶體池的快取能力更差，帶來一定的性能問題。依據經驗，可以將該數值設置為 100～500 MB，需要在訓練環境下自行摸索。設置方法如下：

```
export PYTORCH_CUDA_ALLOC_CONF=max_split_size_mb:128
```

7.2　顯示記憶體的分析方法

在深入探討顯示記憶體最佳化策略之前我們還有一個前置知識需要說明，也就是如何分析並定位 PyTorch 顯示記憶體佔用的峰值位置。在第 3 章深度學習必備的硬體知識中提到可以使用 NVIDIA-SMI 命令來查詢 GPU 的總顯示記憶體及其佔用情況。NVIDIA-SMI 從驅動層面分析進程的所有顯示記憶體銷耗，因此其顯示的數值非常精確，不會遺漏任何顯示記憶體佔用專案，顯示資訊如圖 7-3 所示。

```
+-----------------------------------------------------------------------------+
| NVIDIA-SMI 535.129.03      Driver Version: 535.129.03    CUDA Version: 12.2 |
|-------------------------------+----------------------+----------------------+
| GPU  Name              Persistence-M| Bus-Id      Disp.A | Volatile Uncorr. ECC |
| Fan  Temp   Perf       Pwr:Usage/Cap|        Memory-Usage | GPU-Util  Compute M. |
|                                     |                    |               MIG M. |
|=================================+======================+======================|
|   0  NVIDIA GeForce RTX 3080    On  | 00000000:01:00.0 On |                  N/A |
| 60%   52C   P0             113W / 370W|   736MiB / 10240MiB |     2%      Default |
|                                     |                    |                  N/A |
+-------------------------------+----------------------+----------------------+
                                      當前顯示記憶體佔用 / 顯示記憶體總量

+-----------------------------------------------------------------------------+
| Processes:                                                                  |
|  GPU   GI   CI        PID   Type   Process name                  GPU Memory |
|        ID   ID                                不同處理程序的顯示記憶體佔用      Usage    |
|=============================================================================|
|    0   N/A  N/A      2683      G   /usr/lib/xorg/Xorg                415MiB |
|    0   N/A  N/A    955302      G   /usr/bin/gnome-shell               46MiB |
|    0   N/A  N/A    962411      G   ...sion,SpareRendererForSitePerProcess  91MiB |
|    0   N/A  N/A   1214086      G   ...,WinRetrieveSuggestionsOnlyOnDemand  82MiB |
|    0   N/A  N/A   2664782      G   ...80336995,6911444743348250573,262144  37MiB |
|    0   N/A  N/A   3156966      G   /proc/self/exe                     45MiB |
+-----------------------------------------------------------------------------+
```

▲ 圖 7-3 NVIDIA-SMI 輸出結果：顯示記憶體總量、
已佔用顯示記憶體、各個處理程序顯示記憶體佔用等資訊

7.2.1 使用 PyTorch API 查詢當前顯示記憶體狀態

NVIDIA-SMI 只能顯示處理程序佔用的顯示記憶體總量，資訊粒度還是太粗糙了。那麼，如何進一步得到 PyTorch 程式的顯示記憶體佔用細節呢？可以透過表 7-1 中 PyTorch 提供的 API 來查詢顯示記憶體的即時資料。

▼ 表 7-1　PyTorch 顯示記憶體查詢 API 列表

API 名稱	功能
torch.cuda.memory_reserved()	PyTorch 即時佔用的顯示記憶體大小
torch.cuda.max_memory_reserved()	PyTorch 顯示記憶體佔用的峰值
torch.cuda.memory_allocated()	PyTorch 即時分配的張量顯示記憶體總和
torch.cuda.max_memory_allocated()	PyTorch 分配的張量顯示記憶體佔用峰值

細心的讀者會注意到，這些 API 分為兩類：reserved 和 allocated。reserved 表示 PyTorch 實際預留的顯示記憶體大小，但這些預留的顯示記憶體不一定會立即使用；而 allocated 表示實際分配給張量的顯示記憶體。因此，PyTorch 預留的顯示記憶體總量通常比實際使用的顯示記憶體多，這正是我們在 7.1 節中提到的 PyTorch 顯示記憶體池導致的結果。下面透過一個例子來驗證：

```
import torch

t1 = torch.randn([1024, 1024], device="cuda:0")   # 4MB

shape = [256, 1024, 1024, 1]   # 1024MB
t2 = torch.randn(shape, device="cuda:0")

print(
    f"PyTorch reserved {torch.cuda.memory_reserved()/1024/1024}MB, allocated {torch.cuda.memory_allocated()/1024/1024}MB"
)
# PyTorch reserved 1044.0MB, allocated 1028.0MB
```

那麼在實際進行顯示記憶體分析的時候，應該優先查看這 4 個 API 中的哪一個呢？實際上，在討論顯示記憶體最佳化時，我們通常專注於降低顯示記憶體佔用的峰值（peak memory）。所以 torch.cuda.max_memory_reserved() 和 torch.cuda.max_memory_allocated() 是更為優先的指標。這主要是考慮到實際訓練過程中會頻繁觸發顯示記憶體的分配和回收，所以顯示記憶體佔用往往呈現波動狀態，而很難維持平穩。因此將峰值顯示記憶體限制在 OOM 的邊緣，對於模型的高效平穩執行至關重要。

不過需要注意的是對於複雜的程式，單純依靠 PyTorch 的 API 獲取的顯示記憶體佔用資料可能不夠準確，因為 PyTorch 佔用的顯示記憶體是 NVIDIA-SMI 展示的是每個處理程序的顯示記憶體佔用的子集。如果程式使用了特定的第三方函數庫，這些函數庫可能直接透過 CUDA API 來分配和管理顯示記憶體，而這部分顯示記憶體使用只會在 NVIDIA-SMI 中顯示，PyTorch 的顯示記憶體池可能無法辨識。

舉一個第 8 章分散式訓練中的例子，PyTorch 的分散式函數程式庫在實現的時候，呼叫了 NVIDIA 提供的集合通訊函數庫 NCCL[1] 來完成 GPU 節點間的通訊，而 NCCL 函數庫會自己管理處理程序間通訊所佔用的顯示記憶體。如圖 7-4 所示，透過 torch.cuda.memory_reserved() 得到的 PyTorch 程序的顯示記憶體佔用，只是程式實際顯示記憶體佔用（NVIDIA-SMI 顯示）的一部分，這就需要我們提高警惕了。

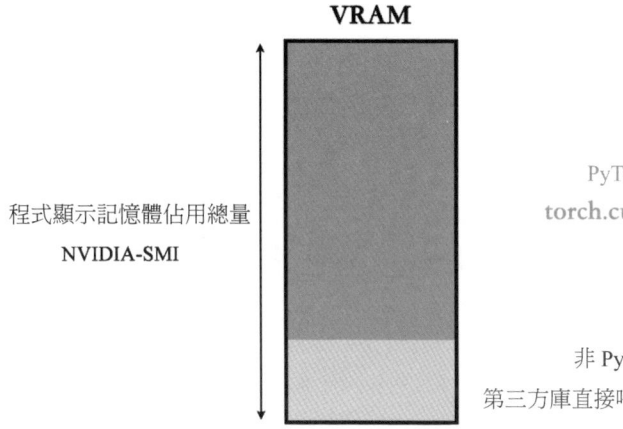

▲ 圖 7-4 NVIDIA-SMI 輸出的顯示記憶體佔用包括 PyTorch 和第三方函數庫的顯示記憶體兩部分

7.2.2 使用 PyTorch 的顯示記憶體分析器

除了 7.2.1 小節中使用 API 獲得即時的顯示記憶體佔用資訊以外，我們還可以利用 PyTorch 的 torch.cuda.memory._record_memory_history() 和 torch.cuda.memory._dump_snapshot() 功能來繪製顯示記憶體佔用在訓練過程中的變化曲線。

---

1 https://developer.NVIDIA.com/nccl

第 7 章　單卡顯示記憶體最佳化專題

讓我們直接透過以下程式的例子來展示如何繪製顯示記憶體佔用曲線。為了方便觀察和分析，我們先用 torch.inference_mode() 來禁用所有與反向傳播相關的額外顯示記憶體分配操作，這部分內容在第 6 章單卡性能最佳化中有詳細討論。

```
import torch

torch.cuda.memory._record_memory_history()


with torch.inference_mode():
    shape = [256, 1024, 1024, 1]
    x1 = torch.randn(shape, device="cuda:0")
    x2 = torch.randn(shape, device="cuda:0")

    # Multiplication
    y = x1 * x2

torch.cuda.memory._dump_snapshot("traces/vram_profile_example.pickle")
```

torch.cuda.memory._dump_snapshot() 會生成一個 vram_profile_example.pickle 檔案，我們可以將其上傳至 PyTorch Memory Visualization[1] 網站進行視覺化，從而觀察顯示記憶體佔用隨時間的變化。在這個工具中，通常主要關注 Active Memory Timeline 這一預設視圖，它展示了顯示記憶體的主要活動和佔用情況。範例程式所繪製的顯示記憶體佔用圖展示在圖 7-5 中。為了便於觀察，我們將張量的形狀設定為 [256,1024,1024,1]，使每個張量的顯示記憶體佔用都達到 1 GB。在圖中，每一個單色條幅都代表一個新的張量的顯示記憶體佔用，條幅的起點和終點也自然對應著顯示記憶體的分配和釋放。

1　https://pytorch.org/memory_viz

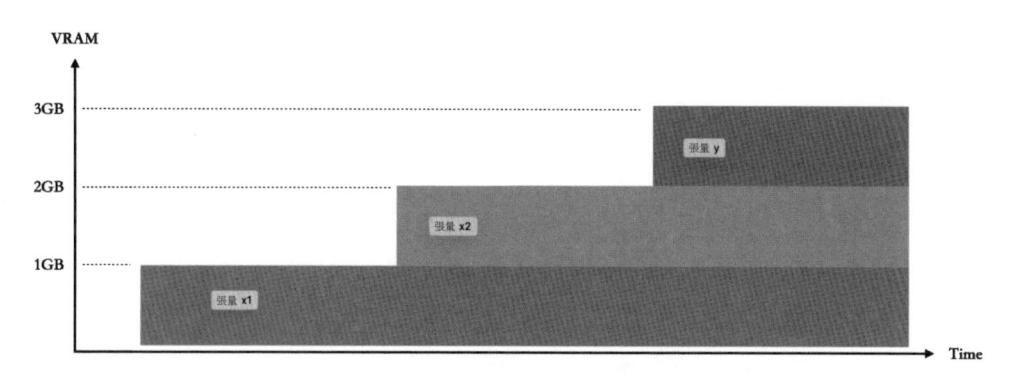

▲ 圖 7-5　PyTorch 顯示記憶體佔用圖

一般來說先分配的顯示記憶體會顯示在影像的下方，而後分配的顯示記憶體則堆疊在上層。在此例中，深藍和橘黃兩個條幅分別對應於 x1 和 x2 張量的顯示記憶體佔用，而紅色條幅則對應於 y = x1 * x2 計算過程中新分配出來的，用於存放臨時結果的張量。

按一下圖中的任一條幅，可以查看觸發相應顯示記憶體分配的程式呼叫堆疊，從而了解該顯示記憶體分配與哪些 Python 程式對應。如圖 7-6 所示，按一下紅色條幅，可以發現此顯示記憶體分配是由 Python 程式第 12 行觸發的。

▲ 圖 7-6　觸發顯示記憶體分配的程式呼叫堆疊

透過對比原始程式碼，第 12 行為 y = x1 * x2，確認了紅色條幅代表了計算過程為輸出張量 y 所分配的顯示記憶體。

7.3　訓練過程中的顯示記憶體佔用

7.2 小節中我們學習了如何使用 PyTorch 顯示記憶體分析器來繪製顯示記憶體佔用隨時間的變化曲線，接下來讓我們將這個技能運用到實踐中。首先來借助顯示記憶體佔用圖，分析一下完整的訓練過程中，佔用顯示記憶體的因素都有哪些。

我們在圖 7-7 中列出了訓練過程中 PyTorch 的顯示記憶體佔用的主要分佈。理論上顯示記憶體佔用主要分為兩大部分：一部分是模型本身的靜態顯示記憶體佔用，另一部分則是在計算過程中動態分配和回收的顯示記憶體。

（1）**靜態顯示記憶體佔用**：模型參數、最佳化器狀態等固定顯示記憶體佔用。這部分顯示記憶體佔用與訓練進度或系統狀態無關，在顯示記憶體用量影像上表現為一條水平線。

（2）**動態顯示記憶體佔用**：模型訓練過程中的臨時顯示記憶體佔用，比如啟動張量的顯示記憶體佔用。激活張量的定義比較寬泛，任何在訓練過程中因為運算元計算而產生的臨時張量，原則上都可以稱為啟動張量。這些顯示記憶體在訓練過程中被動態分配和釋放，通常在每輪訓練結束時被清空。

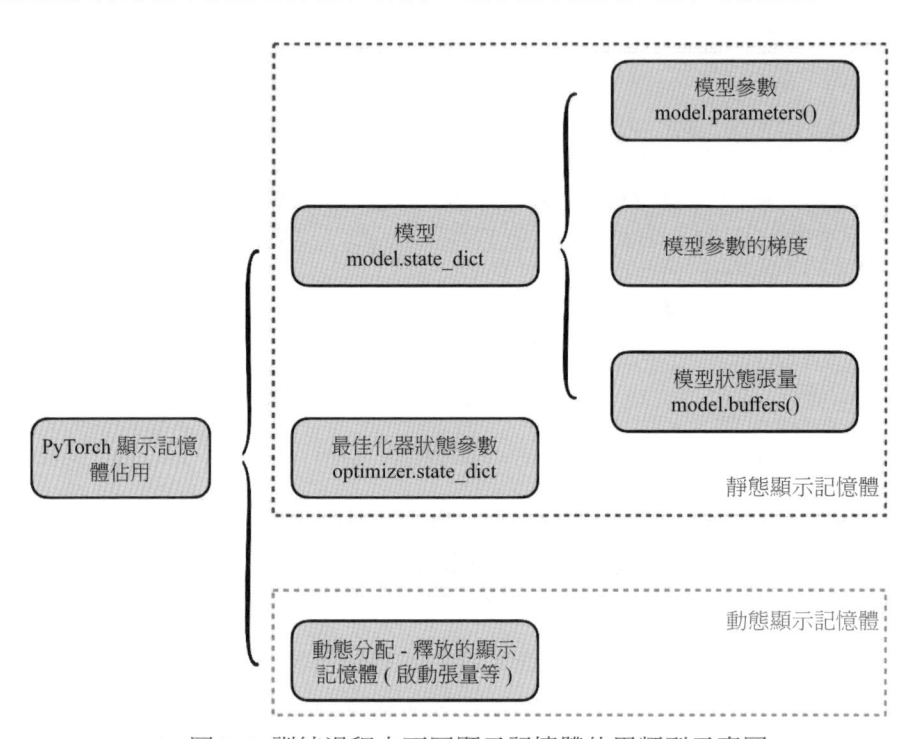

▲ 圖 7-7 訓練過程中不同顯示記憶體佔用類型示意圖

7.3 訓練過程中的顯示記憶體佔用

　　一般來說靜態顯示記憶體佔用與模型結構直接相關，可以透過調整參數形狀或更改資料型態來調整其佔用的顯示記憶體大小，但這些改動可能會帶來模型精度與收斂性的風險。除了模型參數、梯度以及啟動向量外，另一個在訓練過程中影響靜態顯示記憶體佔用的因素是最佳化器，不同的最佳化器對顯示記憶體的額外佔用有很大差異。舉例來說，SGD 最佳化器並不需要額外佔用顯示記憶體。然而，當我們切換到 optim.Adam 時，情況就會發生變化。Adam 演算法需要額外儲存與模型梯度量相等的一階和二階矩估計，因此 Adam 最佳化器會額外佔用相當於模型參數 2 倍的顯示記憶體。這部分內容我們將在後面的章節中詳細討論。與此相比，動態分配的顯示記憶體提供了更大的最佳化空間，且對模型的最終結果影響更加可控。因此，辨識並理解訓練過程中影響顯示記憶體佔用的各種因素對於顯示記憶體最佳化至關重要。為了進一步驗證這一點，先來觀察純前向推理過程中顯示記憶體變化的規律，程式如下所示。

```python
import torch

torch.cuda.memory._record_memory_history()

with torch.inference_mode():
    shape = [256, 1024, 1024, 1]
    weight = torch.randn(shape, device="cuda:0")  # (1)
    data = torch.randn(shape, device="cuda:0")    # (2)

    x = data * weight  # (3)
    x = x * weight     # (4)
    x = x.sum()

torch.cuda.memory._dump_snapshot("traces/double_muls_inference.pickle")
```

第 7 章　單卡顯示記憶體最佳化專題

範例程式的顯示記憶體佔用圖如圖 7-8 所示。

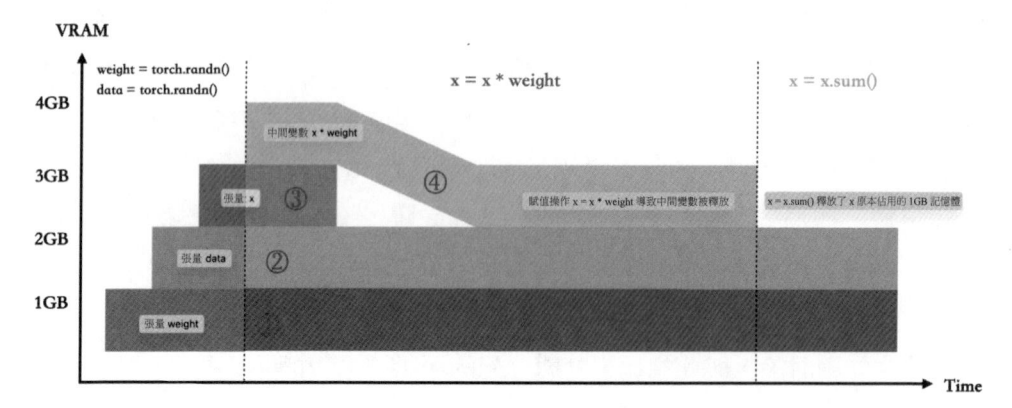

▲ 圖 7-8 範例程式的顯示記憶體佔用圖

圖 7-8 展示了前向推理過程中，顯示記憶體佔用隨時間的變化情況，沿著橫軸（時間維度）從左往右看：

（1）①號和②號兩個條幅分別對應一開始建立的 weight 和 data 張量。

（2）③號條幅則對應 x = data * weight 為輸出張量 x 分配的額外顯示記憶體。

（3）④號條幅對應的 x = x * weight 計算中分配的中間變數。可以將其理解為先進行一步 temp = x * weight 的運算，然後再進行 x = temp 的賦值操作。這裡 temp 就是需要分配的中間變數。

（4）當 x = x * weight 賦值完成後，③號條幅的張量不再參與後續計算，因此該記憶體被釋放。

（5）當 x = x.sum() 計算完成後，x 指向一塊新開闢的只有一個元素的記憶體，作為輸入張量的④號條幅就也被釋放了。

從這一分析中，我們可以得出顯示記憶體佔用的主要因素至少包括：

- 模型初始化時分配的顯示記憶體，包括模型參數和輸入資料。

7-12

7.3 訓練過程中的顯示記憶體佔用

- 前向過程中動態分配並隨後回收的顯示記憶體，涵蓋運算元的輸入張量和運算元的輸出張量。

在圖中常常可以看到一條如圖 7-9 所示的折線，這種折線通常對應於運算元的計算過程。在這個過程中，由於需要經常性建立運算元的中間臨時變數，顯示記憶體會頻繁地進行分配和回收，因此顯示記憶體使用的峰值往往出現在某個特定運算元的計算過程中。

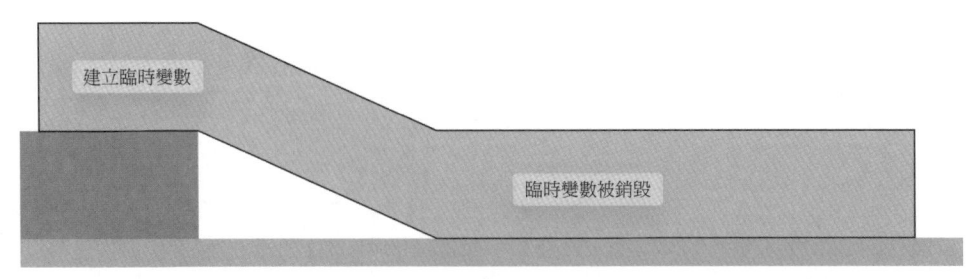

▲ 圖 7-9 運算元計算過程中顯示記憶體的建立和釋放示意圖

目前分析了前向傳播的顯示記憶體佔用情況，然而這只是訓練過程的前半部分。將反向傳播和參數更新也加入進來，看看一個完整訓練過程的顯示記憶體佔用是什麼樣子的：

```
import torch
import torch.optim as optim


torch.cuda.memory._record_memory_history()

shape = [256, 1024, 1024, 1]
weight = torch.randn(shape, requires_grad=True, device="cuda:0")
data = torch.randn(shape, requires_grad=False, device="cuda:0")

x = data * weight
x = x * weight
x = x.sum()

torch.cuda.memory._dump_snapshot("triple_muls_fwd.pickle")
```

第 7 章　單卡顯示記憶體最佳化專題

```
optimizer = optim.SGD([weight], lr=0.01)
optimizer.zero_grad()

x.backward()

optimizer.step()

torch.cuda.memory._dump_snapshot("traces/double_muls_full.pickle")
```

圖 7-10 展示了對整個訓練過程顯示記憶體分析的結果。可以看出，整個訓練過程主要分為兩個部分：左側的前向推理和右側的反向傳播。

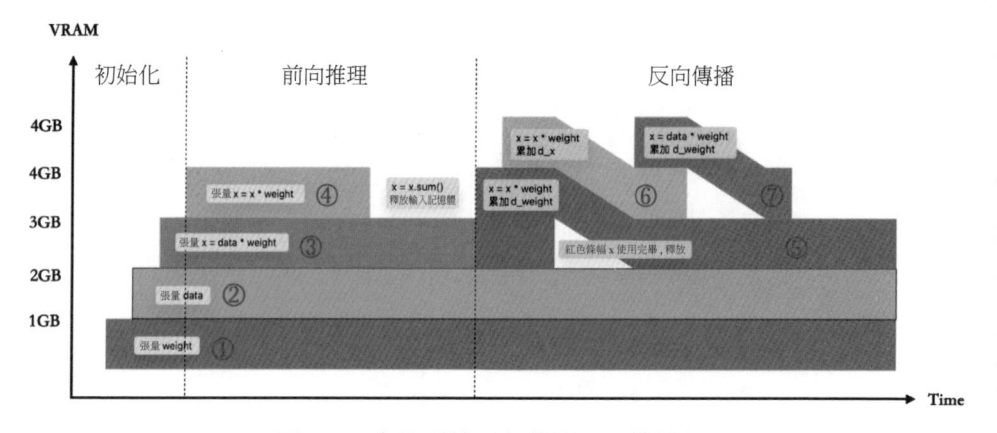

▲ 圖 7-10　完整訓練過程的顯示記憶體佔用圖

首先觀察左側前向推理的部分。與純前向推理的圖 7-8 相比，可以注意到紅色條幅在此過程中的存在時間更長，一直持續到反向傳播的中段才結束。紅色條幅代表 x = x * weight 中臨時輸出變數的顯示記憶體，沒有在運算結束後立刻釋放的原因在於，x = x * weight 裡的乘法運算元需要儲存輸出張量的數值以進行反向計算，所以這個臨時變數被儲存到了反向運算元的成員中（見下述公式）。除了紅色條幅的生命週期以外，前向部分的顯示記憶體佔用情況與圖 7-7 大致相同。

7.4 通用顯示記憶體重複使用方法

$[\text{MulForward}]\text{out} = x * y$

$[\text{MulBackward}]d_x = d_{out} * y$

$[\text{MulBackward}]d_y = d_{out} * x$

在反向傳播的部分，顯示記憶體隨時間的變化主要有：

（1）建立並計算 weight 的梯度張量 d_weight(⑤號條幅)。

（2）建立並計算中間變數 x（即③號條幅 x = data*weight) 的梯度張量（⑥號條幅）。

（3）③號條幅即中間變數 x 的值使用完畢後記憶體隨即被釋放。

（4）計算 x = data * weight 的反向傳播，由於只有 weight 需要梯度而 data 不需要，因此僅需計算當前的 d_weight(⑦號條幅)。

（5）由於深藍色條幅和棕色條幅都是 weight 的梯度張量，對同一變數的梯度是累加的，因此深藍色條幅被累加到棕色條幅後隨機被釋放。

上面提到的張量 x 便是常見的動態分配啟動張量。由於動態分配的顯示記憶體容錯度較大，最佳化這部分顯示記憶體對模型訓練收斂性影響風險較低，是最佳化的首選目標。同時，訓練過程中顯示記憶體佔用的峰值通常出現在反向傳播過程的某個反向運算元的計算中。因此，當遇到記憶體溢出問題導致模型無法訓練時，動態分配的顯示記憶體是首先需要排除的關鍵點。

7.4 通用顯示記憶體重複使用方法

7.4.1 使用原位操作運算元

從前面小節的記憶體佔用圖中可以看到 PyTorch 的運算元預設會建立一個新的張量來儲存運算元的計算結果。在後續的計算中，如果反向傳播計算中需

第 7 章　單卡顯示記憶體最佳化專題

要用到該結果，其顯示記憶體不會被立即釋放。但是在張量很大的時候這些中間變數引起的線性增長的記憶體是很可怕的，因此，在撰寫 PyTorch 程式時，需要意識到，每增加一個張量運算通常都可能導致額外的顯示記憶體佔用。

在第 3 章中提到，PyTorch 還提供了一系列的原位操作運算元。這些運算元的特點是它們直接對輸入張量的顯示記憶體進行修改，而不需要為輸出張量分配額外的顯示記憶體，從而顯著降低運算元呼叫的顯示記憶體佔用。下面的程式是一個簡單例子，可以來說明這一點：

```
import torch

torch.cuda.memory._record_memory_history()

with torch.inference_mode():
    shape = [256, 1024, 1024, 1]
    weight = torch.randn(shape, requires_grad=True, device="cuda:0")
    data = torch.randn(shape, requires_grad=False, device="cuda:0")

    x = data * weight
    mem = torch.cuda.memory_allocated()
    x.sigmoid_()
    print(f" 使用原位操作產生的顯示記憶體佔用： {torch.cuda.memory_allocated() - mem}GB")
    mem = torch.cuda.memory_allocated()
    y = x.sigmoid()
    print(
        f" 不使用原位操作產生的顯示記憶體佔用： {(torch.cuda.memory_allocated() - mem)/1024/1024/1024}GB"
    )

# 使用原位操作產生的顯示記憶體佔用： 0GB
# 不使用原位操作產生的顯示記憶體佔用： 1.0GB
```

列印出來的結果顯示，採用原位操作 Sigmoid 後直接節省了一個張量對應的顯示記憶體佔用（1 GB）。這種節省得益於原位操作運算元直接對輸入張量進行修改以儲存輸出結果，從而避免了額外顯示記憶體的佔用。

7.4 通用顯示記憶體重複使用方法

但是,在反向傳播中使用原位運算元需要特別小心,因為它可能會引發反向傳播過程中的一些數值問題。

下面澄清一些常見的錯誤。首先,透過自動微分生成的反向運算元通常不是原位的,這是因為在反向傳播過程中使用原位操作容易導致數值錯誤。即使 PyTorch 允許使用者為前向函數註冊自訂的反向過程或使用 grad_hook,我們仍然不建議在自訂反向函數中使用原位操作。

如果在計算梯度時,反向傳播演算法依賴於前向傳播中的某個張量,而這個張量被原位操作修改過,那麼梯度的計算就可能出現錯誤。為了應對這種情況,PyTorch 引入了一種基於版本的檢查機制。每當張量的值透過原位操作發生改變,它的版本編號就會增加。在進行反向傳播時,如果發現所依賴的張量版本已經不是最新的,則會立即停止並拋出錯誤資訊。這種機制確保了梯度計算的準確性和資料的一致性。舉例來說,下面的程式演示了在使用 sigmoid_ 後發生的錯誤:

```
import torch
import torch.optim as optim

shape = [256, 1024, 1024, 1]
weight = torch.randn(shape, requires_grad=True, device="cuda:0")
rand1 = torch.randn(shape, requires_grad=False, device="cuda:0")

x = rand1 * weight
x.sigmoid_()
x.sigmoid_()
x = x.sum()

x.backward()

# 錯誤資訊
# Variable._execution_engine.run_backward(   # Calls into the C++ engine to run the backward pass
# RuntimeError: one of the variables needed for gradient computation has been modified by an inplace operation:
```

```
# [torch.cuda.FloatTensor [256, 1024, 1024, 1]], which is output 0 of
SigmoidBackward0, is at version 2;
# expected version 1 instead. Hint: enable anomaly detection to find the operation
that failed to compute its gradient,
# with torch.autograd.set_detect_anomaly(True).
```

這個例子中,連續使用兩次 sigmoid_ 操作導致了 PyTorch 顯示出錯,因為 Sigmoid 運算元的反向運算元依賴於輸入張量的值,但是該張量在第二個 sigmoid_ 操作被修改了。

```
# Sigmoid 運算元
out = 1 / (1 + exp(-x))

# Sigmoid 反向運算元
dx = dout * out * (1 - out)
```

綜上所述,原位操作能夠透過原位修改輸入張量來減少訓練過程中動態分配的顯示記憶體,但其複雜的計算機制可能導致反向梯度計算錯誤。因此使用原位運算元替換時需要謹慎一些,每次替換後執行一輪訓練來檢查是否引發梯度計算錯誤,也可以使用前面章節提到的 torch.autograd.grad_check() 進一步驗證梯度計算的正確性。

7.4.2 使用共用儲存的操作

7.4.1 小節提到的原位操作,其本質是直接對同一個張量進行修改,從而不需要開闢額外的顯示記憶體。但除此之外,也可以讓張量共用同一塊底層儲存,同樣也能達到節省顯示記憶體的目的。

最常見的例子是張量的賦值操作,如下所示:

```
import torch

shape = [1, 4]
```

```
x = torch.ones(shape)
print("Initial x = ", x)   # Initial x =  tensor([[1., 1., 1., 1.]])

y = x
y.mul_(10)

print("Modified y = ", y)  # Modified y =  tensor([[10., 10., 10., 10.]])
print("Modified x = ", x)  # Modified x =  tensor([[10., 10., 10., 10.]])
```

在這段程式中,y 和 x 雖然是兩個變數,實際上會共用相同的記憶體空間。這表示,如果你修改 y 中的任何資料,x 中相應的資料也會發生變化,反之亦然。這是因為張量 y 只是張量 x 的別名或引用,而沒有深度拷貝其資料。

除了賦值操作外,PyTorch 還提供了視圖(view)操作,與賦值操作中僅建立一個張量的引用不同,視圖操作傳回的是一個新的張量,該張量與輸入張量共用底層的顯示記憶體資料。這一部分在第 3 章 PyTorch 必備的基礎知識中有詳細的講解。

下面透過一個 tensor.view() 的例子來看一下視圖操作中顯示記憶體的佔用情況:

```
import torch

shape = [256, 1024, 1024]
t = torch.ones(shape, device="cuda:0")

print(f"Current memory used: {torch.cuda.memory_allocated()/1024/1024/1024}GB")
# Current memory used: 1.0GB

v1 = t.view(-1)
v1[0] = -1  # t[0][0][0] 也被更新了
assert v1[0] == t[0][0][0] == -1
print(f"Current memory used: {torch.cuda.memory_allocated()/1024/1024/1024}GB")
# Current memory used: 1.0GB
```

```
v2 = t[0]
v2[0][1] = 2   # t[0][0][1] 也被更新了
assert v2[0][1] == t[0][0][1] == 2
print(f"Current memory used: {torch.cuda.memory_allocated()/1024/1024/1024}GB")
# Current memory used: 1.0GB
```

可以看出，整個過程中沒有發生額外的顯示記憶體分配，只有一個張量對應的顯示記憶體佔用。總的來說，視圖能夠透過共用底層資料高效完成張量操作，避免了不必要的資料複製。但是，也正是因為它們共用底層資料，可能會導致資料被意外修改或產生副作用，因此在使用時需要格外注意。

7.5 有代價的顯示記憶體最佳化技巧

我們在第 6 章單機性能最佳化中曾經討論過，深度學習任務往往可以在模型精度、訓練性能、顯示記憶體佔用以及分散式的通訊頻寬之間進行置換。延用這樣的想法，本小節會著重討論在單卡訓練中如何置換其他指標來達到最佳化顯示記憶體佔用的目的，其中通訊頻寬置換顯示記憶體佔用的部分我們將在第 8.4 小節進行深入討論。

7.5.1 跨批次梯度累加

在之前的討論中，我們提到增加 BatchSize 主要是為了提高訓練速度，但除了加速訓練以外，BatchSize 對模型的收斂性也有重要影響。特別是在嘗試複現論文的工作時，如果使用的 BatchSize 和文章中差異過大，很有可能會影響複現效果。

如果受限於硬體資源，無法達到理想的 BatchSize，可以透過犧牲一些訓練速度來增加 BatchSize，即使用**跨批次梯度累加（cross-batch gradient accumulation）**。這種方法的核心是降低最佳化器梯度更新的頻率—透過累積多輪訓練的梯度，最後再一起更新，從而實現增大 BatchSize 的效果。

7.5 有代價的顯示記憶體最佳化技巧

比如，如果硬體最多支援 BatchSize = 128，但理想的大小是 256，那麼可以透過以下方式實現每兩輪訓練才更新一次梯度：

```python
import torch
import torch.optim as optim

torch.manual_seed(1000)

N = 128
Total_N = 512
dataset = torch.randn([Total_N, 32, 1024], requires_grad=False)

weight = torch.randn([1024, 32], requires_grad=True, device="cuda:0")
optimizer = optim.SGD([weight], lr=0.01)

num_iters = int(Total_N / 256)
steps = 2

for i in range(num_iters):
    # 模擬一個批次的訓練
    optimizer.zero_grad()

    for j in range(steps):
        offset = i * 256 + N * j

        input = dataset[offset : offset + N, :, :].to(torch.device("cuda:0"))
        y = input.matmul(weight)
        loss = y.sum()

        loss.backward()
    optimizer.step()

print(weight.sum())
print(f" 顯示記憶體分配的峰值：{torch.cuda.max_memory_allocated()/1024/1024}MB")

# 輸出：
# tensor(2096.2283, device='cuda:0', grad_fn=<SumBackward0>)
# 顯示記憶體分配的峰值： 49.00048828125MB
```

第 7 章　單卡顯示記憶體最佳化專題

BatchSize=256 時的訓練結果如下所示：

```
import torch
import torch.optim as optim

torch.manual_seed(1000)

N = 256
Total_N = 512
dataset = torch.randn([Total_N, 32, 1024], requires_grad=False)

weight = torch.randn([1024, 32], requires_grad=True, device="cuda:0")
optimizer = optim.SGD([weight], lr=0.01)

num_iters = int(Total_N / 256)
for i in range(num_iters):
    optimizer.zero_grad()

    offset = i * 256

    input = dataset[offset : offset + N, :, :].to(torch.device("cuda:0"))
    y = input.matmul(weight)
    loss = y.sum()

    loss.backward()
    optimizer.step()

print(weight.sum())
print(f" 顯示記憶體分配的峰值： {torch.cuda.max_memory_allocated()/1024/1024}MB")

# 輸出：
# tensor(2096.2275, device='cuda:0', grad_fn=<SumBackward0>)
# 顯示記憶體分配的峰值： 81.37548828125MB
```

　　與 BatchSize=256 的結果進行對比，可以看到跨批次梯度累加的訓練結果是幾乎一樣的，但是顯著降低了顯示記憶體使用的峰值（從 81.375MB 變為 49MB）。這種技巧雖然會減慢訓練速度，但在硬體資源受限的情況下，它是少數能夠實現突破 BatchSize 上限的方法之一。這個技巧不僅能用在複現論文模型中，使用更大的 BatchSize 對於模型的收斂速度也會有所幫助。

7.5.2 即時重算前向張量

在前面小節中，我們提到了某些反向運算元需要使用前向傳播的張量作為輸入。這時 PyTorch 通常會將該前向張量直接儲存到反向運算元中，以便在反向傳播時使用。顯然這會導致這些前向張量無法被釋放，持續佔用顯示記憶體直到相應的反向計算完成為止。這對顯示記憶體峰值的影響非常之大，在一些大型模型中這甚至會導致多一倍的顯示記憶體佔用。

那麼有沒有可能不預先儲存這些前向張量呢？可以透過 torch.utils.checkpoint 介面來做到這一點，它允許在反向傳播時重新計算這些前向張量，而非直接儲存它們。但這種方法的副作用是重新計算張量的時間銷耗很大，因為它實質上是以計算時間換取顯示記憶體空間。

這裡舉出一個例子展示使用 torch.utils.checkpoint 前後的對比[1]，可以看到是否使用 torch.utils.checkpoint 對計算結果是沒有影響的，但是使用 torch.utils.checkpoint 顯著降低了顯示記憶體佔用的峰值，由 936MB 下降到了 629MB。

```
import torch
import torch.nn as nn
from torch.utils.checkpoint import checkpoint_sequential

model = nn.Sequential(
    nn.Linear(1000, 40000),
    nn.ReLU(),
    nn.Linear(40000, 1000),
    nn.ReLU(),
    nn.Linear(1000, 5),
    nn.ReLU(),
```

---

[1] 該範例從 https://github.com/prigoyal/pytorch_memonger/blob/master/tutorial/Checkpointing_for_PyTorch_models.ipynb 改寫而來

第 7 章　單卡顯示記憶體最佳化專題

```python
).to("cuda")

input_var = torch.randn(10, 1000, device="cuda", requires_grad=True)

segments = 2
modules = [module for k, module in model._modules.items()]

# (1). 使用 checkpoint 技術
out = checkpoint_sequential(modules, segments, input_var)

model.zero_grad()
out.sum().backward()
print(f" 使用 checkpoint 技術顯示記憶體分配峰值：{torch.cuda.max_memory_allocated()/1024/1024} MB")
# 使用 checkpoint 技術顯示記憶體分配峰值：628.63671875MB

out_checkpointed = out.data.clone()
grad_checkpointed = {}
for name, param in model.named_parameters():
    grad_checkpointed[name] = param.grad.data.clone()

# (2). 不使用 checkpoint 技術
original = model
x = input_var.clone().detach_()
out = original(x)

out_not_checkpointed = out.data.clone()

original.zero_grad()
out.sum().backward()
print(f" 不使用 checkpoint 技術顯示記憶體分配峰值：{torch.cuda.max_memory_allocated()/1024/1024} MB")
# 不使用 checkpoint 技術顯示記憶體分配峰值：936.17431640625MB

grad_not_checkpointed = {}
for name, param in model.named_parameters():
    grad_not_checkpointed[name] = param.grad.data.clone()
```

```
# 對比使用和不使用 checkpoint 技術計算出來的梯度都是一樣的
assert torch.allclose(out_checkpointed, out_not_checkpointed)
for name in grad_checkpointed:
    assert torch.allclose(grad_checkpointed[name], grad_not_checkpointed[name])
```

透過這種方式雖然可能會降低訓練速度，但節省下來的記憶體可以允許我們跑更大的模型或 BatchSize，讀者可以根據實際情況在性能和顯示記憶體之間進行平衡。

7.5.3 將 GPU 顯示記憶體下放至 CPU 記憶體

在深度學習訓練中，GPU 通常是最寶貴的資源，這尤其表現在二者儲存空間的對比，一般來說 GPU 的顯示記憶體容量要比 CPU 的記憶體容量小不只一個量級。為了節省寶貴的 GPU 顯示記憶體，一種常用的策略是將資料預設存放在記憶體裡，而只在有需要時才臨時載入到顯示記憶體中。這本質上是犧牲了記憶體和性能來換取顯示記憶體。要轉移到 CPU 的具體內容也與模型結構直接相關：

- 模型參數下放：當模型太大而無法完全載入顯示記憶體時，可以將部分模型參數、最佳化器參數暫時儲存在記憶體中。在訓練過程中，只在有需要的時候臨時載入到顯示記憶體裡，計算完成後馬上從顯示記憶體中移除。

- 啟動張量下放：訓練過程中產生的所有啟動張量預設儲存在記憶體中，只在需要參與計算時才載入到顯示記憶體裡，計算完成後將所有啟動張量再次存放回記憶體。

為了展示效果，下面嘗試用簡單的程式來實現上述動態下放 - 載入的技巧。在這個例子中模型的參數量要超過 24GB，所以如果不將其下放到記憶體中，則在 RTX 3090（24 GB 顯示記憶體）等家用顯示卡上一定會發生顯示記憶體溢位的錯誤。

第 7 章　單卡顯示記憶體最佳化專題

　　如果把模型的 layer1 和 layer2 參數下放到記憶體中，而僅在執行時期載入到顯示記憶體，計算結束後立刻卸載，則該程式僅佔用約 9.3GB 顯示記憶體。不過很顯然，動態下放和載入參數會對性能產生很大傷害，但這也是在顯示記憶體有限時無奈的折衷。

```python
import torch
import torch.nn as nn


class LargeModel(nn.Module):
    def __init__(self):
        super(LargeModel, self).__init__()
        self.layer1 = nn.Linear(50000, 50000)
        self.layer2 = nn.Linear(50000, 50000)

    # OOM on a GPU with 24GB
    # def forward(self, x):
    #     x = self.layer1(x)
    #     x = torch.relu(x)
    #     x = self.layer2(x)
    #     x = torch.relu(x)
    #     return x

    def forward(self, x):
        self.layer1.to("cuda")
        x = self.layer1(x)
        x = torch.relu(x)
        self.layer1.to("cpu")

        self.layer2.to("cuda")
        x = self.layer2(x)
        x = torch.relu(x)
        self.layer2.to("cpu")
        return x


model = LargeModel().to("cuda")
input_data = torch.randn(10, 50000).to("cuda")
```

7.5 有代價的顯示記憶體最佳化技巧

```
output = model(input_data)

print(f" 前向過程中 GPU 顯示記憶體佔用峰值：{torch.cuda.max_memory_
allocated()/1024/1024/1024} GB")
# 前向過程中 GPU 顯示記憶體佔用峰值：9.328798770904541GB

loss = output.sum()
loss.backward()
```

　　從上面程式中可以看到，動態下放 - 載入的主要性能瓶頸是 CPU 和 GPU 之間的資料傳輸。如果資料傳輸不夠高效，則一定會對性能產生很大影響。因此需要在資料傳輸延遲和顯示記憶體節約之間做好平衡。

　　PyTorch 和相關的生態系統（如 NVIDIA 的 Apex 函數庫）提供了一些工具來幫助使用者實現上述動態下放 - 載入資源的策略，以便在有限的資源下訓練大型模型。長遠來看，隨著工業界模型規模越發趨於龐大，資源的動態下放 - 載入的重要性也會隨之提高。

7.5.4 降低最佳化器的顯示記憶體佔用

　　7.2 小節中曾提到，最佳化器往往也是顯示記憶體佔用的大頭，這裡主要來源有兩個：一個是最佳化器內建的狀態變數，另一個則是最佳化器進行參數更新時的執行記憶體佔用。

　　通常狀態變數的顯示記憶體佔用取決於所使用的最佳化器類型及其配置，例如對於一個參數量為 15 億（1.5 Billion）的模型，使用 float32 類型儲存時，其模型參數及梯度佔用顯示記憶體為 1.5GB*sizeof(float) * 2 = 12GB。如果使用 Adam 最佳化器，它的狀態變數還會再佔用 12GB 的顯示記憶體。我們可以透過 optimizer.state_dict() 介面查看最佳化器為每個參數儲存的狀態變量。對於顯示記憶體非常緊張的情況，選擇佔用額外顯示記憶體較少的最佳化器，如 SGD 等，可以幫助快速突破顯示記憶體瓶頸。當然切換最佳化器會對模型的訓

第 7 章　單卡顯示記憶體最佳化專題

練曲線以及收斂性產生很大的影響，這就需要讀者朋友自行平衡訓練方法與顯示記憶體資源間的關係了。

而關於最佳化器在進行參數更新時的顯示記憶體佔用，在第 6 章單卡性能最佳化中曾詳細講解過 PyTorch 最佳化器的不同計算模式，也就是 for-loop、for-each、fused 三種不同的實現方法。這三種方法本質上是在性能和顯示記憶體之間尋找一種平衡，其中 for-loop 顯示記憶體用量最少，當然代價是其性能也是三種模型裡最差的。詳細的討論可以參考 6.5.2 小節。

如果願意透過犧牲性能來換取較少的顯示記憶體佔用，調整最佳化器的工作模式是一個不錯的選擇。下面透過一個範例，來比較 for-loop 和 for-each 兩種方法的顯示記憶體使用情況：

```
import torch
import torch.optim as optim


# 模擬模型參數
def generate_params(device, shape):
    params = [
        torch.rand(shape, dtype=torch.float32, requires_grad=True, device=device)
        for _ in range(6)
    ]
    return params


# 模擬模型執行
def run(params):
    x = torch.rand(shape, dtype=torch.float32, device=device)
    x = params[0] * x
    x = params[1] * x
    x = params[2] * x
    x = params[3] * x
    x = params[4] * x
    x = params[5] * x
    x = x.sum()
    return x
```

7-28

7.5 有代價的顯示記憶體最佳化技巧

```python
# (1) 使用 for-each 進行參數更新
torch.cuda.memory._record_memory_history()
device = "cuda:0"
shape = [4]
params = generate_params(device, shape)
out = run(params)

optimizer = optim.Adam(params, lr=0.01, foreach=True)
optimizer.zero_grad()

out.backward()
optimizer.step()

torch.cuda.memory._dump_snapshot("traces/adam_foreach.pickle")

# (2) 使用 for-loop 進行參數更新
torch.cuda.memory._record_memory_history()

device = "cuda:0"
shape = [4]
params = generate_params(device, shape)
out = run(params)

optimizer = optim.Adam(params, lr=0.01, foreach=False)
optimizer.zero_grad()

out.backward()
optimizer.step()

torch.cuda.memory._dump_snapshot("traces/adam_forloop.pickle")
```

顯示記憶體佔用圖譜如圖 7-11 和圖 7-12 所示，我們可以看到使用 for-each 進行參數更新時，顯示記憶體使用出現了一個巨大的金字塔形狀，直到梯度更新結束才釋放，這是因為 for-each 實現時會將所有梯度張量聚合在一起，所以計算時需要的臨時張量自然也更大。而 for-loop 方式則呈現出類似前向、反向傳播過程中的折線模式，這是因為 for-loop 每次只更新一個參數的梯度，所以臨時張量也維持在較小的水平。

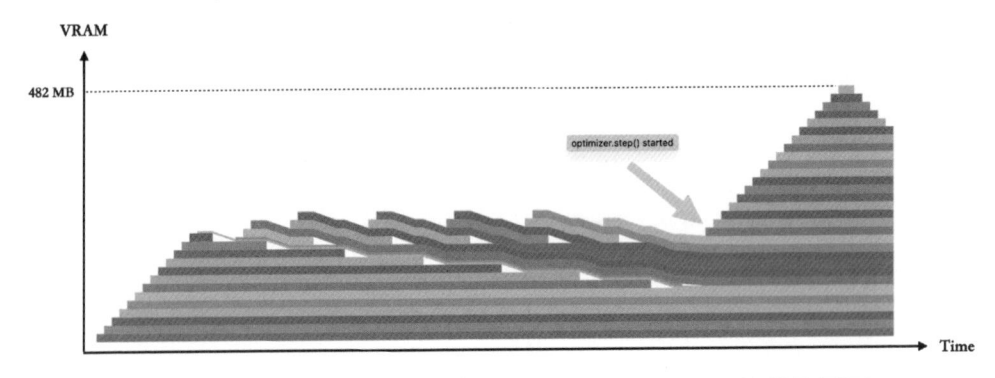

▲ 圖 7-11 使用 for-each 的 Adam 最佳化器的顯示記憶體佔用圖

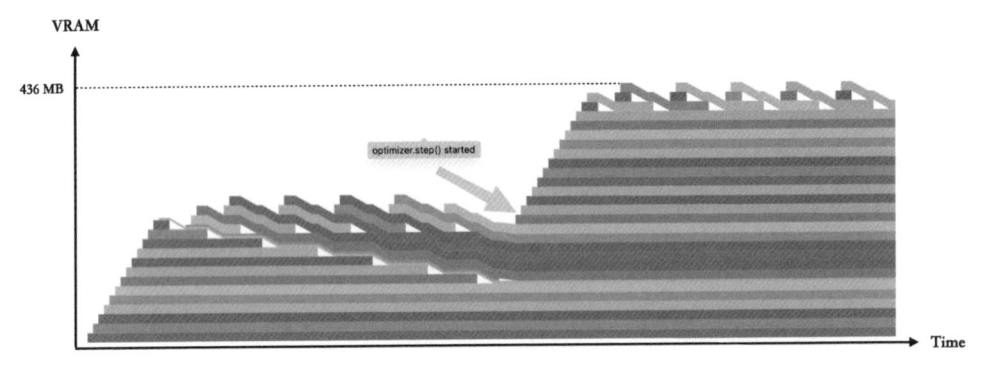

▲ 圖 7-12 使用 for-loop 的 Adam 最佳化器的顯示記憶體佔用圖

7.6 最佳化 Python 程式以減少顯示記憶體佔用

PyTorch 是基於 Python 建構的深度學習框架，所以包括張量、模型在內的所有 PyTorch 資料結構，其生命週期都要受到 Python 的管理。Python 的**垃圾回收（garbage collection）**策略主要依賴於變數的引用計數，每當變數的引用計數降低為零時 Python 會自動回收其資源。然而 Python 的語法特點不能

7.6 最佳化 Python 程式以減少顯示記憶體佔用

完全避免**迴圈依賴**的產生，這在複雜的 Python 程式倉庫中尤其常見，這時組成迴圈依賴的變數引用計數永遠不會降低至零，會顯著延緩相應資源被釋放的時機。

若您的 PyTorch 程式中的張量或模型未能及時析構，這很可能是由 Python 的垃圾回收機制而非 PyTorch 本身所引起。本節將詳細介紹 Python 的垃圾回收機制，並指出一些常見的，可能導致張量或模型延遲析構的場景。

7.6.1 Python 垃圾回收機制

大多數高級程式語言都存在垃圾回收機制，其核心是判定變數何時不再被使用並釋放其資源。學習垃圾回收演算法通常關注兩個方面：一是如何判定一個變數為垃圾，二是這個檢測的觸發時機。

Python 存在兩層垃圾回收機制。第一層機制透過引用計數來判定變數是否為垃圾。簡單來說，一個變數每被使用一次，其計數增一；每次使用完畢，計數減一。這個機制聽起來簡單，但其實現細節相對複雜，涉及編譯器層面對不同 Python 語法的處理，我們就不展開討論了。

每當變數引用計數發生變化時，都會觸發檢查。當檢查到變數的引用計數降至零時，Python 會立即觸發該變數的析構，這就是第一層垃圾回收的完整機制。然而，一旦出現相互之間迴圈引用的變數時，它們的引用計數永遠不會下降到零，這就不是第一層垃圾回收機制能夠解決的問題了。為此，Python 又引入了第二層循環垃圾回收機制。

循環垃圾回收機制實現了檢測迴圈依賴的演算法，能夠打破迴圈依賴對引用計數造成的破壞。該機制的觸發時機是不固定的，它依賴於自上次垃圾回收以來分配的新變數數量。實際上，該機制還包括變數年齡組和不同的設定值設置，但這些細節已經超出了本章討論範圍。我們只需要知道循環垃圾回收機制的觸發頻率不高，不能保證資源被即時釋放掉。

總結來說，Python 的垃圾回收機制主要依賴變數的引用計數來判斷是否回收其資源，同時存在另一套循環垃圾回收機制作為補充。然而循環垃圾回收機制的觸發頻率很低，不是可以依賴的、穩定的回收機制。所以在實踐中，我們還是要從 Python 程式的寫法入手，盡可能避免產生迴圈依賴等難以釋放資源的情況。

7.6.2 避免出現迴圈依賴

迴圈依賴問題是 PyTorch 中資源未能及時釋放的主要原因之一。一般而言，如果變數的引用計數能正常降至零，Python 的垃圾回收機制會立即回收該變數，避免資源佔用。然而當迴圈引用發生時，就只有在第二層循環垃圾回收機制觸發時才會回收相應的資源，導致長時間的容錯資源佔用。

迴圈依賴常見於 PyTorch 程式設計中自訂 Python 類型的相互崁套，特別是在子節點持有對父節點的引用情況。以下程式展示了這種情況：

```python
import torch
import gc


class Module1(torch.nn.Module):
    def __init__(self):
        super(Module1, self).__init__()
        self.saved = Module2(self)  # Module1 對象保存了對 Module2 對象的引用
        self.tensor = torch.randn(1024, 1024, device="cuda")


class Module2(torch.nn.Module):
    def __init__(self, module):
        super(Module2, self).__init__()
        self.saved = module  # Module2 對象也保存了對 Module1 對象的飲用
        self.tensor = torch.randn(1024, 1024, device="cuda")


net = Module1()
```

7.6 最佳化 Python 程式以減少顯示記憶體佔用

```
print("Memory allocated: ", torch.cuda.memory_allocated(0))

del net
print("Memory allocated after delete: ", torch.cuda.memory_allocated(0))

gc.collect()
print("Memory allocated after gc: ", torch.cuda.memory_allocated(0))
```

　　迴圈依賴的另一個特點是，即使使用 del 命令手動刪除變數，也不能立即釋放其資源。我們需要透過 gc.collect() 手動觸發循環垃圾回收機制，這時才能釋放被捲入迴圈依賴的變數們，顯示記憶體佔用情況如下：

```
Memory allocated:  8388608
Memory allocated after delete:  8388608
Memory allocated after gc:  0
```

　　一些自訂的類型，如果持有了 model 也可能導致迴圈依賴。在 PyTorch 中，model 可以存取大多數模型相關資訊，如參數配置和輸入張量。為了使用方便，開發者可能會使用 self.model = model 等寫法，讓自訂類型持有 model 變數，從而方便隨時存取。然而，一旦使用不當就會導致迴圈依賴：

```
import torch


class CustomLayer(torch.nn.Module):
    def __init__(self, model):
        super(CustomLayer, self).__init__()
        self.model = model


class MyModel(torch.nn.Module):
    def __init__(self):
        super(MyModel, self).__init__()
        self.custom_layer = CustomLayer(self)
```

7-33

```
model = MyModel()
```

在這個例子裡，正是由於 MyModel 持有了 CustomLayer，CustomLayer 又儲存了相同的 MyModel 物件，所以產生了迴圈依賴。

7.6.3 謹慎使用全域作用域

除了迴圈依賴以外，全域作用域中的張量也是導致顯示記憶體資源不能被釋放的重要原因。與區域變數不同，全域變數的生命週期通常延續至程式結束，從而導致持續的資源佔用，這是任何垃圾回收機制都不能解決的。

我們首先舉一個使用區域變數的例子，區域變數 tensors 在函數 func 執行完畢後，其引用計數降至零，正確觸發垃圾回收，釋放顯示記憶體，程式如下：

```
import torch

def func():
    tensors = []
    for _ in range(100):
        tensors.append(torch.randn(100, 100, device="cuda"))

    print("Memory allocated from function: ", torch.cuda.memory_allocated(0))
    return


func()
print("Memory allocated: ", torch.cuda.memory_allocated(0))

# 輸出：
# Memory allocated from function:  4044800
# Memory allocated:  0
```

7.6 最佳化 Python 程式以減少顯示記憶體佔用

然而，全域變數的處理則不同。全域變數包括定義在指令稿最外層的變數、使用 global 關鍵字宣告的變數等。這些變數的引用計數不會自動減少，導致其佔用的資源無法被自動回收：

```python
import torch
import time
import random


def train():
    global input
    input = torch.randn(100, 100, device="cuda")


train()
print("Memory allocated for input: ", torch.cuda.memory_allocated(0))

tensors = []
for _ in range(100):
    tensors.append(torch.randn(100, 100, device="cuda"))
print("Memory allocated for tensors & input: ", torch.cuda.memory_allocated(0))

# time.sleep(1000000000000) 不管睡多久都不會釋放的
# for i in range(100000000000): new_var = random.randint() 透過分配新變量觸發垃圾回收，
也不會清理的

print("Memory allocated total: ", torch.cuda.memory_allocated(0))


# 輸出
# Memory allocated for input:    40448
# Memory allocated for tensors & input:    4085248
# Memory allocated total:    4085248
```

在上述例子中，tensors 是定義在指令稿最外層的變數，它持有的一組 torch.Tensor 佔用的資源始終得不到回收，必須依賴手動清理。同理，使用

7-35

global 關鍵字宣告的全域變量 input 也會出現相同的問題。因此輸出結果顯示，全域變數 input 和 tensors 的顯示記憶體佔用不會自動釋放。

為減少全域變數造成的資源佔用，我們只能手動清理這些變數，清理後顯示記憶體佔用才能降至零：

```
del tensors
del input
print("Memory allocated after cleaning: ", torch.cuda.memory_allocated(0))
# Memory allocated after cleaning: 0
```

7.7 本章小結

將本章介紹的所有顯示記憶體最佳化方法總結在圖 7-13 中。

在實踐中，當我們著手對訓練系統進行顯示記憶體最佳化時，可以參考以下步驟：

（1）參考 7.6 小節的內容，排除程式中的低級錯誤。

（2）確定程式佔用的顯示記憶體總量。

（3）分析非 PyTorch 部分佔用的顯示記憶體比例，如果第三方函數庫佔用顯示記憶體較多，則需要單獨對第三方函數庫進行顯示記憶體最佳化。

（4）分析顯示記憶體池預留顯示記憶體的佔比，如果快取的顯示記憶體過多，則需要 torch.cuda.empty_cache() 及時釋放；如果無法釋放則需要使用避免顯示記憶體碎片化的技巧。

（5）利用顯示記憶體影像分析顯示記憶體峰值，確定顯示記憶體峰值的位置，進而確定具體採用的最佳化方法。

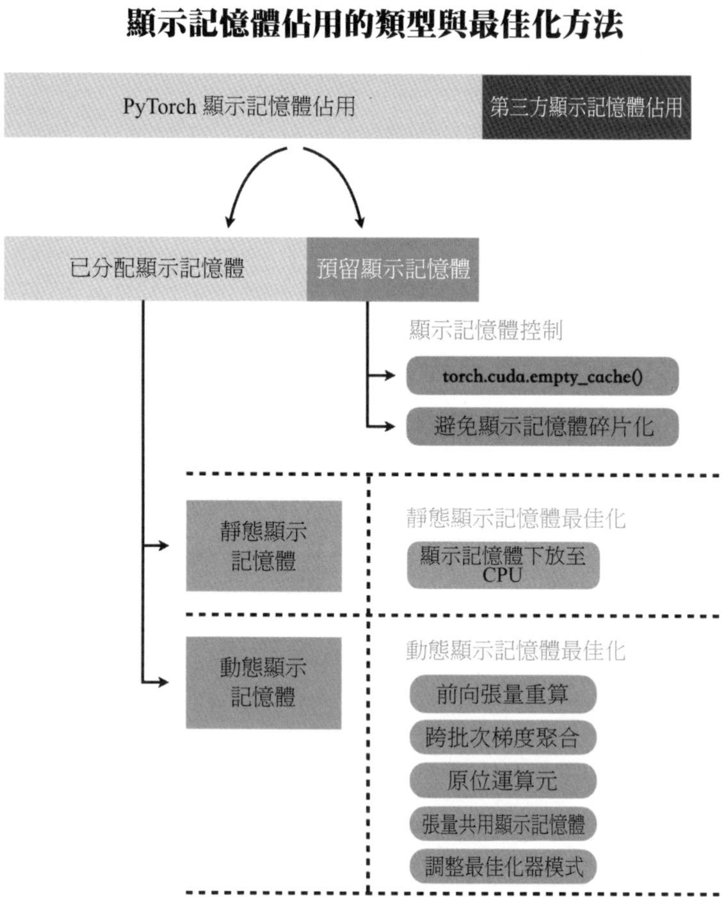

7.7 本章小結

顯示記憶體佔用的類型與最佳化方法

▲ 圖 7-13　顯示記憶體佔用的類型與最佳化方法總結

這其中第 5 步—透過顯示記憶體影像確定顯示記憶體最佳化方法，需要能夠熟練運用本章介紹的最佳化技巧，同時也依賴一定的實際經驗。因此我們在第 10 章 GPT-2 最佳化全流程中，會透過實際案例展示如何分析並定位顯示記憶體瓶頸，並進一步確定需要採用的最佳化策略。

從圖 7-13 中還可以看出，我們對靜態顯示記憶體的最佳化手段比較少，這是因為靜態顯示記憶體的最佳化技巧往往依賴多片 GPU 計算卡，這屬於分散式訓練的範圍。對於參數規模較為龐大的模型，只使用本章節介紹的顯示記憶體最佳化技巧是不夠的，我們還需要進一步參考第 8 章分佈式訓練中的顯示記憶體最佳化策略，才能突破大模型的顯示記憶體門檻。

分散式訓練專題

在前面的章節中，已經詳細討論了如何最佳化單一 GPU 在訓練時的顯示記憶體佔用和整體性能，以支援更大、更快速的模型執行。然而即使是當前最頂尖的 GPU，在顯示記憶體和計算效率方面也有很大的局限性—顯示記憶體容量直接限制了模型的規模，而有限的計算效率則進一步限制了能處理的資料規模。目前單張 GPU 計算卡的能力已經遠遠跟不上資料集和模型規模的增長了，必須依賴多張 GPU 計算卡組成的分散式訓練系統才能勉強達到大模型的訓練門檻。

資料方面，常用資料集已經從過去的 MNIST、COCO、ImageNet 等百萬等級的資料規模，發展到如今的 Laion-5B、Common Crawl 等十億甚至百億等級的資料規模了，這遠遠超出單一 GPU 在有生之年能夠處理的資料量。因此，分散式系統的任務之一便是將這些龐大的資料分散到多個計算節點上進行平行處理，以此大幅提升訓練的速度。

第 8 章　分散式訓練專題

模型方面，模型的參數規模從過去 Bert-Large 的 0.3B，發展到 GPT-2 的 1.5B，甚至 GPT-3 的 175B—這樣的參數規模對顯示記憶體的需求，遠遠超過了單一 GPU 的承載能力。因此分散式系統的另一個目標是將大型模型的計算切分到多個節點上，以減輕單一節點的顯示記憶體負擔，並透過整合各節點的計算結果來完成大模型的訓練。這種方法有效地解決了單 GPU 的顯示記憶體限制，使得訓練大型模型成為可能。

如果把訓練模型比作造火箭，每個 GPU 卡是一個生產廠房。那麼分散式系統主要解決兩方面的問題：一方面要將一個完整的火箭拆分成大量細碎的零件，指揮不同廠房生產不同的小零件，最後再整合成一個大火箭—這就是**模型平行**的想法；另一方面還要擴大產能，能夠同時生產 10 個甚至 100 個火箭—這也就是**資料平行**的想法。

模型平行與資料平行是組成超大規模分散式訓練技術的核心元件，這也是頂尖 AI 公司的重要護城河之一，是任何一家企業想要涉足大模型領域必須跨越的門檻。經過多年的高速發展，分散式訓練技術在工業界逐漸成熟，可以給使用者提供一些高度封裝的介面。這些封裝雖然大幅降低了使用門檻，但使用者也失去了深入理解分散式訓練底層機制的機會，更多是將其作為「黑箱」來使用。然而缺乏對分散式機制的深入理解，可能使我們難以靈活應對複雜的實際應用場景。舉例來說，目前大部分模型結構並沒有原生的模型平行支援，需要開發者從基礎的處理程序通訊介面自行實現。此外，面對性能瓶頸或計算錯誤等問題時，也必須依賴對分散式執行機制的深入了解來進行故障排除和問題解決。

本章將介紹主流的分散式訓練策略和設計想法，透過簡潔的程式範例清晰地闡述其核心概念，並討論可能的性能瓶頸與最佳化方案。需要指出的是，分散式訓練目前仍是一個活躍的研究和開發領域，實際應用中的程式複雜度極高。因此，本章不會深入複雜的實現細節，而是著重於闡明基本原理和想法，旨在幫助使用者理解並分析各種技術的適用場景。

8.1 分散式策略概述

如前所述，面對龐大的資料量和模型參數量，分散式訓練的核心想法就是「分而治之」。具體來說，如果資料量大，就拆分資料；如果模型規模過大，就拆分模型。隨後將拆分後的小任務分配到不同的計算節點上獨立處理，最後再將結果整理來完成訓練任務。這種方法的主要成本在於節點間的通訊，即在各計算節點完成各自的計算任務後，透過網路交換資料來確保模型狀態的一致性。

然而即使是相同大小的通訊負載，其通訊效率也會隨場景不同而發生變化。在單機多卡場景中，多張 GPU 計算卡之間可以透過 PCIe 或 NVLink 進行通訊，效率較高；然而一旦涉及多機多卡場景，機器節點間只能透過網路進行通訊，效率通常較低，這導致進程間通訊迅速成為分散式訓練的主要瓶頸。因此分散式訓練的效率最佳化也主要圍繞著如何盡可能降低和隱藏通訊的時間銷耗這個核心想法展開。後續提到的所有分散式策略的性能最佳化，都只是這個想法在不同訓練場景中的具體實現。

理解了分散式訓練的核心想法，接下來讓我們列舉一些具體的分散式策略。讀者可能在不同的論文或框架中聽到過許多平行策略，如資料平行、張量平行等，想要理解和區分這些專業名詞實在令人頭大。這裡有一個小技巧，如果一個策略叫 XX 平行，也就表示它是將 XX 切成了 N 個部分，每個部分分配到一個 GPU 上執行。舉個例子，資料並行就是將一個大量的資料切成 N 份，每個 GPU 執行一個小量；模型平行就是將整個模型切成 N 份，每個 GPU 執行模型的一部分，依此類推，這樣是不是就容易理解了呢？目前流行的分散式策略有很多種，主要分為切資料（data parallel）和切模型（model parallel）兩個大的方向。不同策略的演算法和實現差異較大，但不外乎兩個出發點：

第 8 章　分散式訓練專題

（1）用通訊銷耗來置換更緊缺的資源。分散式系統中每新增一個節點會以額外通信銷耗為代價帶來額外的顯示記憶體和運算資源，但如何使用這些額外的資源至關重要。如果我們用通訊來換取更大的資料處理平行度，從而加速訓練過程，這就是資料平行的實現方式；而如果我們用通訊來突破單卡的顯示記憶體容量限制，使其能夠處理更大規模的模型，這就是模型平行的策略。因此切分方式的選擇主要取決於我們需要透過資源置換來解決的主要矛盾。圖 8-1 揭示不同資源之間透過置換來突破顯示記憶體或平行度限制的典型方法。

（2）儘量隱藏通訊銷耗。處理程序間通訊和 GPU 計算使用不同的硬體單元，所以理論上是可以並存執行的。一個有效的設計方案是將通訊過程與 GPU 計算過程進行重疊，以此來掩蓋通訊的時間銷耗並減少通訊延遲。管線平行（pipeline parallel）就是基於這個思路設計的分散式策略，它透過將上一輪訓練的通訊過程與當前訓練的計算過程重合來減少通訊過程對 GPU 計算的阻塞。

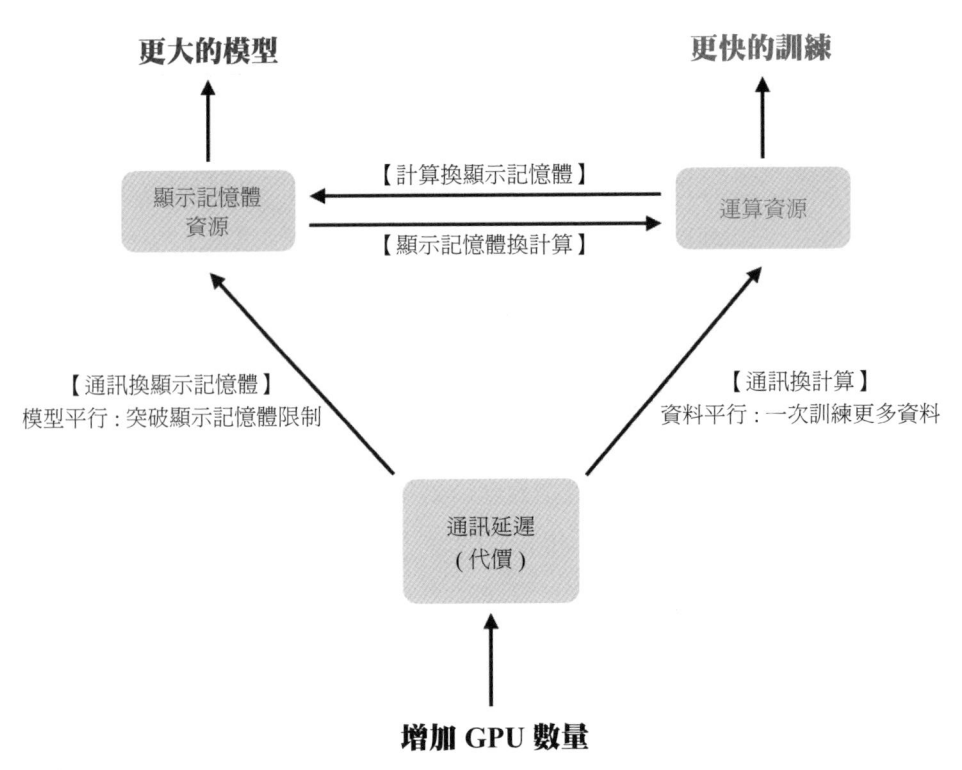

▲ 圖 8-1　不同硬體資源之間的置換方式舉例

8.2 集合通訊基本操作

我們一直強調通訊在分散式訓練中的重要性，讀者可能對節點間的通訊內容及其模式感到好奇。實際上不同的分散式策略會通訊不同類型的資料，但是整體來說以張量資料為主，資料平行策略主要通訊梯度張量，模型平行則會根據策略不同對模型參數、梯度、最佳化器狀態和啟動張量的通訊都有可能涉及，這一點將在後續章節詳細探討。本節主要介紹分散式訓練中的通訊模式。本節將首先介紹常用的集合通訊基本操作，再講解如何根據分散式策略選取合適的通訊基本操作。

當我們討論通訊時，通常首先會想到點對點通訊，這是指兩個節點之間的基本通訊操作，比如發送（send）和接收（receive）。然而，在多節點環境中，除了簡單的點對點通訊，還涉及需要所有節點參與的集體通訊操作，這些操作被歸為一系列**集合通訊基本操作（collective communication primitives）**。舉例來說，**廣播（broadcast）**操作是指一個節點向所有其他節點發送資訊；而**聚合（gather）**操作則涉及從所有節點聚合資訊到一個單一節點；此外還有同步（barrier）操作確保所有節點在繼續執行前達到同一處理點等。

集合通訊基本操作的使用能夠極大地簡化多節點協作的程式設計，使得我們可以在設計分散式訓練演算法時將通訊機制與演算法邏輯分離，因此它在各種分散式訓練策略中得到廣泛應用。本節將列舉一些最常用的集合通訊基本操作，幫助讀者更進一步地理解後續的分散式訓練策略。

第 8 章　分散式訓練專題

首先，在圖 8-2 左側展示了簡單的一對多通訊如廣播和**分發（scatter）**操作，這兩個操作都是從一個節點向整個叢集發送資訊的操作，區別僅在每個節點收到的內容是整個資料還是資料的一部分。在圖的右邊則展示了與其對應的多對一操作即**精簡（reduce）**和聚合操作。其中精簡操作是廣播操作的反向操作，而聚合操作是分發操作的反向操作。

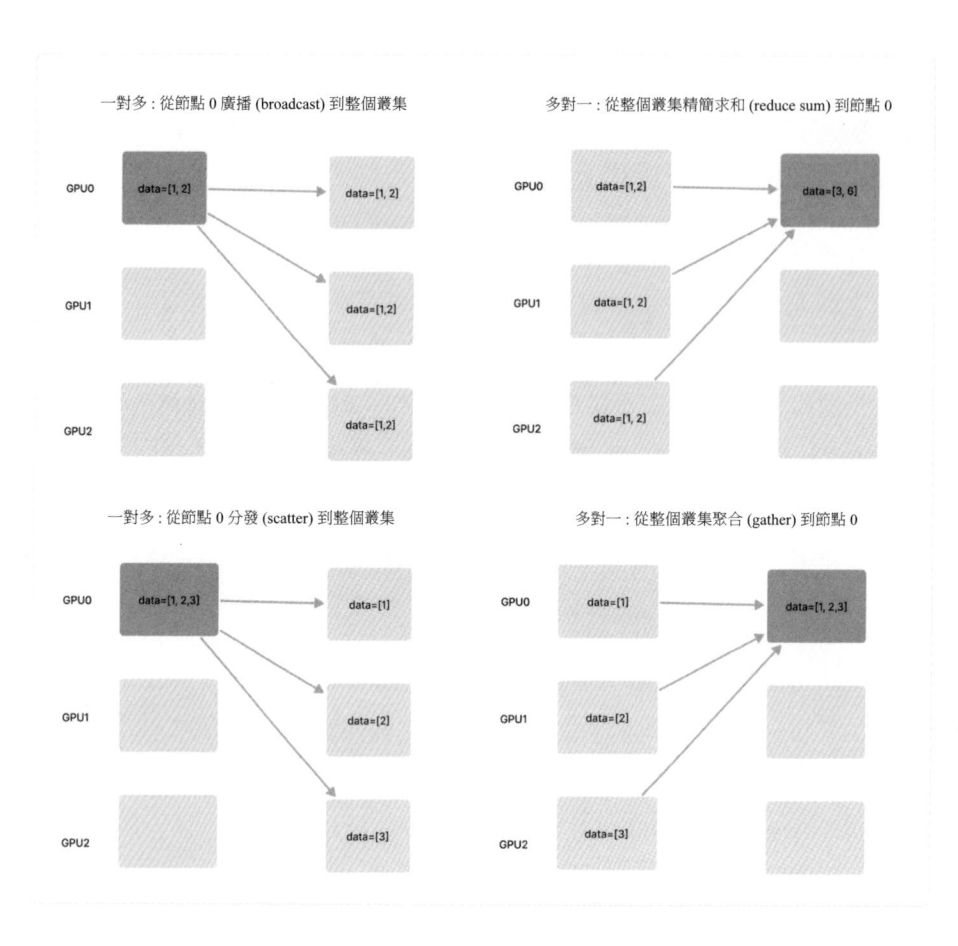

▲ 圖 8-2　一對多和多對一的通訊基本操作範例

8.2 集合通訊基本操作

除此之外，如圖 8-3 所示，集合通訊中還有多對多操作，比較常用的有全域聚合（all gather）和全域精簡（all reduce）等。

多對多：全域聚合 (all gather) 操作　　　　　多對多：全域精簡求和 (all reduce sum) 操作

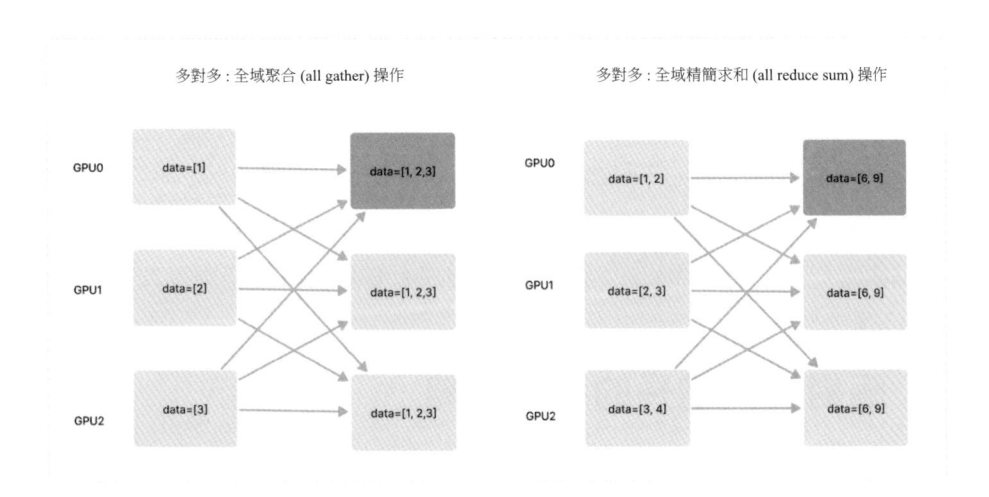

```
GPU0  data=[1]           data=[1, 2, 3]      GPU0  data=[1, 2]         data=[6, 9]
GPU1  data=[2]           data=[1, 2, 3]      GPU1  data=[2, 3]         data=[6, 9]
GPU2  data=[3]           data=[1, 2, 3]      GPU2  data=[3, 4]         data=[6, 9]
```

▲ 圖 8-3　多對多通訊基本操作範例

在分散式訓練中，通訊基本操作的選擇與平行策略息息相關，更準確地說是平行策略裡切分和聚合的方式決定了要使用的通訊基本操作。以資料平行算法舉例，訓練開始時，需要將初始模型參數從主節點（或參數伺服器）分發到所有工作節點。於是我們選擇使用 broadcast 操作，它可以高效率地將初始模型參數傳遞給每個節點，確保所有節點都從相同的參數開始訓練。在每一個批次資料處理完成後，我們需要同步和整理每個節點上的梯度，從而確保模型參數經過梯度更新後仍然在所有節點上保持一致，於是選擇使用 allreduce 進行梯度整理。

而管線平行將模型切分成了需要循序執行的幾個階段，每個階段的節點在計算完成後，透過 send 操作將結果發送到下一個階段的節點，而下一個階段的節點透過 Receive 操作接收資料。因此在這種對通訊的控制更加細粒度的情況下，send/receive 原語更為合適。需要注意的是在分散式運算中，有一些通訊基本操作是等價的或可以相互轉換的，比如 allreduce 與 reduce + broadcast， scatter + gather 與 allgather 等，這些等價操作可以根據具體的需求和實現策略進行替換，以最佳化性能或簡化實現。因此通訊基本操作的選取是靈活的，需要根據硬體、性能需求和框架支援進行調整和最佳化，以實現高效的分布式訓練。

雖然本書只介紹了常見的幾種基礎操作，分散式訓練的特定策略中還會涉及更多通信基本操作，如全域廣播（all-to-all broadcast）和精簡分發（reduce-scatter）操作等。通常這些操作名字本身就能反映其功能，因此讀者可以根據名稱推測其行為。由於篇幅限制，這裡不對所有基本操作進行詳細列舉。

8.3 應對資料增長的平行策略

為了應對大模型訓練中的各種挑戰，許多分散式策略層出不窮。對於普通開發者而言，如果直接從各種策略講起難免有種瞎子摸象的感覺，缺乏章法和系統性。因此本章從要解決的具體問題出發，逐一整理當前主流的分散式策略，分析它們各自的適用場景和潛在侷限，同時提供一些行之有效的分散式訓練實踐。透過本章的學習，希望讀者能夠對這些分散式策略的原理和特點有一個清晰的認識，並理解它們的優勢和不足。

8.3.1 資料平行策略

當我們討論使用大規模資料集進行訓練時，通常指的是資料集中樣本數量龐大，單個 GPU 處理可能非常耗時。為應對這一問題，資料平行策略應運而生，它是分散式訓練中最常見的一種平行化策略。資料平行的核心思想很簡單：如果一個人處理一組資料需要 10 分鐘，那麼分給 10 個人同時處理就只需要 1 分鐘。這種策略與我們之前章節探討的通過增加 BatchSize 來加速訓練的方法相似。

8.3 應對資料增長的平行策略

　　資料平行的核心是在多節點平行處理的同時，確保各節點間模型參數的一致性。在採用資料平行策略時，如果有 N 個計算節點參與，則整批資料被平均劃分為 N 份，每份由一個節點處理。每個節點都執行模型的完整副本，只處理分配給自己的資料批次。在模型參數更新前，系統將聚合所有節點上計算得到的梯度，以確保所有節點上的模型參數一致。實際應用中，每個節點的處理流程類似於單 GPU 訓練，只在關鍵階段進行通信操作，保證模型參數一致。圖 8-4 展示了與單 GPU 訓練相比，資料平行的分散式訓練增加的步驟：

（1）模型初始化：為了確保所有節點上的模型參數保持一致，我們會採用 broadcast 操作，將**主節點（master node）**上的模型參數發送到其他所有節點。這樣的操作保證了即使是隨機生成的參數，各節點上的模型初始狀態也是相同的。

（2）資料切分：在資料載入過程中，每個訓練批次會被平均劃分成 N 份，其中 N 代表參與計算的節點數量。

（3）梯度同步：在反向傳播完成後，我們透過執行 allreduce，將各節點計算得到的梯度進行求和，從而確保所有節點在更新模型參數時使用的是相同的梯度值。

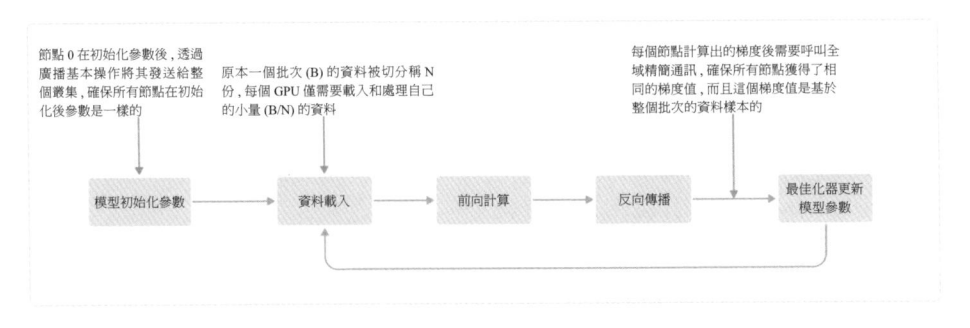

▲ 圖 8-4 基於資料平行的分散式訓練流程

第 8 章　分散式訓練專題

值得注意的是，在第 3 步中執行的 allreduce 預設阻塞所有計算節點，直到每個節點獲取到一致的梯度值後才會進行模型的更新，這種通常被稱為**同步的梯度聚合更新**。這也是為什麼資料平行的演算法效果與擴大 BatchSize 是等效的。除了同步更新外，還會有如參數伺服器（parameter server）這樣的**非同步梯度更新**方法。雖然這種模式曾經在 2018、19 年一度風靡學術圈，但由於實際操作中容易損失精度，出現問題時複現和偵錯的難度也會顯著增加，目前僅在少數場景中仍有應用，因此本書不對此進行詳細討論。

8.3.2　手動實現資料平行算法

在 8.3.1 小節中，我們提到了資料平行在傳統單卡訓練流程中增加了三個關鍵步驟。為了更深入地理解這一過程，本小節中我們將手動撰寫一個多 GPU 資料平行訓練的簡易實現。透過這種方式，我們可以更直觀地掌握資料平行的基礎原理，幫助開發者更進一步地理解背後的邏輯，從而在實際應用中更加靈活地運用資料平行技術。

首先從一個基礎的單卡訓練程式開始，該程式將作為後續引入資料平行策略的基礎。為了簡化問題，我們定義了一個僅包含三個線性層的模型，以及一個小型的隨機資料集。按照第 4.1.2 小節的說明，我們固定了 PyTorch 的隨機數種子，這樣做可以保證輸出的穩定性，便於後續與基於 PyTorch 的實現結果進行對比。

```
import torch
import torch.nn as nn
import torch.nn.functional as F
from torch.utils.data import DataLoader

from common import SimpleNet, MyTrainDataset


def train(model, optimizer, train_data, device_id):
    model = model.to(device_id)
    for i, (src, target) in enumerate(train_data):
```

```python
        src = src.to(device_id)
        target = target.to(device_id)
        optimizer.zero_grad()
        output = model(src)
        loss = F.mse_loss(output, target)
        loss.backward()
        optimizer.step()
        print(f"[GPU{device_id}]: batch {i}/{len(train_data)}, loss: {loss}")


def main(device_id):
    model = SimpleNet()

    optimizer = torch.optim.SGD(model.parameters(), lr=1e-2)

    batchsize_per_gpu = 32
    dataset = MyTrainDataset(num=2048, size=512)
    train_data = DataLoader(dataset, batch_size=batchsize_per_gpu)

    train(model, optimizer, train_data, device_id)


if __name__ == "__main__":
    device_id = 0
    main(device_id)
```

接下來，我們將對上述程式進行逐步修改，以實現單機多 GPU 的資料平行訓練。假設我們計畫使用 N=world_size 張 GPU 進行協作訓練，具體的修改步驟如下，每一步對應的程式改動在圖 8-5 中有清晰的標註：

（1）資料分割：將整個資料集平均分成 N 份，每個 GPU 負責處理一份。為了簡化操作，這裡直接採用了 PyTorch 的 DistributedSampler 工具，它可以確保每個 GPU 獲得獨一無二且互不重疊的資料子集，這對提升模型訓練的效率和確保訓練過程的公平性極為關鍵。

第 8 章　分散式訓練專題

（2）多處理程序啟動和管理：為了在多張 GPU 上進行協作的分散式訓練，我們需要初始化多個獨立的處理程序，每個處理程序分別負責一個 GPU 的計算任務。這些處理程序會進行必要的通信，確保它們之間能夠協作和保持同步。本質上這一過程就是將單 GPU 訓練的模型和程式複製到各個 GPU 上，讓每個 GPU 平行處理其分配到的資料部分。訓練完成後，這些進程將被關閉並回收，從而結束整個程式的執行。torch.multiprocessing 模組提供了便捷的函數來啟動這些處理程序。

（3）初始化分散式通訊組：為了方便後續的集合通訊，所有處理程序將被增加到同一個通訊組中。在這個組中，每個處理程序都會被分配一個唯一的編號（rank），這有助區分不同的處理程序。每個編號的處理程序負責一個特定的 GPU，舉例來說，rank=0 的處理程序將使用 GPU 0，rank=1 的處理程序將使用 GPU 1，依此類推。這種設置確保了每個處理程序可以高效率地進行獨立操作和處理程序間的通訊。

（4）初始化模型參數並同步：每個處理程序分別初始化模型，訓練開始前由編號為 0 的節點將模型的初始參數同步到整個叢集。

（5）梯度同步：每個處理程序在自己管理的 GPU 上獨立進行訓練的前向傳播和反向傳播。在進行梯度更新之前，所有處理程序透過 allreduce 同步梯度數值，以保證更新的一致性。

可以看到，實現基本的資料平行功能需要注意一些細節，如單卡 Batch-Size 和全域 BatchSize 的區別、各節點間資料分配需要互不重合、多個 GPU 聚合的梯度取平均值的時機等，但是其步驟相對簡單直觀。但在大規模分散式訓練中，僅讓系統執行起來還遠遠不夠，效率也是至關重要的一部分。那麼我們實現的資料平行策略在性能上表現如何呢？

8.3 應對資料增長的平行策略

```
 5: from torch.utils.data import DataLoader
 6: from common import SimpleNet, MyTrainDataset
 7:
 8:     import torch.distributed as dist
 9:     import torch.multiprocessing as mp
10:
11: # (3) 初始化分散式通信環
12:     def setup(rank, device_id, world_size, backend):
13:         os.environ["MASTER_ADDR"] = "127.0.0.1"
14:         os.environ["MASTER_PORT"] = "29500"
15:         dist.init_process_group(backend, rank=rank, world_size=world_size)
16:         torch.cuda.set_device(device_id)
17:
18: def train(model, optimizer, train_data, device_id):
19:     model, = model.to(device_id)
20:     for i, (src, target) in enumerate(train_data):
21:         src = src.to(device_id)
22:         target = target.to(device_id)
23:
24:
25:
26:         output = model(src)
27:         loss = F.mse_loss(output, target)
28:         loss.backward()
29:
30: # (5) 每個批次訓練結束後進行權重同步
31:         grads = [t.grad.data for t in model.parameters()]
32:         for grad in grads:
33:             grad.div_(world_size)
34:             dist.all_reduce(grad, op=dist.ReduceOp.SUM)
35:
36:         optimizer.step()
37:         print(f"[GPU{device_id}] batch {i}/{len(train_data)}, loss: {loss}")
38:
39: # (4) 初始化權重並參數同步
40:     setup(rank, world_size, backend)
41:     device_id = rank
42:     setup(rank, device_id, world_size, backend)
43:     model = SimpleNet().to(device_id)
44:
45: def main(device_id):
46:     model = SimpleNet()
47:
48:
49:
50:     optimizer = torch.optim.SGD(model.parameters(), lr=1e-2)
51:     batchsize_per_gpu = 32
52:     dataset = MyTrainDataset(num=2048, size=512)
53:
54:
55: # (1) 資料分發
56:     sampler = torch.utils.data.distributed.DistributedSampler(dataset, num_replicas=world_size, rank=rank)
57:     train_data = DataLoader(dataset, batch_size=batchsize_per_gpu, sampler=sampler)
58:
59:     train(model, optimizer, train_data, device_id)
60:
61: if __name__ == "__main__":
62:
63:
64: # (2) 多進程啟動和啟動
65:     world_size = 4
66:     mp.spawn(main, args=(world_size, "nccl"), nprocs=world_size, join=True)
```

```
 5: from torch.utils.data import DataLoader
 6: from common import SimpleNet, MyTrainDataset
 7:
 8:
 9:
10:
11:
12: def train(model, optimizer, train_data, device_id):
13:     model, = model.to(device_id)
14:     for i, (src, target) in enumerate(train_data):
15:         src = src.to(device_id)
16:         target = target.to(device_id)
17:
18:         output = model(src)
19:         loss = F.mse_loss(output, target)
20:         loss.backward()
21:
22:
23:         optimizer.step()
24:         print(f"[GPU{device_id}] batch {i}/{len(train_data)}, loss: {loss}")
25:
26: def main(device_id):
27:     model = SimpleNet()
28:
29:
30:     optimizer = torch.optim.SGD(model.parameters(), lr=1e-2)
31:     batchsize_per_gpu = 32
32:     dataset = MyTrainDataset(num=2048, size=512)
33:     train_data = DataLoader(dataset, batch_size=batchsize_per_gpu)
34:
35:     train(model, optimizer, train_data, device_id)
36:
37: if __name__ == "__main__":
38:     device_id = 0
39:     main(device_id)
```

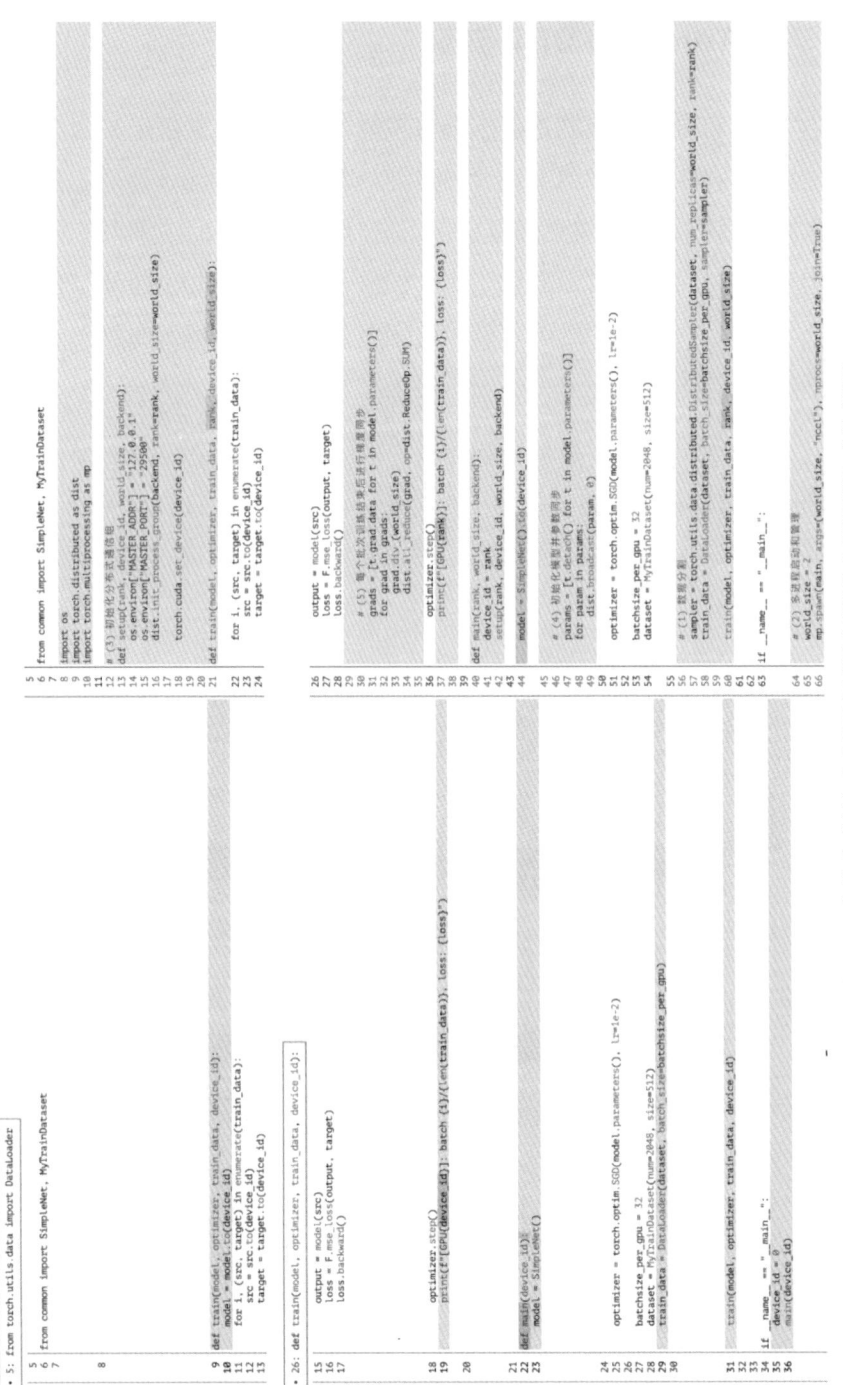

▲ 圖 8-5 手動實現的資料平行演算法與單卡訓練程式的對比

第 8 章　分散式訓練專題

8.3.3　PyTorch 的 DDP 封裝

在 8.3.2 小節中，我們透過手動實現資料平行演算法來揭示其內部機制，讓讀者能夠明白其關鍵實現步驟。然而，把功能實現出來雖然簡單，想要實現高性能其實比我們設想的要更複雜。接下來分析 8.3.2 小節中撰寫的程式的性能特點，尋找性能最佳化的機會。如圖 8-6 所示，在使用 PyTorch Profiler 收集完性能資料後，可以發現 GPU 通訊對 GPU 計算任務造成了阻塞，而這裡總共包含兩個性能問題：

（1）模型中的每個參數張量都進行了一次單獨的 allreduce 操作。在大規模模型中，通常存在成百上千個參數張量。如果在梯度聚合過程中，對每個參數梯度進行單獨的 allreduce 通訊，通訊操作的啟動和結束的銷耗會非常大。

（2）所有 allreduce 操作一直等待所有層的反向傳播完成後才開始執行。然而以模型中的 fc3 運算元為例，實際上在該層完成反向傳播之後，我們就可以立即對 fc3 的參數梯度進行精簡操作，而無須等待整個模型的反向傳播完全結束。

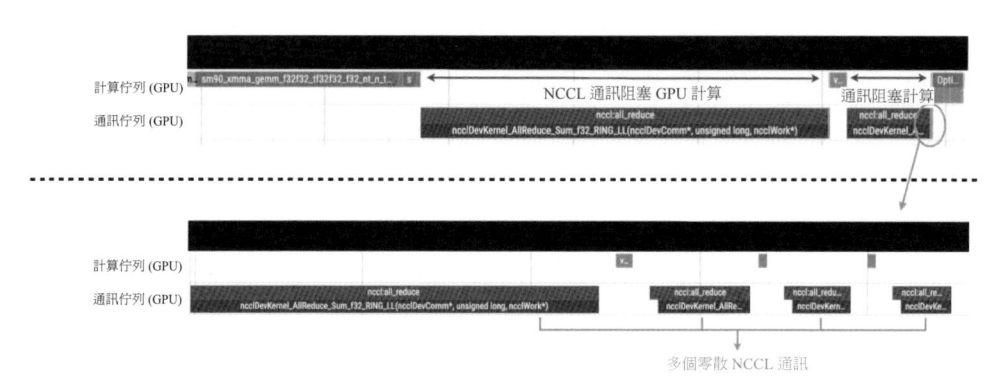

▲ 圖 8-6　手動實現的資料平行程式的性能圖譜
　　上圖：通訊區域的性能影像｜下圖：上圖中藍圈區域的放大

8.3 應對資料增長的平行策略

實際上，性能最佳化的機會遠不止上面提到的兩點，但手動實現這些最佳化措施相當煩瑣且非常容易出錯。因此，這裡就要提到 PyTorch 的 Distributed-DataParallel（DDP）以及基於它開發的如 accelerate 這類高級封裝工具。

與 8.3.2 小節中的手動實現相比，使用 DDP 來封裝單卡訓練程式進行資料平行變得更為簡單。如圖 8-7 所示，程式的修改少了一步，第 4 步使用 DDP 封裝原本的單卡模型後就可以替代管理分散式訓練的參數廣播和梯度同步，免去了使用者手動呼叫通訊操作的麻煩。而且透過對比列印的 loss 值，讀者可以驗證手動實現的版本與基於 DDP 封裝的執行結果是完全一致的。

第 8 章　分散式訓練專題

```
 5: from torch.utils.data import DataLoader
 6: from common import SimpleNet, MyTrainDataset
 7:
 8:
 9: def train(model, optimizer, train_data, device_id):
10:     model.to(device_id)
11:     for i, (src, target) in enumerate(train_data):
12:         src = src.to(device_id)
13:         target = target.to(device_id)
...
16:         loss = F.mse_loss(output, target)
17:         loss.backward()
18:         optimizer.step()
19:         print(f"[GPU{device_id}]: batch {i}/{len(train_data)}, loss: {loss}")
20:
21:
22: def main(device_id):
23:     model = SimpleNet()
24:     optimizer = torch.optim.SGD(model.parameters(), lr=1e-2)
25:     batchsize_per_gpu = 32
26:     dataset = MyTrainDataset(num=2048, size=512)
27:     train_data = DataLoader(dataset, batch_size=batchsize_per_gpu)
28:     train(model, optimizer, train_data, device_id)
29:
30:
31: if __name__ == "__main__":
32:     device_id = 0
33:     main(device_id)
```

```
 5: from common import SimpleNet, MyTrainDataset
 6: import os
 7: import torch.distributed as dist
 8: import torch.multiprocessing as mp
 9: from torch.nn.parallel import DistributedDataParallel as DDP
10:
11: # (3) 初始化分散式通訊組
12: def setup(rank, device_id, world_size, backend):
13:     os.environ["MASTER_ADDR"] = "127.0.0.1"
14:     os.environ["MASTER_PORT"] = "29500"
15:     dist.init_process_group(backend, rank=rank, world_size=world_size)
16:     torch.cuda.set_device(device_id)
17:
18: def train(model, optimizer, train_data, rank, device_id):
19:     for i, (src, target) in enumerate(train_data):
20:         src = src.to(device_id)
21:         target = target.to(device_id)
...
28:         loss = F.mse_loss(output, target)
29:         loss.backward()
30:         optimizer.step()
31:         print(f"[GPU{rank}]: batch {i}/{len(train_data)}, loss: {loss}")
32:
33:
34: # (4) 使用DDP封裝模型，DDP會自動進行模型的初始化參數同步和反向傳播梯度同步等操作
35: def main(rank, world_size, backend):
36:     device_id = rank
37:     setup(rank, device_id, world_size, backend)
38:     model = SimpleNet().to(device_id)
39:     model = DDP(model, device_ids=[device_id])
40:     optimizer = torch.optim.SGD(model.parameters(), lr=1e-2)
41:     batchsize_per_gpu = 32
42:     dataset = MyTrainDataset(num=2048, size=512)
43:
44: # (3) 數據分發
45:     sampler = torch.utils.data.distributed.DistributedSampler(dataset, num_replicas=world_size, rank=rank)
46:     train_data = DataLoader(dataset, batch_size=batchsize_per_gpu, sampler=sampler)
47:     train(model, optimizer, train_data, rank, device_id)
48:
49: # (2) 多進程自動啟動管理
50: if __name__ == "__main__":
51:     world_size, args = (world_size, "nccl")
52:     mp.spawn(main, args=(world_size,), nprocs=world_size, join=True)
```

▲ 圖 8-7 手動實現的資料平行與基於 PyTorch DDP 的實現對比

8-16

更進一步，使用 torch.profiler 對基於 DDP 的程式進行性能分析（圖 8-8），我們注意到基於 DDP 的實現自動進行了上面的提到的兩個最佳化：

- 分組傳輸：為了減少每個參數獨立進行 allreduce 操作所帶來的通訊銷耗，可以利用分組傳輸（Bucketing）技術。該技術自動將模型中的所有運算元參數分成幾個組，每組的參數梯度被合併成一個較大的張量後再執行通訊。這樣，每組內的梯度計算完成後只需執行一次通訊操作，從而大幅降低了通訊次數，提高了訓練效率。
- 重疊計算和通訊：梯度計算較早完成的組會優先啟動通訊操作，這一過程與後續層的梯度計算重疊，從而大幅減少了由通訊引起的延遲。

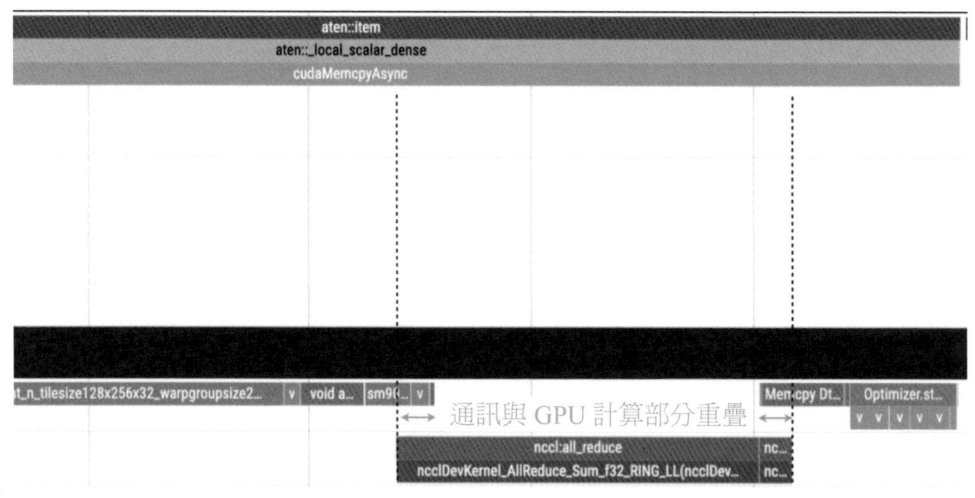

▲ 圖 8-8 DDP 自動實現了分組傳輸、計算和通訊的重疊等多種最佳化

整體而言，使用者只需對訓練程式做出少量修改，便能在多個 GPU 上高效率地並存執行訓練任務，這也是我們在日常開發中推薦優先採用 DDP 等高級封裝的原因。不過在複雜的大規模訓練場景中，除了 DDP 已提供的通用最佳化措施外，可能還需要根據具體的硬體配置和實際需求進行訂製化的最佳化。以下是一些可供參考的最佳化策略：

- 降低通訊量：透過梯度壓縮技術減少傳輸資料量，例如量化、稀疏化或低秩近似，從而降低通訊成本。
- 拓撲感知策略：根據計算節點的網路拓撲結構設計更高效的通訊操作，最佳化資料傳輸過程。

這些策略有助減少訓練過程中的通訊瓶頸，提高分散式訓練的整體效率。

8.3.4 資料平行的 C/P 值

在實際開發中，一個常見的做法是首先在單機單卡環境下訓練模型，並依照前面章節提到的方法對單卡的性能和顯示記憶體進行最佳化。一旦單卡最佳化完成，訓練過程便可以擴充到一台機器的多個 GPU 甚至多台伺服器上。在這種情況下，無論是單機多卡還是多機多卡，程式的實現基本保持一致。簡單來說，一個已在單卡上有效執行的程式只需要少量修改就可以適應單機多卡，經過進一步的簡單調整後，也能用於多機多卡的環境，這對開發者而言幾乎相當於「免費的午餐」。但是，這是否表示僅透過增加更多的 GPU 就能持續提升訓練速度呢？為了評估分散式系統的性能增益，在處理同樣的資料量的前提下，我們可以使用**加速比**這一指標來進行衡量。

$$加速比 = \frac{單節點訓練的執行時間}{N 個節點分散式訓練的執行時間}$$

沒有額外通訊銷耗的理想情況下，由 N 個節點進行資料平行可以比單節點訓練快 N 倍，因此加速比就是 N。不過這種線性增長的加速比只是一種美好的設想。隨著節點數量的增加，節點間的通訊量和通訊次數通常也會相應增加[1]，這導致通訊延遲逐漸增大。一旦增加節點帶來的通訊銷耗抵消了平行計算帶來的好處，再擴充下去就得不償失了。

由於通訊銷耗不可避免且會隨模型的大小而變化，需要仔細分析通訊銷耗在整個訓練過程中所佔的時間比例，這樣才能更準確地把握平行加速的實際上限。雖然之前提到使用 torch.profiler 可以記錄包括通訊銷耗在內的性能圖譜，

8.3 應對資料增長的平行策略

但通訊過程中的額外銷耗和等待時間可能導致這種方法不夠直觀。因此，我們可以利用一個巧妙的方法來間接測量通訊銷耗。這種方法涉及使用 PyTorch 的 DistributedDataParallel 模組中提供的 register_comm_hook() 介面，透過這個介面，我們可以將 DDP 中預設的節點通訊函數替換為自定義函數，從而獲取更精確的通訊銷耗資料。

為了分析通訊銷耗的大小，需要透過 register_comm_hook() 註冊一個 noop_hook 函數—也就是不進行節點通訊，然後對比註冊前後每輪訓練時間的變化，就可以得到粗略的通訊時間了。註冊的程式範例如下所示：

```
from torch.distributed.algorithms.ddp_comm_hooks.debugging_hooks import noop_hook

model.register_comm_hook(None, noop_hook)
```

舉例來說，上面的 DDP 範例在註冊 noop_hook 之後，訓練時間僅下降了不到 5%，這就表明系統性能的限制因素並非主要是通訊銷耗。這個技巧可以使我們迅速了解透過最佳化通信所能達到的性能提升上限。

其次，隨著節點數量的增加，系統中任何不穩定的元件的負面影響也會相應放大。舉例來說，如果採用同步方式進行梯度聚合更新，系統將不得不等待最慢的計算節點完成，從而導致資源的浪費成倍增加。此外當節點數量增多時，整個分散式系統出現故障的概率將顯著提高。據供應商統計，家用 GPU 的故障率在 0.2%～0.7% 之間[2]。我們不妨再保守一點，假設單一計算卡的故障率為千分之一，當上升到千卡甚至萬卡等級的訓練叢集時，GPU 節點出現硬體故障幾乎是日常現象，這會對分散式訓練系統的容錯性提出巨大的挑戰。這些因素在設計和執行大規模的分散式訓練時都需要納入考慮範圍。

---

1 比例取決與具體的通訊操作及其採用的演算法

2 https://www.pugetsystems.com/labs/articles/most-reliable-pc-hardware-of-2021-2279/

第 8 章　分散式訓練專題

除了通訊銷耗以外，分散式系統還會帶來額外的顯示記憶體佔用，這與通訊部分的實現細節有關。舉例來說，分組傳輸技術本質上就是一種用顯示記憶體來換取性能的最佳化方法，它透過將小的通訊請求合併，減少通訊次數，但也就不可避免地需要佔用額外的顯示記憶體來儲存這些合併後的資料。在通訊的底層實現（如 NCCL 函數庫）中，為了提高性能，同樣會分配額外的顯示記憶體作為緩衝區。因此在單卡上勉強可以支援的 BatchSize，升級到分散式訓練後可能會觸發顯示記憶體溢位錯誤，這也是正常的現象。讀者可以透過適當調整 DDP 參數或 NCCL 的環境變數來緩解這一情況，從而在顯示記憶體佔用和通訊性能之間找到一個平衡點。

8.3.5　其他資料維度的切分

讀者可能已經注意到，前面幾個小節中提到的資料平行算法，對資料的切分全部都是沿著 BatchSize 維度。然而，對於文字、視訊等長序列資料，其序列長度（sequence length）也會對訓練性能和顯示記憶體佔用產生很大影響。一個典型的例子是基於 Transformer 的大型語言模型在處理超長文字時，由於其自注意力機制，中間變數所需的顯示記憶體會隨序列長度的增長而成平方級的增加，這很容易超過單一 GPU 的顯示記憶體容量。因此，除了資料並行之外，還可能需要採用序列平行（sequence parallel）、上下文平行（context parallel）等策略來處理單一樣本中的長序列。

本節重點並非探討針對特定模型結構的平行策略，鑑於模型結構的快速演變，這些策略的適用性遠不及資料平行那樣廣泛。相反，我們更加關注分散式系統處理大規模資料集時的核心思想─如何根據資料的不同維度，如樣本數、樣本長度等，選擇合適的切分方式。這有助讀者根據自己的資料特性和模型需求，選取最恰當的平行策略。

8.4 應對模型增長的平行策略

在 8.3 小節中探討了為了應對資料集規模的快速增長而開發的資料平行策略，而這一小節則介紹應對模型參數規模增長的分散式方法。模型參數規模的增長帶來的挑戰主要在顯示記憶體方面，因此我們的核心目標是將總的顯示記憶體用量分散到不同的計算節點，從而降低單卡的顯示記憶體壓力。

深度學習訓練過程中的顯示記憶體峰值是動態顯示記憶體峰值與靜態顯示記憶體佔用的總和。在 7.3 小節也介紹過靜態顯示記憶體和動態顯示記憶體的概念，但是第 7 章介紹的大部分顯示記憶體最佳化技巧比如即時重算都是圍繞動態顯示記憶體最佳化展開的，這是因為單卡並不具備最佳化靜態顯示記憶體的條件—只有顯示記憶體下放到 CPU（offloading）是最佳化靜態顯示記憶體佔用的方法。

然而對於分散式訓練系統而言，靜態顯示記憶體和動態顯示記憶體都有可以加速的最佳化點。一方面我們可以將模型參數、最佳化器狀態等固定的顯示記憶體佔用切割到不同的計算節點上，降低單卡上的靜態顯示記憶體佔用。另一方面我們也可以將啟動張量等資料分割到不同的計算節點上，降低單卡上的動態顯示記憶體佔用。動態顯示記憶體、靜態顯示記憶體在單卡以及分散式系統中的最佳化方法對比，如表 8-1 所示：

▼ 表 8-1 單卡和分散式訓練中降低顯示記憶體的方法分類

	單卡訓練	分散式訓練
降低靜態顯示記憶體方法	顯示記憶體下放到 CPU	ZeRO/FSDP
降低動態顯示記憶體方法	即時重算	模型平行

顯然，分散式系統對動態顯示記憶體和靜態顯的切分有不同的講究，在後續的小節中就讓我們仔細分析一下它們在切分時的具體行為。

第 8 章　分散式訓練專題

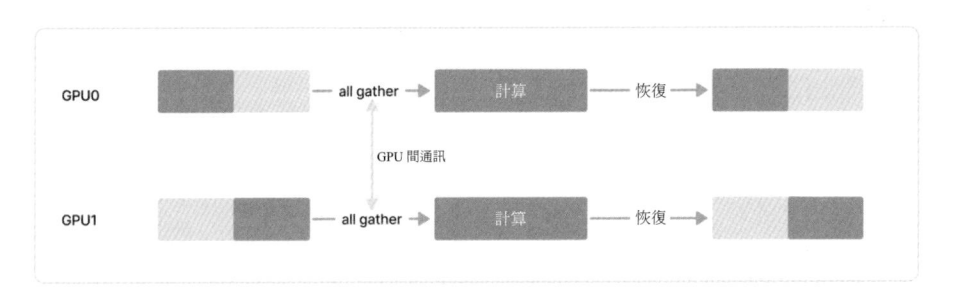

8.4.1 靜態顯示記憶體切分

靜態顯示記憶體如模型參數和梯度的使用模式是非常固定的，每層的參數只需在模型執行至該層時才需載入到 GPU 上。在模型執行其他層時，這些參數完全可以不佔用寶貴的顯示記憶體資源。在單卡環境中，這些顯示記憶體只能下放到 CPU。而在多 GPU 的分散式訓練環境中，得益於 NVLink 或 InfiniBand，GPU 間的通訊效率要遠超 GPU-CPU 間的通訊效率，因此我們可以將靜態顯示記憶體切成小塊，每個 GPU 節點儲存一小部分。當需要執行某一層時，可以透過 GPU 間的通訊如 all gather 來收集完整的資料。因此，將靜態顯示記憶體分區塊儲存在不同的 GPU 上，本質上是將持續佔用顯示記憶體的靜態資料轉變為動態的「按需分配」，從而有效降低單 GPU 顯示記憶體佔用的峰值。

在分散式訓練中，靜態顯示記憶體的分區塊儲存常作為顯示記憶體最佳化手段與其他分散式策略結合使用。比如圖 8-9 展示了一個涉及 2 個 GPU 的資料平行訓練範例，我們可以把每一層的靜態顯示記憶體分為兩部分，每個 GPU 節點儲存一半。當計算到達這一層時，透過全域聚合通訊聚集完整的參數，計算結束後這部分資料就可以被釋放。

▲ 圖 8-9　靜態顯示記憶體切分範例

8-22

8.4 應對模型增長的平行策略

Deepspeed 和 Fairscale 推出的 ZeRO 和 FSDP 策略均基於此想法開發，這兩種策略想法十分相似，因此本書中簡便起見以 ZeRO 代稱。這些策略在傳統資料平行的基礎上實施了關鍵的顯示記憶體最佳化措施：它們不再要求每個節點儲存整個模型的所有靜態顯示記憶體，而是將這些靜態顯示記憶體分割並分配到各個 GPU 上，根據需要進行動態重新組合。以 ZeRO 策略為例，其顯示記憶體切分實現了三個等級的最佳化：

- ZeRO-1：切分最佳化器狀態分散到多個 GPU 上儲存。
- ZeRO-2：切分梯度和最佳化器狀態分散到多個 GPU 上儲存。
- ZeRO-3：切分梯度、最佳化器狀態和模型參數分散到多個 GPU 上儲存。

ZeRO 策略在 PyTorch 以及之前提到的 Accelerate 和 Deepspeed 框架中均有對應的實現，這使得普通使用者可以透過少量程式修改啟用這些功能。儘管如此，需要強調的是，雖然這些策略的基本思想很簡單，但實現它們並高效執行涉及許多工程細節。這裡我們不深入討論這些實現細節，而是專注於分散式策略的討論。有興趣深入了解的讀者，可以參考第 10 章 GPT-2 最佳化全流程中的程式範例。

下面我們來一起看一個例子，了解一下切分儲存對降低顯示記憶體佔用的效果。為了簡化問題，這裡我們使用 float32 訓練一個 75 億參數的模型，並用 Adam 最佳化器來更新梯度。我們用 φ 來表示模型的參數總量 (φ=7.5B)。首先考慮單卡 GPU 的情況，模型的參數和梯度均以 float32 格式儲存，因此它們會各自佔用 4 φbytes 的顯示記憶體。同時，Adam 最佳化器需要在訓練過程中額外儲存一份 float32 格式的動量和方差狀態量，因此 Adam 最佳化器的狀態量會額外佔用 8φbytes 的顯示記憶體。如圖 8-10 所示，該模型的靜態顯示記憶體就需要佔用 120GB，這已經遠遠超出了主流訓練卡（如 A100、H100）的 80GB 容量限制。

第 8 章　分散式訓練專題

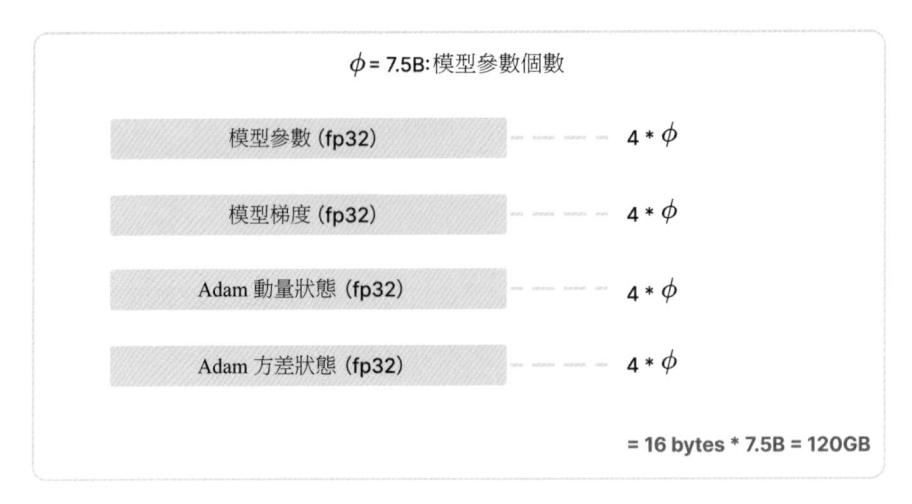

▲ 圖 8-10　一個 7.5B 模型的顯示記憶體佔用明細

假設我們有 N = 64 塊 GPU 進行資料平行訓練，在 ZeRO-1 階段，最佳化器的狀態量首先被分散儲存到所有 GPU 中，此時單張 GPU 上的記憶體使用量驟降到 (4+ 4 + 8/64) * 7.5 = 60.9GB。

ZeRO-2 階段進一步地將模型的梯度也分散儲存，此時單張 GPU 上的記憶體使用量便是 (4 + (4 + 8)/64) * 7.5 = 31.4GB。

而 ZeRO-3 階段將模型的參數也分散儲存到 N 個節點，此時每張 GPU 的記憶體消耗只有 (4+ 4 + 8)/64 * 7.5 = 1.875GB。從單卡需要 120GB 到僅需不到 2GB 記憶體，這個最佳化效果是不是有點驚豔？不過需要再次強調的是，這樣巨大的顯示記憶體最佳化是有代價的，顯示記憶體切分的程度越高，相應的通訊銷耗也會增加。因此，根據實際需求合理地進行顯示記憶體切分是非常重要的。

8.4.2　動態顯示記憶體切分

靜態顯示記憶體切分能夠大幅降低靜態顯示記憶體佔用，粗略來說在有 N 張計算卡時能將靜態顯示記憶體佔用降低到略高於 $\frac{1}{N}$ 的程度。然而如果動態顯

8.4 應對模型增長的平行策略

示記憶體佔用同樣非常龐大，那麼只靜態切分就不夠了，這時我們就不得不考慮進一步切分動態顯示記憶體了。動態顯示記憶體切分的關鍵在於將模型的不同部分分配到多個 GPU 卡上，每張卡負責處理模型的一部分，這樣靜態顯示記憶體和動態顯示記憶體都會被切分，這類方法被稱為**模型平行**。需要注意的是，關於模型平行的定義在不同的資料中尚未統一。在一些文獻中模型平行和張量平行被視為同一個概念。因此，為了本書的清晰表述，我們將模型平行定義為所有將模型分割以進行平行計算的策略的統稱。後續章節將討論的管線平行和張量平行，都是模型平行的特定形式。

由於深度學習模型的結構天然是一層一層連起來的，因此一個直觀的切分方法是將不同的模型層分配到不同的 GPU 上，每個 GPU 只負責模型幾個層的計算。舉例來說，可以將神經網路的前幾層放置在一個 GPU 上，隨後的幾層放在另一個 GPU 上，依此類推。這樣，整個模型被分成幾個階段，階段之間由通訊串聯起來，像一筆管線一樣處理一批一批的資料，因此這種方法被稱為**管線平行（pipeline parallel）**。如圖 8-11 所示一個模型共有 7 層，其中第 4 層的計算需求最大，其他層較小，我們可以在層間進行切分，如將前 3 層、中間 1 層和最後 3 層分別放到不同的 GPU 上進行處理，並透過節點通訊將處理結果同步到下一個 GPU 中參與後續計算。

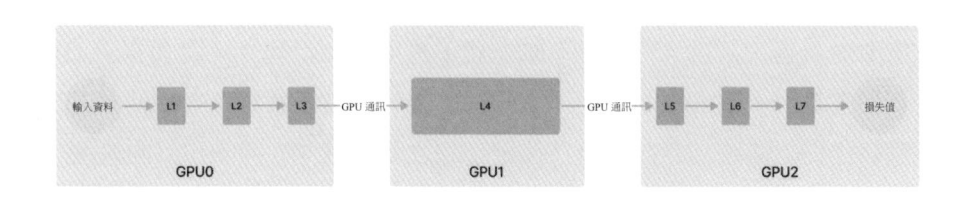

▲ 圖 8-11 管線平行切分模型範例

下面來看一下管線平行的性能影響因素。如圖 8-12 所示，透過追蹤一個資料批次在模型中的處理過程，可以觀察到由於處理順序的依賴，資料必須依次在 3 個 GPU 中執行前向操作，隨後按反向依次進行反向操作，最終進行

8-25

第 8 章　分散式訓練專題

該批次的參數更新。圖中可以觀察到許多灰色的時間段，在這些時間裡 GPU 處於閒置狀態，等待下一批資料登錄。我們將這些閒置時段稱為「**氣泡**」（**bubble**）。未經最佳化的管線策略會導致大量的氣泡時間，即 GPU 資源的閒置，這使得效率非常低。

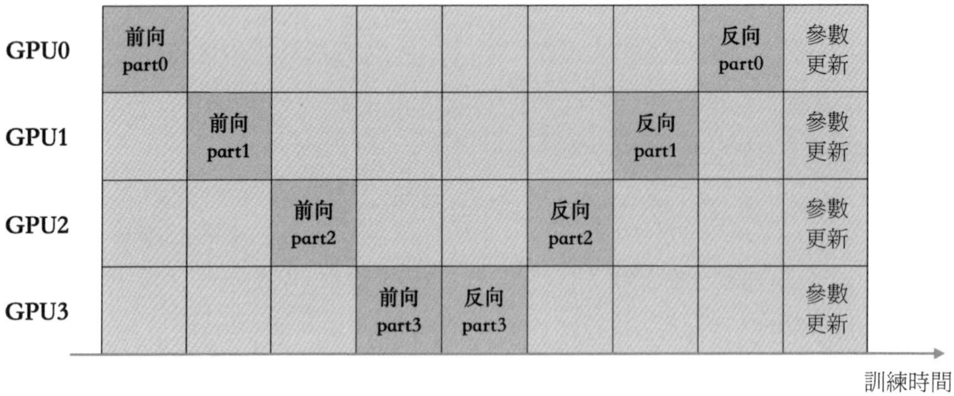

GPU0	前向 part0						反向 part0	參數更新
GPU1		前向 part1				反向 part1		參數更新
GPU2			前向 part2		反向 part2			參數更新
GPU3				前向 part3	反向 part3			參數更新

訓練時間 →

▲ 圖 8-12　一個資料批次在未經最佳化的管線平行策略下的執行流程

為了提高效率可以將大的批次資料分為若干個小量，每個節點每次僅處理一個小批次，這樣在原先等待的氣泡時間裡就可以處理下一個批次的資料（Gpipe[1]）。甚至可以讓每個節點交替進行前向和反向計算，這樣可以儘早地啟動反向運算的管線，縮短中間節點的等待時間（PipeDream[2]）。比如圖 8-13 展示了一個被劃分成 4 個階段的模型，每個階段在一台 GPU 上執行。同時一個批次的資料也被分為 4 個小量，依次從 GPU0 開始計算，逐步傳播到 GPU3 並計算損失值，一旦 GPU3 完成了第一個小量的前向傳遞，它立刻就會對同一個小量執行反向傳遞，然後開始在後續小量之間交替進行前向和反向傳遞。隨著反向傳遞開始向管線中較早的階段傳播，每個階段開始在不同小量之間交替進行前向和反向傳遞。如圖 8-13 所示，在穩定狀態下，每台 GPU 都持續進行計算任務，沒有閒置時間。

1　https://arxiv.org/pdf/1811.06965.pdf

2　https://arxiv.org/pdf/1806.03377.pdf

8.4 應對模型增長的平行策略

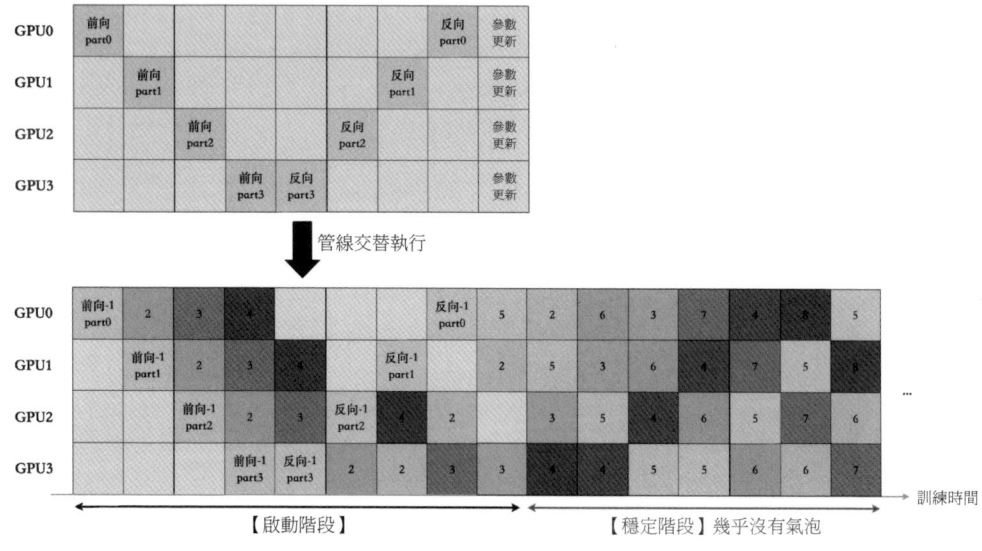

▲ 圖 8-13 前向和反向交替執行的管線平行策略範例

雖然管線平行的方法能有效地分割模型計算，但它也有很大的局限性，尤其是當模型中顯示記憶體佔用最大的層無法在單一 GPU 上執行時期。舉例來說，在大型語言模型中，一些大規模的矩陣乘法操作可能會超出單一 GPU 的顯示記憶體容量，這時管線平行就無法解決問題。在這種情況下，我們需要採用**張量平行（tensor parallel）** 策略。這種策略主要是通過矩陣乘法的分片計算，實現單卡無法容納的大型矩陣乘法操作。比如要實現下矩陣乘法 $Y = X \times W$，在參數矩陣 W 非常大甚至超出單張卡的顯示記憶體容量時，我們可以把它在特定維度上切分到多張卡上，並透過 all-gather 集合通訊匯集結果，保證最終結果在數學計算上等價於單卡計算結果。參數可以按列切塊或按行切塊，這兩種方式在數學上都與直接做 $Y = X \times W$ 等價。

這裡我們用小矩陣來演示切分的過程。如圖 8-14 所示，假設 X 是形狀為 4×2 的輸入矩陣，W 是形狀為 2×4 的參數矩陣，那麼輸出 Y 的形狀就是 2×2。

8-27

第 8 章　分散式訓練專題

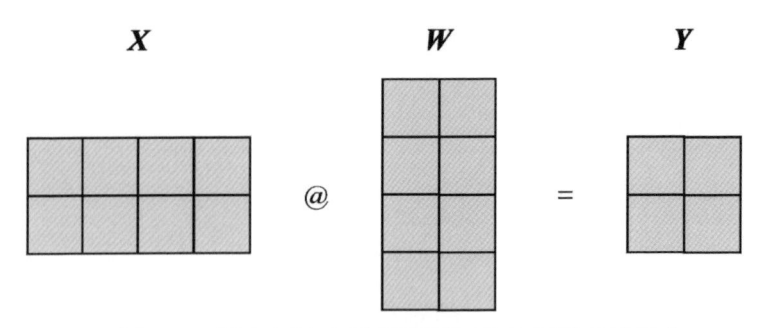

▲ 圖 8-14　用小矩陣來模擬需要切分的矩陣乘法操作

假設我們有 2 個 GPU 共同完成上述 $X \times W$ 矩陣乘法的運算，那麼按列切分的計算如圖 8-15 所示—每個 GPU 會分配到一部分 W 的列向量，並計算輸入張量和這些列向量的乘法，最後透過 all gather 操作收集所有結果後拼接在一起即可得到輸出 Y。

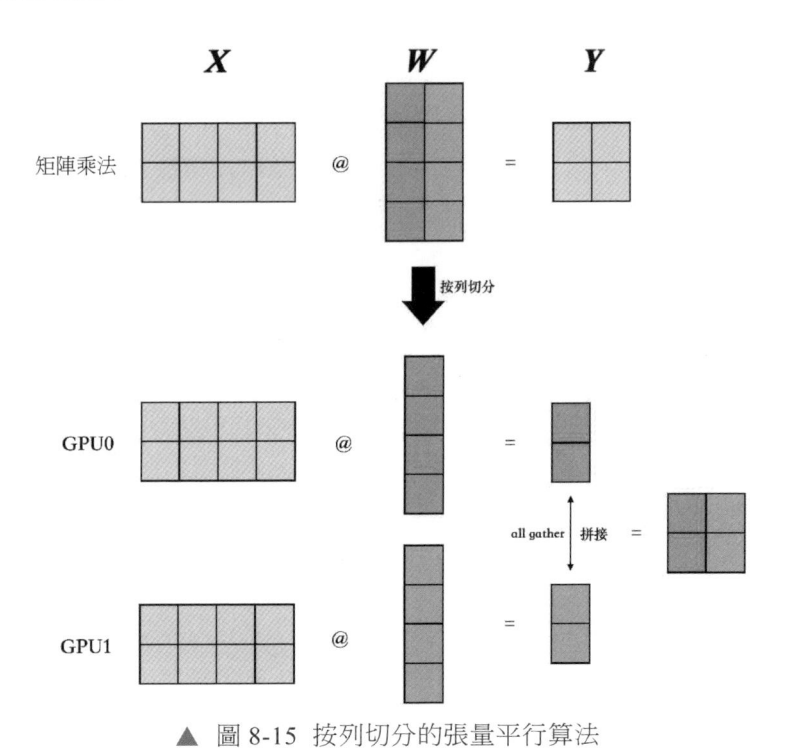

▲ 圖 8-15　按列切分的張量平行算法

按行切分的計算如圖 8-16 所示，每個 GPU 會按行分配到 W 矩陣的一部分，並計算部分輸入張量與部分 W 矩陣的乘法，然後透過 all reduce 操作對不同節點的計算結果求和得到 Y。

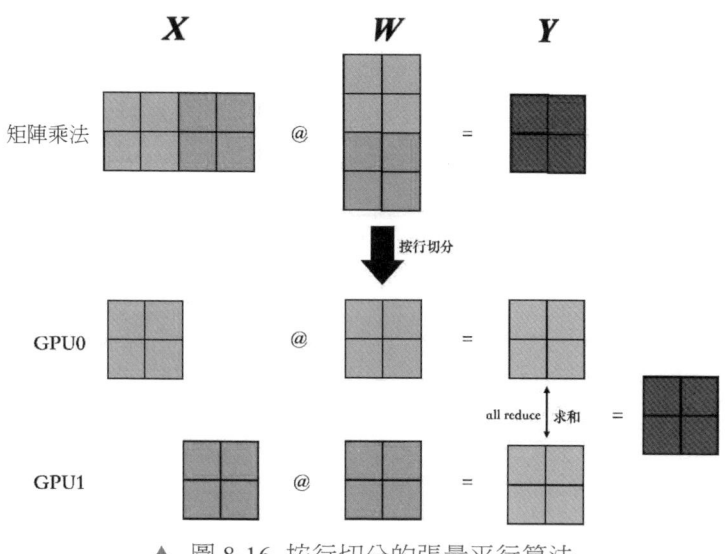

▲ 圖 8-16　按行切分的張量平行算法

與管線平行能在多台機器協作訓練不同，目前張量平行的應用範圍存在較大侷限性。這主要是因為張量平行需要傳輸大量資料，當這種傳輸需要透過網路裝置跨機器進行時，受限的網路頻寬會嚴重阻礙張量平行訓練的效率。因此，張量平行通常只在配備了 NVLink 的單機多卡範圍中使用。

8.5　本章小結

我們將前面提到的所有分散式訓練策略的想法總結在圖 8-17 中，方便讀者對照理解。

第 8 章　分散式訓練專題

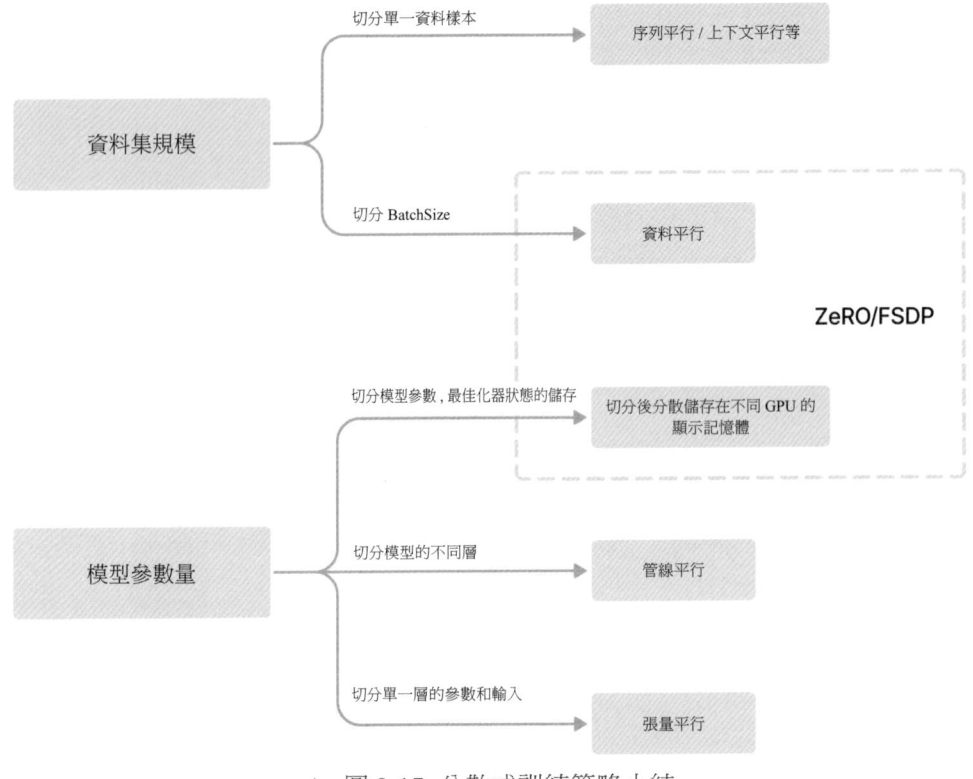

▲ 圖 8-17　分散式訓練策略小結

值得注意的是，這些平行策略並不是互斥的，大部分可以組合使用。關鍵是要「好鋼用在刀刃上」。因為不同策略的通訊銷耗不同，我們需要確保透過這些策略節省的顯示記憶體或增加的計算速度能大幅地最佳化整體訓練過程。綜上所述，一個涉及分散式訓練的開發流程範例如下：

（1）首先針對單卡性能進行最佳化，並盡可能最大化顯示記憶體使用率。

（2）如果訓練資料量變大，可以採用資料平行來加速訓練過程。

（3）對於更大模型的訓練，如果遇到顯示記憶體溢出問題，可以考慮開啟 ZeRO 或 FSDP—二者在 accelerate、DeepSpeed 等框架中都有很完整的支援。

（4）如果模型規模進一步增大，可以嘗試管線平行或張量平行等模型平行策略。

（5）當模型規模極為龐大時，可能需要組合使用管線平行、張量平行、資料平行和 ZeRO 等多種分散式策略。然而，這些策略的高效組合工程實現非常複雜，對個人開發者來說難度較大。

透過這種分層逐步最佳化的方法，可以確保每一步都能有效利用可用的資源，從而提高整體的訓練效率和性能。

MEMO

高級最佳化方法專題

在先前的章節裡，我們詳細講解了提高 GPU 的計算和顯示記憶體效率的方法和原理，以及如何在不同資源之間進行有效的置換。然而，由於 PyTorch 設計上更注重靈活性和使用者友好性，其使用者介面通常不會直接提供針對性能最佳化的選項。因此前面的章節主要是透過原理講解指導讀者在寫程式過程中減少錯誤，從而避免不必要的性能浪費。

本章內容的重點則是介紹 PyTorch 針對性能最佳化開發的一些特殊模組，這些模組的主要作用是壓榨硬體資源的潛力並進一步降低框架中的額外銷耗。與之前章節相比，這章提到的最佳化方法更綜合，旨在全面地提高訓練過程中的各項性能指標。

第 9 章　高級最佳化方法專題

9.1 自動混合精度訓練

傳統 GPU 的運算能力主要是針對單精度浮點運算設計的。但近年來隨著深度學習的流行，低精度計算越來越受到重視。在第 3 章介紹 GPU 的核心參數時我們提到過，NVIDIA 從 Volta 架構之後就增加了專門用於加速矩陣乘法和累加操作的 TensorCore 硬體單元，在半精度甚至更低精度計算任務中相比傳統 CUDA 核心可以實現數倍加速。由於比特數減半的原因，相比單精度而言，使用半精度在計算性能和存取記憶體性能以及顯示記憶體佔用方面都有巨大的優勢。儘管可能會導致計算精度下降，但混合精度訓練通常可以透過精心設計的策略來減少這種影響，並保持與單精度訓練相近的模型精度。正確的使用和偵錯混合精度訓練需要熟知各種表示方法的精度和表示範圍，因此我們將從基礎的浮點數在電腦中的表示方法講起，隨後介紹在 PyTorch 中使用半精度和單精度混合訓練的方法。

9.1.1 浮點數的表示方法

浮點數（floating point numbers） 是電腦中用來表示實數的一種方法，它使用二進制數字 0 或 1（也叫一位）來編碼數值的不同部分。在常用的 IEEE 754 標準中規格化浮點數的表示方法如下所示：

$$\text{number} = (-1)^{\text{sign bit}} * (1.\text{mantissa}) * 2^{(\text{exponent-bias})}$$

- **符號位元（sign bit）** 決定了數值的正負。如果符號位元為 0，則數值為正；如果符號位元為 1，則數值為負。

- **尾數（mantissa）** 是表示數值的有效數字。在規格化的浮點數表示中，會假定前面有一個隱含的「1」，即「1.mantissa」。這表示實際的有效數字比儲存的尾數多了一位。

- **指數（exponent）** 是用來表示數值大小範圍的部分。從上面的公式可以看到指數部分實際上是由指數和偏移量（bias）共同決定的。在一個浮點數表示方法中，**偏移量**通常是一個固定的值。

我們以 float16 為例來直觀地理解浮點數的表示方法。float16 的組成如圖 9-1 所示，它包括 1 個位元的符號位元，5 個位元的指數，以及 10 個位元的尾數，其中偏移量固定為 15。

符號位元 :1 bit　　指數 :5 bits　　　　　　　　尾數 :10 bits

| 0 | 0 | 1 | 1 | 1 | 1 | 0 | 0 | 0 | 0 | 0 | 0 | 0 | 0 | 0 | 0 |

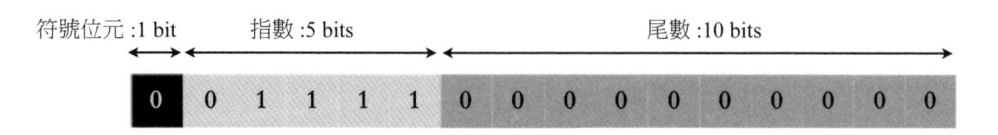

▲ 圖 9-1　float16 的數字示意圖：以表示「半精度 1.0」為例

以圖 9-1 展示的二進位數字 0 01111 0000000000 為例，讓我們一步步拆解這個二進位數字，來看看它代表的浮點數具體是什麼：

- 符號位元為 0 表示這是一個正數。
- 指數為 01111，二進位轉為十進位為數字 15。
- 尾數為 0000000000，由二進位轉為十進位為 0。

代入上面的公式我們知道這個 float16 浮點數表示的值是 +1.0。

$$\text{number} = (-1)^0 * (1.0) * 2^{15-15} = 1.0$$

在選擇浮點數的表示方式時，我們主要關注兩個核心指標：精度和數值範圍。精度描述了浮點數能區分的最小數值，更高的精度表示計算結果更為精確，誤差更小。**數值範圍**則是浮點數能表示的最小和最大數值之間的區間。如果需要表示的數值超出了這個範圍，就會發生下溢（即太小的數被歸零）或上溢（即太大的數變成無限大），這種情況會對計算的準確性和可靠性產生影響。舉例來說，在科學計算中，可能需要處理極小或極大的數值，如果表示範圍不夠廣，就無法準確表達這些數值。

第 9 章　高級最佳化方法專題

從上面的公式我們可以看到數值範圍主要由指數部分決定。而精度主要由尾數的位數決定，尾數位數越多，能夠表達的數值細節也越豐富，從而使得計算結果更加準確。為了更直觀理解不同的表示方法對精度和數值範圍的影響，我們仍舊以 float16 為例，將其能夠表示的數字展示在了圖 9-2。為了方便理解，這裡只繪製了正數部分，且暫不考慮特殊數值如無限大（Infinity）、非數（NaN）的表示。

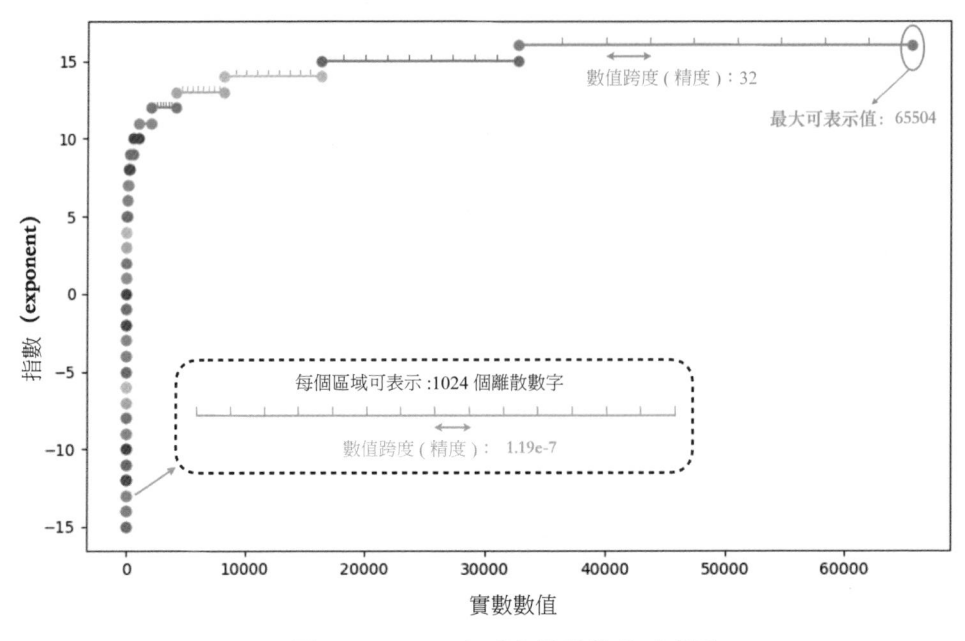

▲ 圖 9-2　float16 表示實數數值的示意圖

指數部分，確切地說是指數減去偏移量後的數字，將 float16 的所有可以表示的正規格浮點數劃分到了幾個不同的檔位[1]，比如 $2^{-15}\ 2^{-14} \cdots 2^0\ 2^1, 2^1\ 2^2 \cdots 2^{15}$ 2^{16}。因此指數能取到的最大值和最小值決定了 float16 的數值範圍。

在同一指數檔位中，不同的尾數就相當於在該檔位的最小值和最大值中間均等地插入若干可以表示的數字。當我們想要找到一個實數的對應表示時，必須找到離自己最近的可以表示的數字。比如 float16 的尾數會在每個檔位元中插入 1024 個數字，這樣 2^6 和 2^7 的數字間隔為 $\dfrac{64}{1024} = 0.0625$。所以落在這個檔

9-4

位中的兩個實數,如果差異在 0.0625 以下則會被表示成同一個 float16 數字,這就是尾數對數值精度的影響。

那麼 float16 在數值精度和範圍上相比 float32 如何呢？float32 的表示方法和 float16 類似,除了 1 個符號位元之外,還有 8 位指數和 23 位尾數。float32 的指數最高可達 128,而 float16 則只有 16。所以數值範圍上 float32 能表示的最大值大致是 float16 的 $2^{128}/2^{16} \approx 5.2 \times 10^{33}$ 倍,可見 float16 的數值範圍縮小了非常多。對於尾數方面,float32 的尾數有 23 位而 float16 只有 10 位,以落在 $2^0 \sim 2^1$ 範圍的實數為例,float32 能區分相差在 $\frac{1}{2^{23}}$ 以內的數字,但是 float16 則只能區分 $\frac{1}{2^{10}}$ 以內的數字,二者精度的差異在 2^{13} 量級左右。

在總位數有限的前提下,業界會根據不同應用對數值範圍和精度的需求,調整尾數和指數的位數分配。舉例來說,Google 為深度學習特別設計的 bfloat16 格式,分配了 8 位給指數和 7 位給尾數。這種設計雖然犧牲了一部分數值精度,但是保持了與 float32 相同的數值範圍,有效幫助防止了在深度學習中常遇到的梯度爆炸和消失問題。簡單起見,本章後面的內容中我們主要以 float16 資料為例進行講解。

9.1.2 使用低精度資料型態的優缺點

半精度資料已成為深度學習硬體支援的標準資料型態之一。與 float32 相比,使用 float16 主要帶來性能和儲存方面的優勢:

- 計算效率更高:16 位元浮點數的計算速度通常是 32 位元浮點數的兩倍。
- 儲存空間更少:16 位元浮點數僅需 32 位元浮點數一半的儲存空間。
- 傳送速率更快:較小的儲存需求表示在相同時間內傳輸更少的資料量,這不僅能加速硬碟讀寫速度,也有助提高記憶體、顯示記憶體以及多級快取的讀寫效率。

---

1 指數字全部為 0,指數值為 -15 時為非規格化浮點數,篇幅原因本書並未提到,感興趣的讀者可以自行查閱。

儘管使用低位元資料型態可以帶來一定的性能提升和儲存優勢，我們也不得不付出一些額外的代價，比如：

- 數值範圍和精度的限制：如在 9.1.1 小節所討論，float16 的數值範圍和精度較低。float32 可以表示 $[-3.4 \times 10^{38}, 3.4 \times 10^{38}]$ 區間的數字，而 float16 則只能表示 $[-65504, 65504]$ 區間的數值。數值精度方面，float32 能夠表示的最小正數約為 1.4×10^{-45}，而 float16 只能表示到 5.96×10^{-8}。

- 額外的數值轉換銷耗：並非所有計算操作都適合使用 float16，而在 float32 與 float16 之間的資料轉換可能會產生額外的性能銷耗。

- 需要特定硬體支援：為了充分利用 float16 的優勢，必須配備支援半精度運算加速的硬體，如 NVIDIA 的 AI 計算卡或 RTX30 系列以上的顯示卡。在老舊或不支援 float16 計算的 GPU 上，不僅性能提升不明顯，還可能因資料轉換的額外銷耗而導致性能下降。

因此，在選擇使用 float16 進行模型訓練時，需要綜合考慮這些因素，確保技術選型符合實際應用需求。

9.1.3 PyTorch 自動混合精度訓練

上面提到使用 float16 的主要目的是追求性能提升以及儲存空間減少，但代價則是數值精度和數值範圍的大幅降低。具體到深度學習訓練過程中，float16 主要會帶來三個問題：

（1）首先，訓練初期數值波動往往較大，這容易導致使用 float16 時發生資料溢位，從而產生 NaN 或 Inf 等問題。需要採取措施來處理不同訓練輪次間數值範圍的差異。

9.1 自動混合精度訓練

（2）其次，訓練中一個普遍的問題是前向傳播中的張量與反向傳播中的梯度在數值範圍上有顯著差異—前向張量的數值通常較大，而反向梯度的數值較小。在更換為 float16 後會加劇數值溢位的風險，因此我們需要平衡前向張量和反向梯度的數值範圍。

（3）最後，使用 float16 本質上是在性能和精度之間進行取捨，不同的運算元對數值精度的需求不一，因此受益於 float16 加速的程度也會有所不同。我們希望能夠自動判斷哪些運算元適合使用 float16 加速，並自動對這些運算元的輸入輸出張量進行類型轉換。

PyTorch 的自動混合精度訓練正是為了解決上述三個問題而存在的，它提供了兩個核心介面：torch.autocast 和 torch.cuda.amp.GradScaler。

torch.autocast 的作用是根據運算元類型，自動選擇使用半精度（float16）或單精度 (float32) 進行計算，以適應不同運算元對精度的要求，達到較好的性能、精度平衡。

torch.cuda.amp.GradScaler 則用於平衡前向張量和反向梯度的數值範圍。其基本原理是利用一個放大係數（scale factor），在不引起梯度溢位的情況下盡可能使用較高的放大係數，從而充分利用 float16 的數值範圍。訓練過程中如果檢測到梯度溢位，GradScaler 會自動跳過該次的權重更新，並相應縮小放大係數。如果一段時間內未發生梯度溢位，GradScaler 則會嘗試增加放大係數，以最大化 float16 的數值範圍使用率。

讓我們來建構一個例子說明 PyTorch 自動混合精度訓練的具體使用方法，並展示其性能最佳化效果。為了達到較好的 float16 加速效果，需要準備一個計算密集型的模型，那麼自然以卷積為主較好。

```
import torch
import time
import torch.nn as nn
from torch.profiler import profile, ProfilerActivity
from torch.optim import SGD
```

```python
from torch.utils.data import TensorDataset


class SimpleCNN(nn.Module):
    def __init__(self, input_channels):
        super(SimpleCNN, self).__init__()
        self.conv1 = nn.Conv2d(
            input_channels, 64, kernel_size=3, stride=1, padding=1
        )
        self.conv2 = nn.Conv2d(64, 128, kernel_size=3, stride=1, padding=1)
        self.conv3 = nn.Conv2d(128, 256, kernel_size=3, stride=1, padding=1)
        self.conv4 = nn.Conv2d(256, 512, kernel_size=3, stride=1, padding=1)
        self.relu = nn.ReLU()

    def forward(self, x):
        out = self.relu(self.conv1(x))
        out = self.relu(self.conv2(out))
        out = self.relu(self.conv3(out))
        out = self.relu(self.conv4(out))
        return out


def train(dataset, model, use_amp):
    optimizer = SGD(model.parameters(), lr=0.1, momentum=0.9)

    scaler = torch.cuda.amp.GradScaler(enabled=use_amp)
    for batch_data in dataset:
        with torch.autocast(
            device_type="cuda", dtype=torch.float16, enabled=use_amp
        ):
            result = model(batch_data[0])
            loss = result.sum()

        optimizer.zero_grad()
        scaler.scale(loss).backward()
        scaler.step(optimizer)
        scaler.update()
```

9.1 自動混合精度訓練

在支援 float16 計算的 RTX3090 機器上分別執行混合精度訓練模式開啟和關閉狀態的程序，程式如下所示。我們會發現使用混合精度後訓練速度接近使用前的一倍。

```
N, C, H, W = 32, 3, 256, 256   # Example dimensions

data = torch.randn(10, N, C, H, W, device="cuda")
dataset = TensorDataset(data)

model = SimpleCNN(C).to("cuda")

# warm up
train(dataset, model, use_amp=False)
torch.cuda.synchronize()
# 測量未使用 AMP 時的時間和性能圖譜
start_time = time.perf_counter()
with profile(activities=[ProfilerActivity.CPU, ProfilerActivity.CUDA]) as prof:
    train(dataset, model, use_amp=False)
    torch.cuda.synchronize()
prof.export_chrome_trace("traces/PROF_wo_amp.json")
end_time = time.perf_counter()
elapsed = end_time - start_time
print(f"Float32 Time: {elapsed} seconds")

# warm up
train(dataset, model, use_amp=True)
torch.cuda.synchronize()
# 測量使用 AMP 後的時間和性能圖譜
start_time = time.perf_counter()
with profile(activities=[ProfilerActivity.CPU, ProfilerActivity.CUDA]) as prof:
    train(dataset, model, use_amp=True)
    torch.cuda.synchronize()
prof.export_chrome_trace("traces/PROF_amp.json")
end_time = time.perf_counter()
elapsed = end_time - start_time
print(f"Float16 Time: {elapsed} seconds")
```

第 9 章　高級最佳化方法專題

在性能畫像中可以看到有比較明顯的重複模式，這對應了程式中的 10 個迭代步驟。可以看到使用混合精度訓練後每個迭代的時間從 741ms 縮短到了 363ms，並且從 kernel 的名稱可以進一步確認 PyTorch 呼叫了 float16 對應的核心函數。

▲ 圖 9-3　開啟混合精度訓練前後的性能影像
上：float32 精度訓練 ｜ 下：float16 混合精度訓練

需要再次強調的是，PyTorch 自動混合精度需要配合支援 float16 的硬體使用，比如 NVIDIA A100、H100 或 RTX30、RTX40 系列等，讀者可以透過查閱相應的硬體說明來了解其支援情況。除此以外，自動混合精度是有額外銷耗的─頻繁的 float16─float32 轉換在某些場景可能反而會導致整體性能下降。

一般來說，自動混合精度在 GPU 使用率越高的場景中，加速效果越明顯。對於 GPU 使用率很低，以 CPU 瓶頸為主的訓練過程，自動混合精度訓練的性能可能反而變差─額外的資料轉換銷耗不可忽視。

9.2 自訂高性能運算元

在 3.3 節中，我們詳細探討了 PyTorch 的動態圖機制，並且提到 PyTorch 設計注重靈活性和好用性，相對而言，性能並非首要考慮。因此當運算元的計算效率成為程式的性能瓶頸，更進一步的最佳化會面臨兩個主要挑戰：

（1）缺少全域的計算圖：PyTorch 主要提供基礎運算元，但是由於缺少全域的計算圖資訊無法自動合併計算，這也極大限制了 PyTorch 在運算元層面的最佳化空間。

（2）排程銷耗：由於動態圖模式中每個運算元是獨立的，因此每次呼叫都伴隨一次調度銷耗。

針對前述性能問題，手動對性能瓶頸進行最佳化可以有效提升硬體的使用效率。在開發者深入了解計算圖的前提下，撰寫自訂運算元不僅可以合併多個運算元降低排程銷耗，還可以精細控制 GPU 的執行，包括執行緒區塊的配置以及記憶體存取模式等。以 flash-attention 函數庫[1] 為例，它為 Transformer 模型中的自注意力部分提供了專門的自訂運算元，透過最佳化記憶體存取模式和充分利用 GPU 的平行處理功能來提升計算效率。

然而，想要用好自訂運算元的前提是必須對運算元的記憶體存取模式、計算瓶頸以及 CUDA/C++ 程式設計有深入的了解。我們建議只在進行性能最佳化和模型部署的後期階段考慮使用自訂運算元。在模型的開發階段，應以簡單好用的 PyTorch 原生運算元為主。

---

[1] https://github.com/Dao-AILab/flash-attention

第 9 章　高級最佳化方法專題

9.2.1 自訂運算元的封裝流程

在這一節中，我們將使用 Sigmoid 函數作為例子，演示如何開發一個支援 CPU 和 CUDA 輸入的自訂運算元。但需要注意本節重點不是探討具體 CUDA 運算元的最佳化技巧，因此這個例子在性能上可能還不如 PyTorch 的原生運算元。相反，我們將重點介紹實現的步驟和基本原理，以幫助讀者理解如何移植社區中已存在的自訂運算元，並為未來自行撰寫運算元奠定基礎。

如圖 9-4 所示，實現一個 PyTorch 自訂運算元包含三個核心步驟，分別是：

（1）[C++/CUDA] 運算元的多後端程式實現，比如 CPU 實現、CUDA 實現等。

（2）[Python] 將運算元註冊到 Python 中，透過 Pybind 將運算元匯入到 Python。

（3）[PyTorch] 將運算元註冊到 PyTorch 中，封裝成 nn.Module 便於在 PyTorch 中呼叫。

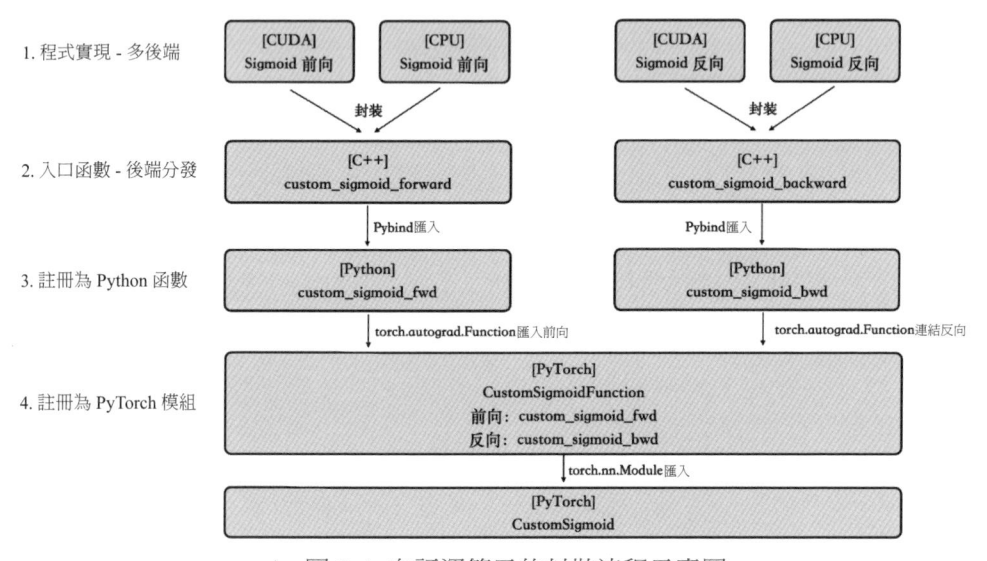

▲ 圖 9-4　自訂運算元的封裝流程示意圖

9.2 自訂高性能運算元

由於篇幅限制，接下來我們將專注於 CUDA 後端，一步步演示從運算元的實現到其在 PyTorch 中的註冊過程。

9.2.2 自訂運算元的後端程式實現

首先來定義 Sigmoid 的 CUDA 核心函數實現，我們將其寫在 custom_sigmoid_cuda.cu 檔案中：

```
#include <cuda.h>
#include <cuda_runtime.h>
#include <torch/extension.h>

#include <iostream>
#include <vector>

template <typename scalar_t>
__global__ void sigmoid_kernel(const scalar_t *__restrict__ input_tensor_data,
                               scalar_t *__restrict__ output_tensor_data,
                               size_t total_num_elements) {
    // 計算要處理的元素位置
    const int element_index = blockIdx.x * blockDim.x + threadIdx.x;

    if (element_index < total_num_elements) {
        // 在單個元素上進行 sigmoid 計算
        scalar_t x = input_tensor_data[element_index];
        scalar_t y = 1.0 / (1.0 + exp(-x));

        // 將計算結果寫回顯示記憶體
        output_tensor_data[element_index] = y;
    }
}
```

對沒有 CUDA 知識的讀者，可以暫時跳過這部分的程式閱讀。簡單來說，我們實現的 sigmoid_kernel 函數可以讀取輸入張量的顯示記憶體位址，進行運算後，再將結果寫入輸出張量的顯示記憶體位址中。這裡範本的作用僅是為了方便支援不同類型的資料。

第 9 章　高級最佳化方法專題

　　細心的讀者可能發現在標頭檔中引用了 torch/extension.h。這個頭檔案裡包含了 PyTorch 為自訂運算元提供的一系列預置函數和介面，在後續用到的時候再行講解。剛才定義的是 CUDA 核心函數，接下來要對其進行進一步的封裝，讓它能接受並傳回 torch::Tensor，這裡 torch::Tensor 就是 PyTorch 提供的 C++ 層面的張量：

```
torch::Tensor custom_sigmoid_cuda_forward(torch::Tensor input) {
    size_t total_num_elements = input.numel();

    auto output = torch::zeros_like(input);

    const int threads = 512;
    const int blocks = (total_num_elements + threads - 1) / threads;

    // 將實現好的 CUDA kernel 註冊為前向運算元的 CUDA 後端實現
    AT_DISPATCH_FLOATING_TYPES(
        input.type(), "sigmoid_kernel", ([&] {
            sigmoid_kernel<scalar_t><<<blocks, threads>>>(
                input.data<scalar_t>(), output.data<scalar_t>(),
                total_num_elements);
        }));

    return output;
}
```

　　這裡定義了一個名為 custom_sigmoid_cuda_forward 的封裝函數，主要邏輯是將資料從輸入張量中載入，配置好 CUDA 執行緒數和執行緒區塊數之後，呼叫之前寫好的 sigmoid_kernel 一個一個元素進行 Sigmoid 操作，再將結果寫到輸出張量 output 中。這裡 AT_DISPATCH_FLOATING_TYPES 是 torch/extension.h 中提供的輔助函數，它會根據輸入張量的動態類型，自動找到並呼叫相應 sigmoid_kernel<T> 的範本實現。

9.2 自訂高性能運算元

透過類似的方式,我們把 Sigmoid 的反向實現也補充進去:

```
template <typename scalar_t>
__global__ void sigmoid_grad_kernel(
    const scalar_t *__restrict__ output_tensor,
    const scalar_t *__restrict__ output_grad_tensor,
    scalar_t *__restrict__ input_grad_tensor, size_t total_num_elements) {
    // 計算要處理的元素位置
    const int element_index = blockIdx.x * blockDim.x + threadIdx.x;
    if (element_index < total_num_elements) {
        // 在單個元素上進行 sigmoid 的梯度計算
        scalar_t output_grad = output_grad_tensor[element_index];
        scalar_t output = output_tensor[element_index];
        scalar_t input_grad = (1.0 - output) * output * output_grad;
        // 將計算結果寫回顯示記憶體
        input_grad_tensor[element_index] = input_grad;
    }
}

torch::Tensor custom_sigmoid_cuda_backward(torch::Tensor output,
                                          torch::Tensor output_grad) {
    size_t total_num_elements = output_grad.numel();
    auto input_grad = torch::zeros_like(output_grad);
    const int threads = 512;
    const int blocks = (total_num_elements + threads - 1) / threads;

    // 將實現好的 CUDA kernel 註冊為反向運算元的 CUDA 後端實現
    AT_DISPATCH_FLOATING_TYPES(
        output_grad.type(), "sigmoid_grad_kernel", ([&] {
            sigmoid_grad_kernel<scalar_t><<<blocks, threads>>>(
                output.data<scalar_t>(), output_grad.data<scalar_t>(),
                input_grad.data<scalar_t>(), total_num_elements);
        }));

    return input_grad;
}
```

9.2.3 自訂運算元匯入 Python

到此為止，實現了 Sigmoid 運算元的 CUDA 後端程式，用類似的方法還可以實現 Sigmoid 的 CPU 或其他後端程式。但是我們最終需要根據 Python 中的 torch.device 來決定呼叫哪個後端的程式，所以這裡還需要實現一層程式分發的機制。下面的程式是一個簡易 Sigmoid CPU 後端的實現，並且會根據輸入張量的後端來決定呼叫運算元的 CUDA 實現或是 CPU 實現：

```
#include <torch/extension.h>

#include <iostream>
#include <vector>

// forward declarations or include the header
torch::Tensor custom_sigmoid_cuda_forward(torch::Tensor input);

torch::Tensor custom_sigmoid_cuda_backward(torch::Tensor output,
                                           torch::Tensor output_grad);

// 簡易的 sigmoid 前向運算元的 CPU 後端實現
torch::Tensor custom_sigmoid_cpu_forward(torch::Tensor input) {
    return 1.0 / (1 + torch::exp(-input));
}

// 簡易的 sigmoid 反向運算元的 CPU 後端實現
torch::Tensor custom_sigmoid_cpu_backward(torch::Tensor output,
                                          torch::Tensor output_grad) {
    return (1 - output) * output * output_grad;
}

// 進行前向運算元的後端實現分發
torch::Tensor custom_sigmoid_forward(torch::Tensor input) {
    TORCH_CHECK(input.is_contiguous(), "input must be contiguous")

    if (input.device().is_cuda()) {
        return custom_sigmoid_cuda_forward(input);
    } else {
```

```
        return custom_sigmoid_cpu_forward(input);
    }
}

// 進行反向運算元的後端實現分發
torch::Tensor custom_sigmoid_backward(torch::Tensor output,
                                      torch::Tensor grad_output) {
    TORCH_CHECK(grad_output.is_contiguous(), "input must be contiguous")

    if (output.device().is_cuda()) {
        return custom_sigmoid_cuda_backward(output, grad_output);
    } else {
        return custom_sigmoid_cpu_backward(output, grad_output);
    }
}

PYBIND11_MODULE(TORCH_EXTENSION_NAME, m) {
    // 註冊運算元以便在 Python 中呼叫
    m.def("sigmoid_fwd", &custom_sigmoid_forward, "Custom sigmoid forward");
    m.def("sigmoid_bwd", &custom_sigmoid_backward, "Custom sigmoid backward");
}
```

這裡我們用 custom_sigmoid_forward 以及 custom_sigmoid_backward 做了一層簡單的封裝，然後呼叫 PYBIND11_MODULE 將其註冊到 Python 中，方便後續在 Python 程式中呼叫 C++ 程式中定義的運算元。

9.2.4 自訂運算元匯入 PyTorch

為了能最終在 PyTorch 中使用我們撰寫的運算元，還需要寫一個 setup.py 檔案來編譯並最終以 Python 模組的形式，匯入到 PyTorch 中：

```
from setuptools import setup
from torch.utils.cpp_extension import BuildExtension, CppExtension


setup(
```

```
        name="custom_ops",
        ext_modules=[
            CppExtension(
                "custom_ops",
                [
                    "custom_sigmoid.cpp",
                    "custom_sigmoid_cuda.cu",
                ],
                extra_compile_args={"cxx": ["-g"], "nvcc": ["-O2"]},
            )
        ],
        cmdclass={"build_ext": BuildExtension},
)
```

使用下述指令編譯自訂的 Python 模組 custom_ops：

```
python setup.py install
```

我們進一步將自訂的 Sigmoid 運算元作為 torch.nn.Module 匯入到 PyTorch 中：

```
import torch
from torch.autograd import Function

# custom_ops 便是我們自定義的 Python 擴展模組，包含了 C++ 中編寫的自定義 sigmoid 運算元
import custom_ops


class CustomSigmoidFunction(Function):
    @staticmethod
    def forward(ctx, input):
        # 呼叫自訂運算元的前向操作
        output = custom_ops.sigmoid_fwd(input)
        ctx.save_for_backward(output)
        return output

    @staticmethod
```

```
    def backward(ctx, grad_output):
        (output,) = ctx.saved_tensors
        # 呼叫自訂運算元的反向操作
        grad_input = custom_ops.sigmoid_bwd(output, grad_output.contiguous())
        return grad_input


class CustomSigmoid(torch.nn.Module):
    def forward(self, input):
        return CustomSigmoidFunction.apply(input)
```

這裡我們使用 torch.autograd.Function 將 CustomSigmoid 運算元的前向函數和反向函數連結起來，與 PyTorch 的自動微分系統無縫銜接，在反向圖中插入對應的自訂反向傳播函數。

9.2.5 在 Python 中使用自訂運算元

到此為止，我們完成了所有自訂運算元的註冊流程。接下來可以像使用其他 PyTorch 原生運算元一樣，在 PyTorch 中呼叫我們註冊的自訂運算元，讓我們來實際測試一下：

```
import torch
import torch.nn.functional as F
import numpy as np
from custom_sigmoid_op import CustomSigmoid


def run(np_input, sigmoid_op, device="cuda"):
    x = torch.tensor(np_input, dtype=torch.double, device=device, requires_grad=True)
    output = sigmoid_op(x)

    loss = torch.sum(output)
    loss.backward()

    return output.clone(), x.grad.clone()
```

```
custom_sigmoid = CustomSigmoid()

device = "cuda"

np_input = np.random.randn(10, 20)

# 確保自訂運算元各個後端的計算結果與 PyTorch 原生 sigmoid 運算元的結果是一致的
for device in ["cpu", "cuda"]:
    sigmoid_out_torch, sigmoid_grad_torch = run(np_input, torch.sigmoid, device)
    sigmoid_out_custom, sigmoid_grad_custom = run(np_input, custom_sigmoid, device)

    # Compare results
    if torch.allclose(sigmoid_out_torch, sigmoid_out_custom) and torch.allclose(
        sigmoid_grad_torch, sigmoid_grad_custom
    ):
        print(f"Pass on {device}")
    else:
        print(f"Error: results mismatch on {device}")
```

可以驗證我們的實現和 PyTorch 原生的 Sigmoid 運算元結果是一致的。

9.3 基於計算圖的性能最佳化

在第 3 章中，我們了解到深度學習模型執行的是一個由運算元節點組成的計算圖。但是，在 PyTorch 的動態圖模式下，每次運算元呼叫都會立即執行，並不會保留全域計算圖資訊，導致失去了許多最佳化的機會。那麼，如何讓 PyTorch 在執行計算前能夠保留並最佳化整個計算圖呢？事實上，PyTorch 開發團隊已經探索了包括 torch.jit.trace、TorchScript 和 Lazy Tensor 等多種方法。不過這些方法在提升性能的同時，都不可避免地犧牲了動態圖的好用性。為了在性能與好用性之間找到平衡，從 2.0 版本起，PyTorch 引入了圖最佳化工具 torch.compile。

torch.compile 能夠追蹤 PyTorch 程式，即時建構模型的計算圖，並透過一系列最佳化轉化生成性能大幅提升的模型程式執行。它的核心特性之一是在必要時能夠回退到 Python 解譯器，這樣極大地平衡了好用性與性能。同時，torch.compile 的介面設計簡潔，使其成為一種非常值得嘗試的最佳化工具。

本小節會分為兩個層次講解 torch.compile。對只希望使用 torch.compile 來最佳化性能的讀者來說，只需要閱讀 9.3.1 小節了解 torch.compile 的使用範例以及大致的最佳化方法即可。對於 torch.compile 內部流程和偵錯方法感興趣的朋友則可以進一步閱讀後續小節，屆時會討論 torch.compile 的大致實現原理，並開啟一些偵錯選項來觀察其生成的底層程式。

9.3.1 torch.compile 的使用方法

整體來說，torch.compile 是一個極其複雜的系統，它覆蓋了諸多領域，包括計算圖的提取、最佳化以及跨後端的程式生成—這一系統本身就可以專門寫一本書了。儘管如此，讀者並不需要深入了解所有的實現細節，便能輕鬆享受 torch.compile 所提供的性能提升，因為啟用它只需簡單一行程式。讓我們用一個例子來展示 torch.compile 的開啟方法，並觀察其性能最佳化效果：

```
import torch
import torch.nn as nn


class SimpleNet(nn.Module):
    def __init__(self):
        super(SimpleNet, self).__init__()
        self.fc1 = nn.Linear(1000, 20000)

    def forward(self, x):
        x = torch.relu(self.fc1(x))
        y = x
        for _ in range(50):
            y = y * x
        return y
```

第 9 章　高級最佳化方法專題

```python
# 未經最佳化的模型
model = SimpleNet().cuda()

# 打開 torch.compile 追蹤模型的執行過程並自動最佳化
compiled_model = torch.compile(model)


def timed(fn):
    start = torch.cuda.Event(enable_timing=True)
    end = torch.cuda.Event(enable_timing=True)
    start.record()
    result = fn()
    end.record()
    torch.cuda.synchronize()
    return result, start.elapsed_time(end) / 1000


N_ITERS = 5


def benchmark(model):
    times = []
    for i in range(N_ITERS):
        input_data = torch.randn(1000, 1000, device="cuda")
        _, time = timed(lambda: model(input_data))
        times.append(time)
    return times


print("eager 模式 ", benchmark(model))
print(" 打開 torch.compile 後 ", benchmark(compiled_model))

# 輸出
# eager 模式 [1.1121439208984376, 0.01659187126159668, 0.01635430335998535,
0.016350208282470705, 0.016306175231933593]
# 打開 torch.compile 後 [1.79336083984375, 0.002367487907409668, 0.0022937600612640383,
0.002292736053466797, 0.002288640022277832]
```

9-22

9.3 基於計算圖的性能最佳化

在 RTX3090 GPU 上執行上面的程式可以看到使用 torch.compile 後模型的第一次執行變慢了，這是計算圖的提取和編譯最佳化導致的，但是從第二次執行開始便可以達到近 8 倍的加速。性能的提升其實主要有兩個來源：一方面是計算圖一旦編譯好，其生成的程式會被快取起來，後續迴圈中可以直接呼叫編譯好的計算圖，而省去了運算元單獨呼叫的額外銷耗；另一方面則是 torch.compile 進行了一定的圖最佳化，包括而不限於運算元的融合、替換等，其最終生成的高性能 triton 運算元也是性能提升的來源之一。

除了使用預設配置以外，torch.compile 還有一些常見參數可以進行調整：

（1）啟用 fullgraph 模式獲取完整的計算圖。直觀上，PyTorch 捕捉的計算圖越大且越完整，提供的最佳化空間也就越廣泛。然而，在捕捉計算圖的過程中，由於直接從 Python 中獲取張量值或使用第三方 Python 函數庫，計算圖的建構可能會被中斷。這種中斷可能導致形成多個計算圖，每個圖僅含有部分資訊，從而限制了整體最佳化的潛力。舉例來說，一些本可以在單一完整計算圖中進行融合的運算元，因為圖的分割而無法合併。對於對性能有較高要求的使用者，推薦啟用 fullgraph 選項，這樣，一旦計算圖發生中斷，系統會立即顯示出錯，幫助使用者及時發現並處理潛在的圖斷裂問題，啟用程式如下。

```
torch.compile(..., fullgraph=True)
```

（2）支援動態形狀輸入的編譯。計算圖及其生成的程式會被快取以便重複使用。然而，一旦輸入張量的形狀或其他中繼資料發生改變，可能需要重新編譯計算圖。在輸入形狀頻繁變化的場景中，重新編譯的成本可能會抵消性能最佳化帶來的益處。為解決這一問題，torch.compile 正在積極開發支援動態形狀（dynamic shape）的功能。這項功能需要在保證計算正確性和效率的同時，處理不斷變化的輸入資料形狀，使得其實現相當複雜。使用者可以透過 dynamic 選項手動啟用或禁用此功能。

```
torch.compile(..., dynamic=True)
```

第 9 章　高級最佳化方法專題

（3）調整編譯和執行模式。CUDA graph 能夠透過記錄一系列 GPU 操作，如核心執行和記憶體拷貝，建立一個可重用的 GPU 操作序列。它可以顯著減少從 CPU 到 GPU 的呼叫次數，從而提高了 GPU 應用程式的效率。結合這種技術，torch.compile 可以利用 CUDA graph 的優勢，進一步最佳化在 GPU 上執行的 PyTorch 程式，減少執行中的銷耗並提升整體性能。使用者可透過啟動 reduce-overhead 模式來啟用 CUDA graph 功能。

```
torch.compile(..., mode="reduce-overhead")
```

在考慮性能最佳化時，筆者推薦首先嘗試使用 torch.compile 並觀察其對程式速度的提升。因為啟用 torch.compile 通常只需修改一行程式，可以迅速得到性能回饋。如果發現 torch.compile 沒有顯著提升性能，通常不建議普通開發者投入大量時間去深入偵錯，因為 torch.compile 的系統複雜性使得深入偵錯的 C/P 值較低。第 9.3.2 節和 9.3.3 節將詳細介紹 torch.compile 的底層執行機制和偵錯方法，這對於希望深入理解和偵錯 torch.compile 性能的讀者將非常有用，對此不感興趣的讀者可以選擇跳過這部分內容。

9.3.2　計算圖的提取

對於基於計算圖的最佳化技術而言，其最大的挑戰通常不在於如何最佳化計算圖本身，而在於如何從動態圖模式中成功提取計算圖。這個過程核心在於將 PyTorch 的呼叫與其他 Python 邏輯有效分離。鑑於 PyTorch 編譯器無法解析所有 Python 程式邏輯，必須從程式中分離出與 PyTorch 張量和運算元相關的操作，以建構可最佳化的計算圖。提取 PyTorch 計算圖主要有兩種途徑：基於 Python 執行時期的追蹤和對原始程式碼的靜態分析。接下來，我們透過一個具體例子來探討這兩種方法的區別和應用，使用的 Python 程式如下所示。

```
class DataDependentNet(nn.Module):
    def __init__(self):
        super(DataDependentNet, self).__init__()
```

9.3 基於計算圖的性能最佳化

```
        self.linear1 = nn.Linear(10, 5)
        self.linear2 = nn.Linear(5, 2)
        self.linear3 = nn.Linear(5, 3)

    def forward(self, x):
        tmp = F.relu(self.linear1(x))
        # 有資料依賴的控制流：如果 x 的第一個元素大於 0.5，使用 linear2，否則使用 linear3
        if tmp[0, 0] > 0.5:
            return self.linear2(tmp)
        else:
            return self.linear3(tmp)
```

基於 Python 執行時期的追蹤（tracing）方法本質上是在模型執行過程中動態捕捉計算圖，也就是透過監視 PyTorch 操作的執行，來即時記錄這些操作及其上下游之間的依賴關係。這種方法能夠準確捕捉模型實際執行時的行為，並且幾乎可以無視控制流的影響─我們只捕捉實際執行的分支即可，未被執行的分支就不放在計算圖裡了。如圖 9-7 中左半部分所示，我們僅捕捉到了 linear2 這個操作，linear3 操作由於其分支沒有被執行便沒有出現在計算圖中。JIT tracing、lazy tensor 和 torch.compile 都是基於追蹤的方法。

基於原始程式分析（source code analysis）的方法本質上是透過分析模型的原始程式碼結構來建構計算圖。這種方法不需要實際執行模型，而是直接解析程式中的靜態結構。因此能夠獲取模型中包括 Python 控制流在內的完整視圖─無論這些程式路徑是否會實際執行。如圖 9-5 右半部分所示，linear2 和 linear3 連同控制邏輯都被捕捉到了計算圖中：

基於原始程式分析的方法能夠辨識 Python 中的控制流結構，如 if-else 和 for 迴圈，同時將所有相關操作提取至同一計算圖中，從而最大化保持圖的完整性。這種方法的典型工具是 TorchScript。擁有一張完整計算圖的全域資訊對圖最佳化極為有利。然而，在實際應用中，TorchScript 很難完全支援所有 Python 語言特性，使用時可能需要對原始程式進行調整，這可能影響程式的結構和靈活性。總的來說，當 TorchScript 能夠順利執行時期，它能提供非常優

9-25

第 9 章　高級最佳化方法專題

異的性能，但為了讓它能跑起來，使用者可能需要在程式的撰寫上做出較大的妥協。

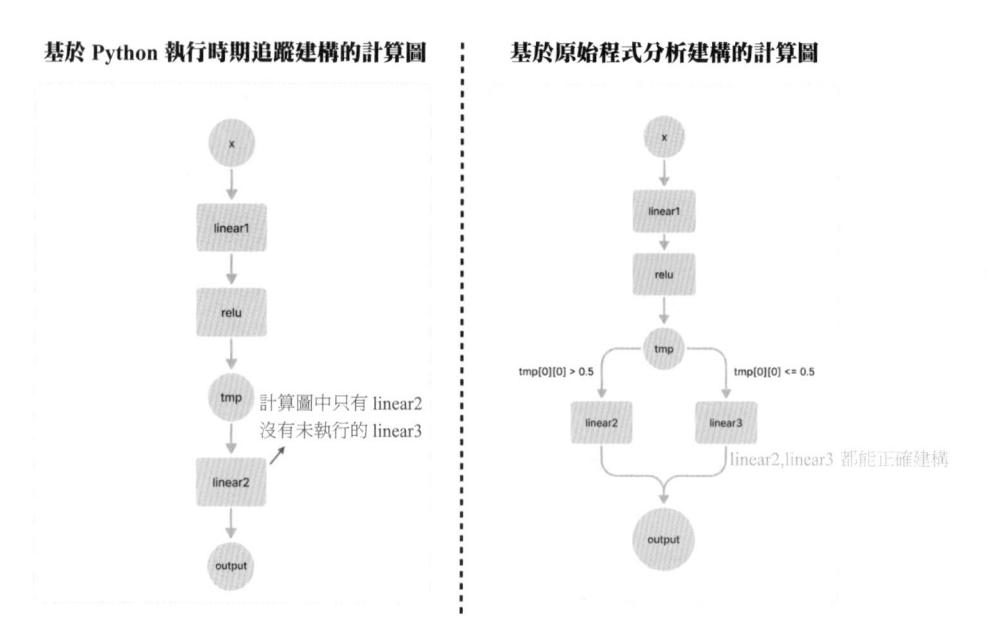

▲ 圖 9-5　從 Python 程式提取計算圖的方法
左：基於執行時期程式追蹤　｜　右：基於原始程式分析

　　那麼，torch.compile 是如何工作的呢？它在 Python 程式執行時期動態地分析 **Python 位元組碼**——這是 Python 程式編譯後的中間表示形式，屬於一種平臺無關的指令集。透過 CPython 提供了內部介面，torch.compile 和 Torch Pynamo 技術在 Python 執行時期捕捉 PyTorch 的張量操作，並將這些操作轉化成計算圖。這個動態生成的計算圖隨後可以被進一步最佳化，並用於生成更高效的執行程式，這些程式在執行時將取代原來 Python 解譯器中的函數呼叫。如果遇到難以轉換成圖的程式，torch.compile 會中斷圖的建構，並回退到標準的 Python 解譯器來處理這部分操作。因此，torch.compile 建立的計算圖是根據實際執行時的資料和操作動態生成的，圖的建立、最佳化和程式生成過程對使用者而言是透明的。這相當於使用者仍在撰寫 Python 程式，但在執行過程中 torch.compile 會自動辨識可改進的部分並進行最佳化，這對使用者來說幾

9-26

乎是「免費的午餐」。另外值得一提的是，透過 AOT Autograd 技術，torch. compile 不僅能夠捕捉使用者的前向程式，還能捕捉反向傳播的計算圖，這表示 torch.compile 具備了最佳化一張完整的前向和反向計算圖的可能。

就像所有基於 Python 程式執行時期追蹤的方法一樣，torch.compile 在捕捉計算圖時也面臨一定的局限性：

（1）它只能捕捉在執行過程中實際執行的程式路徑。這表示如果模型中有依賴輸入資料的分支或條件執行路徑，那些在追蹤期間未執行的分支就不會被捕捉。

（2）由於 torch.compile 主要專注於 PyTorch 的操作，如果程式依賴於外部函數庫或特定的 Python 功能，這些部分可能不會被有效捕捉和最佳化。

（3）在 Python 中對張量值的直接存取可能會中斷圖的建構，這會導致產生數量更多、資訊較少的計算圖。

透過原始程式分析，我們能夠得到最精確且最簡潔的計算圖，但獲取這樣的圖是極其困難的。相反，基於執行時期追蹤的方法雖然使得獲取計算圖變得容易，但由於不能精確重現 Python 中的高級控制流，計算圖可能因為迴圈或遞迴展開而變得複雜，這使得對計算圖的分析和最佳化變困難了。這也是捕捉計算圖時需要權衡的最重要因素。

9.3.3 圖的最佳化和後端程式生成

不論是哪種提取方式，在獲得計算圖之後，torch.compile 利用後端（如預設的 inductor 後端）來執行的最佳化是幾乎一致的。這些最佳化主要基於後端的特定策略和硬體的技術，而非傳統編譯器所採用的標準最佳化流程。舉例來說，當前的程式生成主要關注提高運算元的計算效率，這需要透過運算元融合、資料版面配置轉換以及利用特定硬體的指令集來實現。這樣做的目的是為了減輕開發者手動撰寫每個自訂運算元的負擔。

第 9 章　高級最佳化方法專題

我們在 9.3.1 小節的範例程式中使用 PyTorch profiler 列印其性能圖譜。從圖 9-6 可以看出 torch.compile 在底層生成了 triton[1] 運算元，該運算元將原本的乘法運算元、ReLU 運算元融合在了一起。

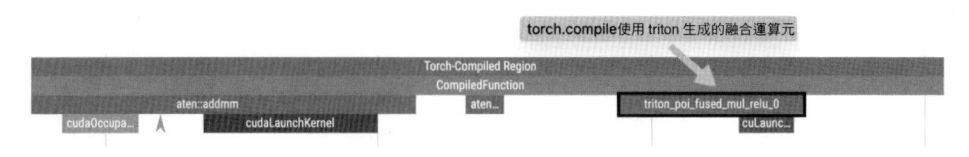

▲ 圖 9-6　開啟 torch.compile 之後的性能影像

除了性能圖譜，我們還可以透過更直接的方式觀察到 torch.compile 生成的程式，只需要在設置環境變數 TORCH_COMPILE_DEBUG=1 後重新執行即可。比如下面程式是由 inductor 後端生成的將 relu 和 50 個 mul 運算元融合成一個運算元的 triton 程式。生成的融合運算元不僅降低了運算元呼叫的成本，而且還是針對當前輸入訂製的最佳實現。這正是 torch.compile 實現加速的核心要素。

```
@pointwise(
    size_hints=[33554432],
    filename=__file__,
    triton_meta={
        "signature": {0: "*fp32", 1: "*fp32", 2: "i32"},
        "device": 0,
        "device_type": "cuda",
        "constants": {},
        "configs": [
            instance_descriptor(
                divisible_by_16=(0, 1, 2),
                equal_to_1=(),
                ids_of_folded_args=(),
                divisible_by_8=(2,),
            )
```

---

[1] https://github.com/openai/triton

```
        ],
    },
    inductor_meta={
        "autotune_hints": set(),
        "kernel_name": "triton_poi_fused_mul_relu_0",
        "mutated_arg_names": ["in_out_ptr0"],
    },
    min_elem_per_thread=0,
)
@triton.jit
def triton_(in_out_ptr0, in_ptr0, xnumel, XBLOCK: tl.constexpr):
    xnumel = 20000000
    xoffset = tl.program_id(0) * XBLOCK
    xindex = xoffset + tl.arange(0, XBLOCK)[:]
    xmask = xindex < xnumel
    x0 = xindex
    tmp0 = tl.load(in_ptr0 + (x0), xmask)
    tmp1 = triton_helpers.maximum(0, tmp0)
    tmp2 = tmp1 * tmp1
    tmp3 = tmp2 * tmp1
    ...    # 篇幅原因省略中間的行
    tmp49 = tmp48 * tmp1
    tmp50 = tmp49 * tmp1
    tmp51 = tmp50 * tmp1
    tl.store(in_out_ptr0 + (x0), tmp51, xmask)
```

9.4 本章小結

　　整體來說，本章節介紹的高級最佳化方法旨在 GPU 滿載的基礎下進一步提高計算效率。這些方法通常涉及複雜的底層機制，要求開發者具備高性能計算相關知識，且偵錯難度較高，整體而言，需要對底層機制瞭若指掌才能用的得心應手。因此基於筆者自身的模型訓練經驗，建議按照一定的順序來嘗試這些高級最佳化技巧。

第 9 章　高級最佳化方法專題

首先推薦嘗試使用 torch.compile，因為其開啟方法簡單且幾乎沒有副作用。只需在訓練模型外層增加 torch.compile，並觀察性能變化即可。如果性能下降或 torch.compile 提示「回退到 Eager 模式」，則說明當前網路結構無法直接被 torch.compile 最佳化；但一旦性能提升效果明顯可以算是「得來全不費功夫」。

其次，推薦嘗試自動混合精度訓練，因為半精度訓練通常能顯著提升性能。儘管對收斂性和模型品質可能有一定影響，但大多數模型在開啟自動混合精度訓練後，仍能達到與單精度訓練相似的結果。然而，使用自動混合精度訓練時應保持謹慎，需要仔細驗證收斂性。因此，自動混合精度訓練是一種有潛在風險的最佳化方法。

我們將自訂運算元的優先順序放在了最後，主要原因是其投入產出比相對較低且不確定性較大。通常僅建議在需要極致性能最佳化的場景下嘗試自訂運算元。熟悉 CUDA 和 CPU 加速且具備高性能計算背景的開發者，可以透過自行撰寫高性能運算元來最佳化特定應用場景，這種方法要求較高的開發水準，並需要投入大量時間和精力。另一種選擇是使用開源運算元函數庫，不過第三方運算元函數庫往往存在局限性或副作用，未必能直接應用於自己的模型，且實際最佳化效果不可控。

綜上所述，高級最佳化方法通常在使用門檻、精力和時間投入方面有較高的要求，但一旦成功調配，能夠顯著提升性能。在第 10 章 GPT-2 最佳化全流程中，我們應用了 torch.compile 和自動混合精度訓練兩種方法，獲得了顯著的性能提升。感興趣的讀者可以移步第 10 章，直觀感受這些高級最佳化技巧的效果。

10

GPT-2 最佳化全流程

在前面的章節中我們學習了諸多最佳化方法，不過在講解單一最佳化技巧時，出於閱讀體驗的考慮，往往使用比較簡單的程式範例。然而這些最佳化方法在實際模型訓練中究竟表現如何？本章就以 GPT-2 模型訓練為例，從實戰中檢驗這些最佳化技巧的具體效果。

之所以選擇 GPT 系列模型，主要是因為其模型結構簡單並且具有較強的可拓展性—幾乎可以擴大到任意大小的模型。在模型的具體實現上，本章使用的模型程式主要基於 MinGPT[1] 開放原始程式碼修改而來。選擇 MinGPT 的原因是其程式簡潔的同時，幾乎沒有應用太多最佳化技巧，也因此非常適合展示最佳化的具體效果。

1　https://github.com/karpathy/minGPT

第 10 章　GPT-2 最佳化全流程

考慮到性能最佳化和顯示記憶體最佳化常常是互斥的，本章會分兩個小節獨立講解顯示記憶體和性能最佳化。雖然這兩者的最佳化目標不同，它們的最佳化流程卻是相似的，每一個最佳化步驟都包括以下四個階段：

（1）列印性能或顯示記憶體圖譜。

（2）定位瓶頸點。

（3）選擇合適的最佳化方法。

（4）評估最佳化效果。

顯然，我們能夠採用的最佳化方法取決於硬體規格以及模型的特點，並不可能涵蓋所有已經講解的最佳化技巧。在本章中沒有出現的最佳化技巧，並不代表其效果不好，僅是因為在這個樣例的訓練過程中沒有出現對應的性能瓶頸。

最後，需要明確的是，本章的目標並非將 GPT-2 模型最佳化到極致，而是展示如何在一個真實的模型最佳化流程中定位問題、理解問題，並應用書中提到的通用最佳化技巧的過程。大模型的快速發展催生了許多專門針對 GPT 模型的最佳化方法，但這些非通用技巧都不在本章展示範圍之內。

10.1　GPT 模型結構簡介

為了幫助不熟悉語言模型的讀者建立基本的模型概念，我們將在這一小節簡介 GPT 模型。

一般來說對模型結構的深入了解對於針對性的最佳化是有額外幫助的。但在本章中我們不會討論針對特定模型結構或訓練流程的特殊最佳化技巧，相反，我們將聚焦於更通用的最佳化方法，這樣即讓讀者對模型結構不熟悉，也不會影響對訓練過程的分析和最佳化。

10.1 GPT 模型結構簡介

可以使用 PyTorch 原生的 Tensorboard 介面來視覺化模型結構，透過以下程式來開啟 Tensorboard 功能：

```
from torch.utils.tensorboard import SummaryWriter

writer = SummaryWriter(f"gpt_{config.model.model_type}")

...

model = GPT(config.model)
batch = [t.to(trainer.device) for t in next(iter(trainer.train_loader))]
writer.add_graph(model, batch)
writer.close()
```

執行訓練程式後我們會在目前的目錄下觀察到一個名字為 gpt_gpt-mini 的資料夾，可以用以下指令開啟 Tensorboard 視覺化介面：

```
tensorboard --logdir gpt_gpt-mini
```

Tensorboard 預設執行在 http://localhost:6006/ 位址，只需要在瀏覽器中開啟它就可以看到模型結構了，如圖 10-1 所示。

整體來說 GPT 模型結構中最為核心的是其中間多個連續的 Transformer Block 模組，這也是大部分計算發生的位置。

除此以外，GPT 的模型結構有很強的可擴充性，我們可以透過簡單地增加或減少 Transformer Block 的數量來調整模型規模。比如 GPT-2 提供了標準、中等、大型、超大型四個不同規模的 GPT 模型，它們的核心區別主要表現在三個參數上面。其中最重要的兩個參數是 Transformer Block 的數量（n_layers）以及 Embedding 的維度（n_embd），前者指堆疊的 Transformer 模組數量，後者則決定了輸入張量的尺寸，如圖 10-2 所示。

10-3

第 10 章　GPT-2 最佳化全流程

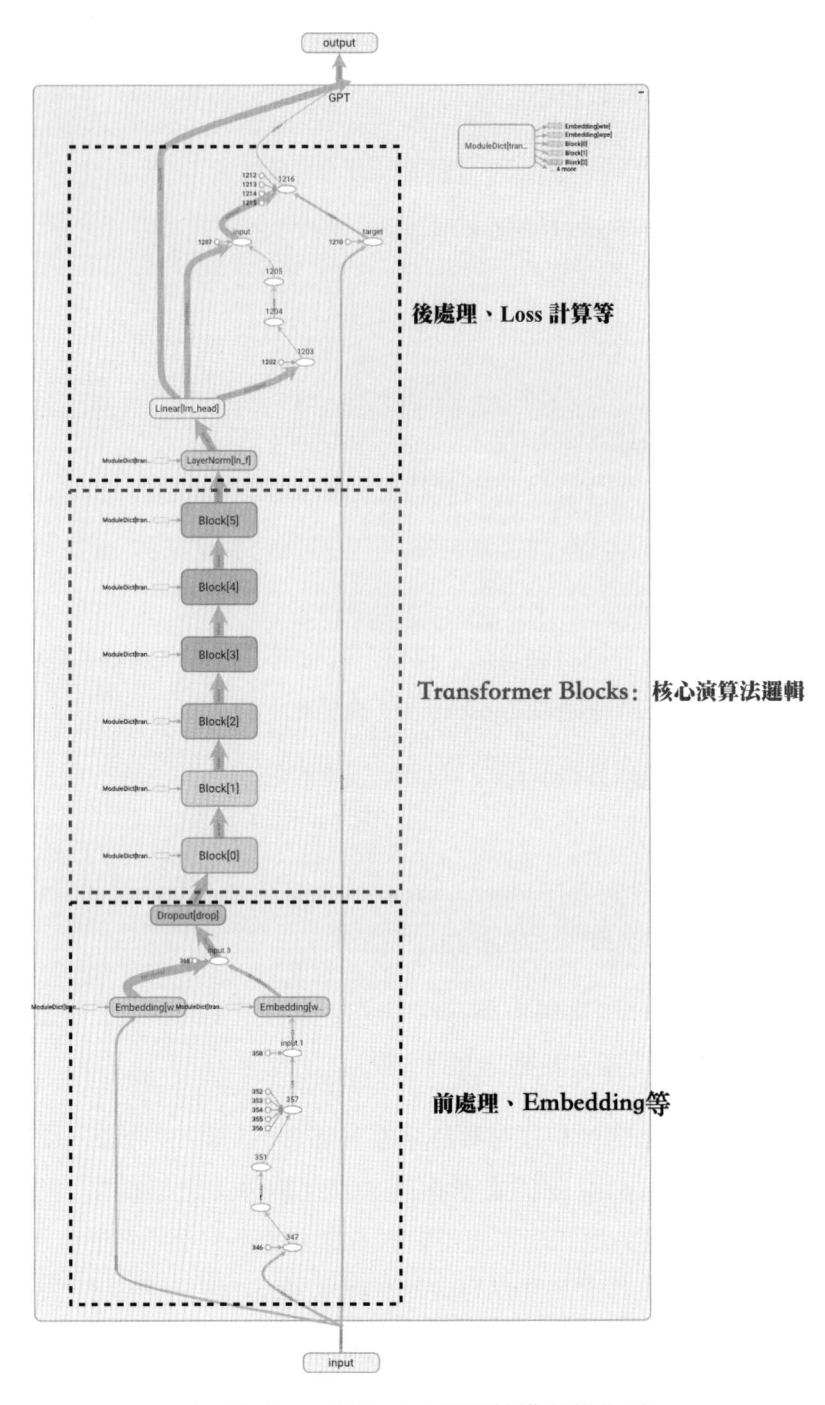

▲ 圖 10-1　GPT-mini 模型結構視覺化圖

10-4

10.1 GPT 模型結構簡介

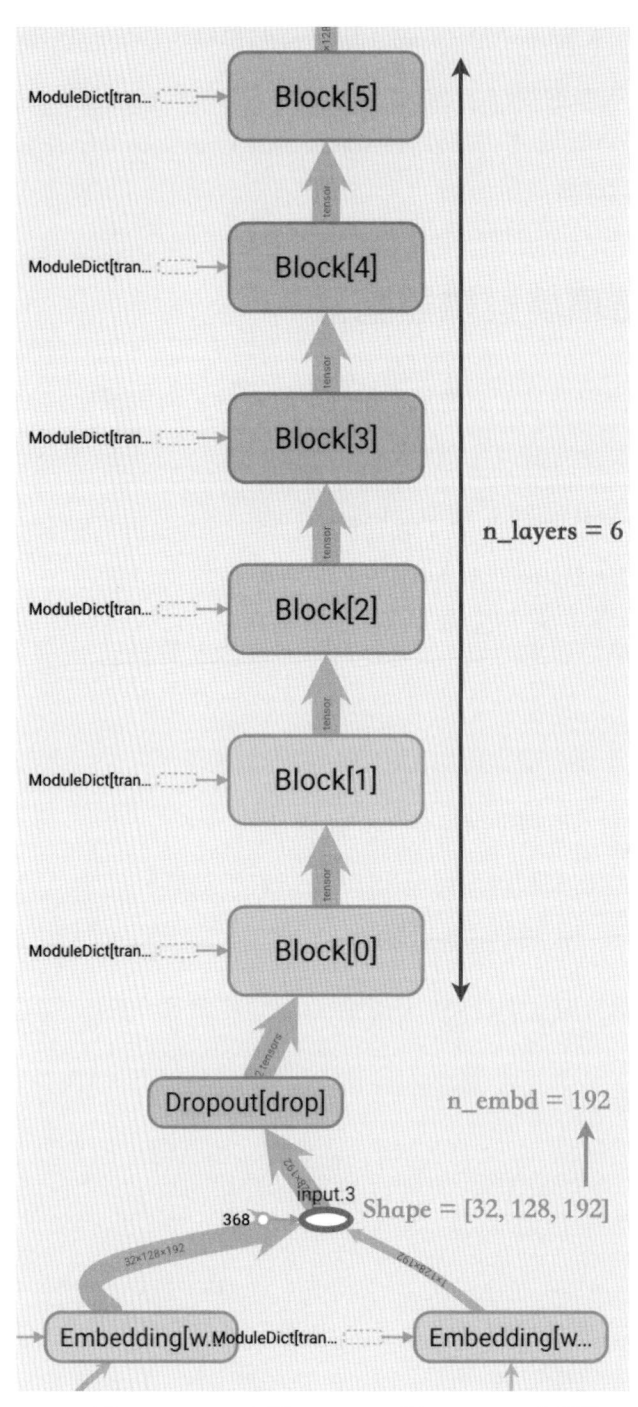

▲ 圖 10-2　GPT 參數 n_layers 與 n_embd 示意圖

第 10 章　GPT-2 最佳化全流程

可想而知，n_layers 和 n_embd 是對模型規模有決定性影響的兩個參數。第三個參數則是 n_heads，這是 Transformer Block 中的自注意力模組的內部參數，主要對分散式以及模型平行有幫助，但是對模型規模影響不大—因此我們特別注意前兩個參數即可。

10.2　實驗環境與機器配置

本章的訓練機器是從雲端服務提供商租賃的，與訓練相關的主要硬體規格有：

- CPU：AMD EPYC 9554 64-Core。
- GPU：2×H100 PCIe 80GB。

為了保證測試結果的穩定性，參考第 4 章對軟體環境和測試程式進行了以下配置：

- 隨機數：所有測試均使用相同的隨機數種子。
- 鎖頻：對 GPU 和 CPU 進行鎖頻處理。
- 預熱：性能測試前進行至少 10 輪訓練的預熱。

除非特別指出，後續實驗中記錄的時間都是基於相同總樣本數的訓練用時。因此，採用分散式訓練時，所記錄的時間將顯著少於單卡訓練的時間。

10.3 顯示記憶體最佳化

一般來說，我們進行顯示記憶體最佳化的主要目的是消除顯示記憶體溢位（Out of Memory，OOM）錯誤，從而在現有硬體的基礎上，將更大的模型執行起來。

雖然在出現 OOM 的情況下，也可以列印顯示記憶體佔用圖譜、定位顯示記憶體峰值位置，但是無法量化地展示每個技巧節省顯示記憶體的效果。因此在展示顯示記憶體最佳化技巧時，我們選擇使用規模相對較小的 GPT-large 模型，並將其顯示記憶體佔用不斷降低。

GPT-large 模型具有 774M 個參數，其 n_layers 為 36，n_embd 為 1280，n_heads 為 20，未經任何最佳化且 BatchSize 為 32 時，其訓練佔用顯示記憶體量為 35GB 左右。

整體而言，顯示記憶體最佳化的過程很直觀：首先列印出顯示記憶體使用情況，然後確定顯示記憶體使用峰值的位置，分析產生峰值的原因，並制定相應的顯示記憶體最佳化策略。不斷重複這些步驟，就可以逐步減少模型的顯示記憶體佔用。在本節的最後，我們還會展示應用了顯示記憶體最佳化之後，最大可訓練的模型規模擴大了多少倍。

10.3.1 基準模型

參考 7.2 小節的內容，雖然可以透過 torch.cuda.max_memory_allocated 或 torch.cuda.max_memory_reserved 來列印 PyTorch 的顯示記憶體佔用，但是實際的顯示記憶體佔用還是要以 NVIDIA-smi 的結果為準。為了保持嚴謹，我們將統一參考 NVIDIA-smi 顯示的顯示記憶體使用資料。此外，我們還將列印顯示記憶體使用圖表，以幫助分析顯示記憶體使用的峰值位置。

不經任何最佳化的 GPT-large 模型佔用的顯示記憶體為 36272 MB，訓練 10240 個樣本數量的時間為 16.3s。從圖 10-3 的顯示記憶體影像中可以看出顯示記憶體峰值出現在前向傳播結束，而反向傳播尚未開始的位置。一般來說，顯示記憶體峰值出現在這裡是因為生成的反向計算圖中快取了過多的中間結果。

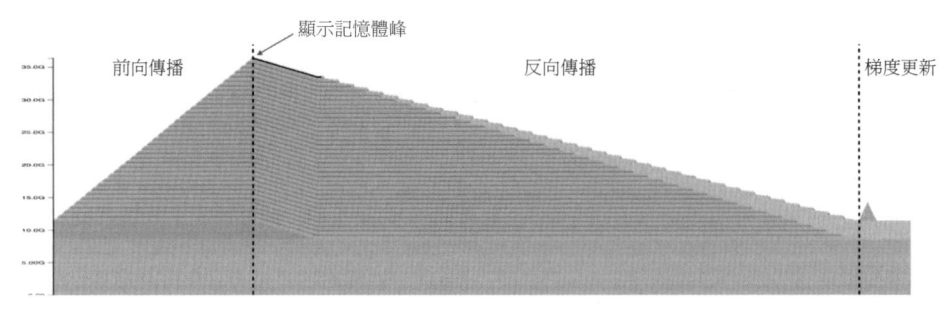

▲ 圖 10-3 GPT-large 的基準顯示記憶體影像

10.3.2 使用跨批次梯度累加

當顯示記憶體峰值出現在前向傳播結束的位置，同時顯示記憶體佔用又隨著反向傳播的進度逐漸降低，這一般是因為前向傳播過程中，建構反向計算圖時快取了一部分前向的張量資料。

如何降低這些前向張量的顯示記憶體佔用呢，其實最簡單的方法是對 BatchSize 下手。不過直接降低 BatchSize 對模型的輸送量會有較大的影響。因此這裡使用 7.5.1 小節講到的跨批次梯度累加的方法，在不改變有效 BatchSize 的情況下，減小前向張量的尺寸。

將跨批次梯度累加的因數設置為 2，也就是每輪的 BatchSize 減半，每兩輪訓練後進行一次參數更新。最佳化後，顯示記憶體峰值下降到 25194 MB，而訓練 10240 個樣本花費的總時間增加到 17.2s。

10.3 顯示記憶體最佳化

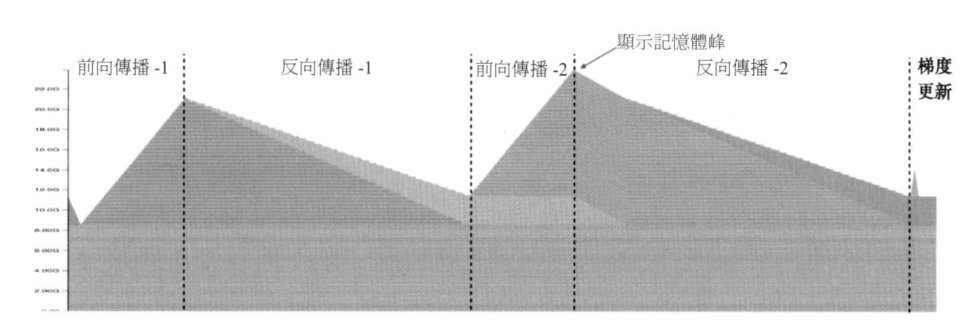

這時再來觀察顯示記憶體佔用影像，如圖 10-4 所示。

▲ 圖 10-4 開啟跨批次梯度累加後的顯示記憶體影像

可以看出原先的顯示記憶體峰被拆成了兩個顯示記憶體峰，對應跨批次梯度累加的兩輪連續訓練過程。然而兩個顯示記憶體峰的峰值依然各自出現在前向傳播剛剛結束、反向傳播尚未開始的位置，這說明削減前向張量的尺寸只是緩解了問題，而沒有根除峰值出現的原因。

10.3.3 開啟即時重算前向張量

可以從根本上解決這個問題，其關鍵就在於要求 PyTorch 減少對前向過程中間結果的快取，這可以透過 7.5.2 小節的即時重算方法實現。我們在 Transformer Block 中開啟即時重算後，顯示記憶體峰值下降到 15394 MB。不過相應的訓練 10240 個樣本的時間增加到了 23.1s，這是因為需要在反向傳播時重新計算前向張量所致。最佳化後的顯示記憶體影像如圖 10-5 所示。

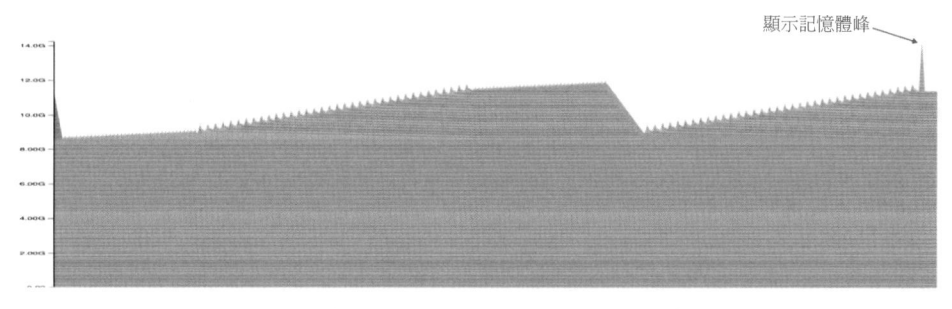

▲ 圖 10-5 開啟即時重算前向張量的顯示記憶體影像

可以看出目前的顯示記憶體峰值移動到了右側的小峰位置，這個小峰則對應於最佳化器的梯度更新過程。

10.3.4 使用顯示記憶體友善的最佳化器模式

如果我們想進一步壓縮顯示記憶體佔用，則可以參考 7.5.4 小節的內容，採用速度會慢一點但是顯示記憶體佔用低的最佳化器更新模式。改為使用 for-loop 模式之後顯示記憶體佔用下降到了 13108 MB，執行時間增加到了 23.5s。最佳化後的顯示記憶體影像如圖 10-6 所示。

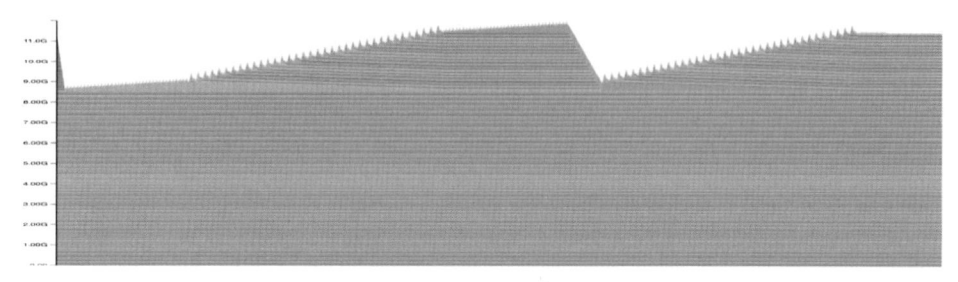

▲ 圖 10-6 使用 for-loop 模式最佳化器之後的顯示記憶體影像

可以看到顯示記憶體峰並不尖銳，這說明大頭的顯示記憶體佔用已經最佳化得七七八八了。如果想要繼續壓縮顯示記憶體佔用，則主要有三條路線。

（1）首先進一步壓平顯示記憶體峰，這就需要使用 7.4.1 小節討論的原位運算元等技巧對模型程式進行更為細緻的最佳化。

（2）其次是壓縮顯示記憶體影像的底部區域，針對這一塊區域的顯示記憶體需要使用副作用比較大的最佳化方法，比如降低 BatchSize，或是使用低精度資料儲存模型參數等更為激進的方法，普通的混合精度訓練對顯示記憶體最佳化效果比較有限。

（3）最後則是增加 GPU 計算卡的數量，透過分散式手段來進一步減小單卡的顯示記憶體需求。

10.3.5 使用分散式方法降低顯示記憶體佔用—FSDP

使用分散式系統壓縮顯示記憶體的方法有很多，比如 8.4.2 小節中提到的管線平行、張量平行等，這其中嘗試門檻最低的方法是 FSDP。FSDP 的適用範圍很廣，可以自動分割模型參數而幾乎不需要太多手動調優，也沒有其他模型平行裡的諸多限制。同時它能在顯示記憶體佔用和訓練性能中達到不錯的平衡。在有足夠 GPU 卡和機器的情況下，透過 FSDP 擴大訓練的模型規模，是非常容易上手的大模型分散式訓練技術。

為了簡單起見，這裡使用第 8 章中提到的 accelerate 函數庫來啟用 FSDP，配置細節如圖 10-7 所示。FSDP 的參數非常之多，這裡所使用的配置並非最佳，僅作參考。

```
Which type of machine are you using?
multi-GPU
How many different machines will you use (use more than 1 for multi-node training)? [1]:
Should distributed operations be checked while running for errors? This can avoid timeout issues but will be slower. [yes/NO]:
Do you wish to optimize your script with torch dynamo?[yes/NO]:
Do you want to use DeepSpeed? [yes/NO]:
Do you want to use FullyShardedDataParallel? [yes/NO]: yes
What should be your sharding strategy?
FULL_SHARD
Do you want to offload parameters and gradients to CPU? [yes/NO]:
What should be your auto wrap policy?
SIZE_BASED_WRAP
What should be your FSDP's minimum number of parameters for Default Auto Wrapping Policy? [1e8]: 1000
What should be your FSDP's backward prefetch policy?
NO_PREFETCH
What should be your FSDP's state dict type?
SHARDED_STATE_DICT
Do you want to enable FSDP's forward prefetch policy? [yes/NO]:
Do you want to enable FSDP's `use_orig_params` feature? [YES/no]:
Do you want to enable CPU RAM efficient model loading? Only applicable for 🤗 Transformers models. [YES/no]: no
Do you want each individually wrapped FSDP unit to broadcast module parameters from rank 0 at the start? [YES/no]:
How many GPU(s) should be used for distributed training? [1]:2
Do you wish to use FP16 or BF16 (mixed precision)?
no
```

▲ 圖 10-7 FSDP 的 accelerator 配置示意圖

這裡要特別強調，FSDP 會使用 NCCL 進行 GPU 卡間通訊，而這些通訊處理程序也會佔用額外的顯示記憶體。考慮到這部分顯示記憶體佔用並不會被 PyTorch 捕捉，必須使用 NVIDIA-smi 等驅動級的顯示記憶體工具來測量 FSDP 開啟後的顯示記憶體峰值。

第 10 章　GPT-2 最佳化全流程

這裡將一個模型的參數分散到了兩張 GPU 卡上，其中最大的單卡峰值降低到了 8502 MB。由於 FSDP 是基於資料平行的方法，使用和之前實驗相同的單卡 BatchSize，綜合兩張卡的資料輸送量，訓練固定樣本數的時間為 17.1s。雖然速度變快了，但是我們實際上消耗的是兩張卡的算力。

10.3.6　顯示記憶體最佳化小結

我們在圖 10-8 中總結了每一步觀察到的顯示記憶體峰值位置、採用的顯示記憶體最佳化方法、對顯示記憶體佔用的最佳化效果和對訓練性能產生的正面或負面影響。

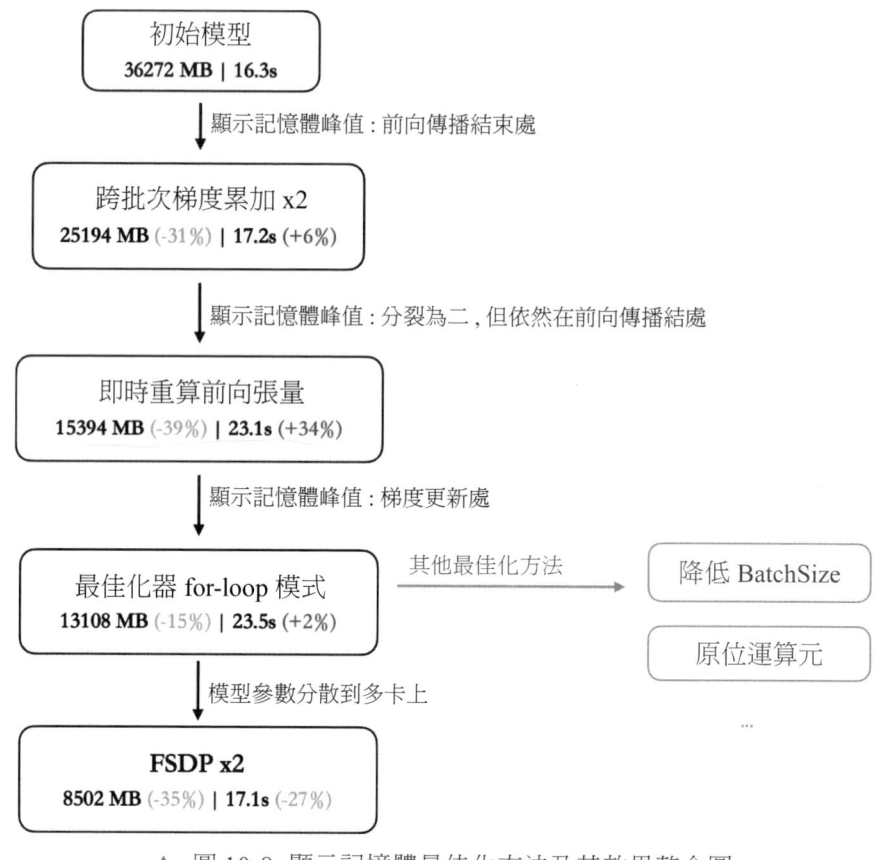

```
初始模型
36272 MB | 16.3s
    │  顯示記憶體峰值：前向傳播結束處
    ▼
跨批次梯度累加 x2
25194 MB (-31%) | 17.2s (+6%)
    │  顯示記憶體峰值：分裂為二，但依然在前向傳播結處
    ▼
即時重算前向張量
15394 MB (-39%) | 23.1s (+34%)
    │  顯示記憶體峰值：梯度更新處
    ▼
最佳化器 for-loop 模式 ──其他最佳化方法──▶ 降低 BatchSize
13108 MB (-15%) | 23.5s (+2%)                  原位運算元
    │  模型參數分散到多卡上                        …
    ▼
FSDP x2
8502 MB (-35%) | 17.1s (-27%)
```

▲ 圖 10-8　顯示記憶體最佳化方法及其效果整合圖

10.3 顯示記憶體最佳化

最後來評估一下最佳化前後，H100 GPU 上可訓練的最大模型規模增大了多少。我們從 GPT2-large 開始，使用與 GPT2-> GPT2-medium-> GPT2-large 相似的比例繼續擴大模型規模，並將顯示記憶體佔用和參數規模的關係展示在圖 10-9 中。

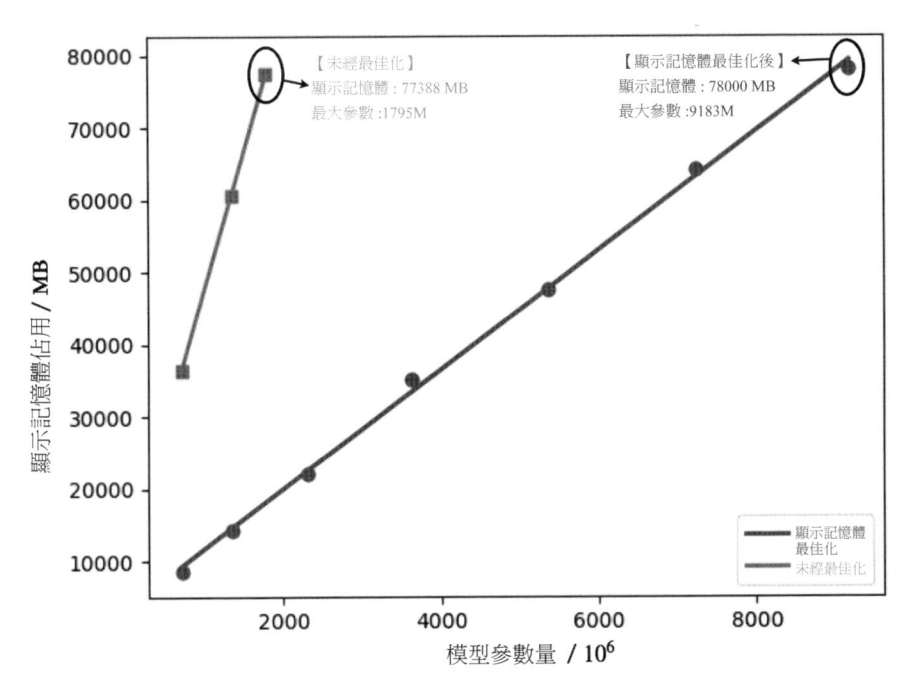

▲ 圖 10-9 最佳化前後，顯示記憶體佔用隨模型規模的增長趨勢

可以看出顯示記憶體最佳化前 H100 的 80GB 顯示記憶體只能支援到 1795M 規模的模型，但是經過顯示記憶體最佳化附加開啟雙卡 FSDP 之後，則最大能支撐 9183M 規模的模型—可訓練的最大模型規模變為原先的 5.1 倍。當然這是在 BatchSize = 32 的情況下測試的最大可訓練模型規模，如果進一步降低 BatchSize 則還可以再次擴大模型規模。

10-13

10.4 性能最佳化

在進行性能最佳化時，我們的目標是使整個訓練過程能夠在家用顯示卡上執行，以便大多數讀者能夠嘗試實施我們的實驗。由於性能測試的結果會隨著硬體的差異而變化，讀者可能無法完全複製書中的性能資料和最佳化步驟，但最佳化的基本想法是類似的。因此我們選擇了 GPT-mini 作為性能最佳化的基礎模型，它的參數量只有 2.7M，整個訓練過程的顯示記憶體佔用在 2GB 以內。具體來說，GPT-mini 總共有 6 個 Transformer Block，n_embd 為 192，n_heads 為 6。

與顯示記憶體分析類似，性能分析的步驟也非常簡單，只需要觀察性能影像、定位性能瓶頸，然後想辦法突破性能瓶頸即可。對於性能最佳化的提升效果，與 10.3 小節一樣，也是用訓練固定數量的樣本所需的時間來衡量的，這個固定樣本數量為 10240。

10.4.1 基準模型

執行訓練程式，可以發現此時 GPT-mini 訓練 10240 個樣本數的平均時間在 7.68s 左右，重複 5 次測試的標準差為 0.14s—這個波動程度可以接受。直接透過 PyTorch Profiler 列印其性能影像，對於這部分不甚熟悉的讀者可以首先閱讀第 4.3 小節的內容。性能影像如圖 10-10 所示。

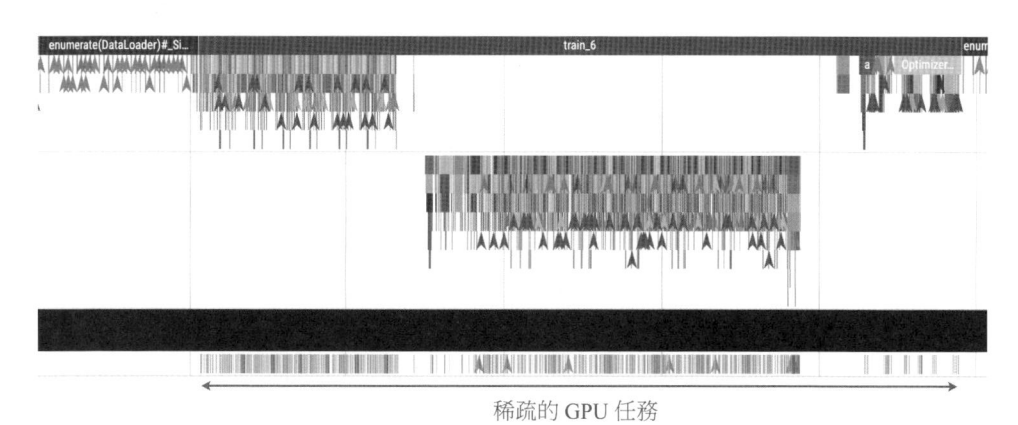

▲ 圖 10-10 GPT-mini 的基準性能影像

10.4 性能最佳化

從性能影像中著重觀察 GPU 佇列的情況，可以看出此時 GPU 佇列的閒置時間非常多，說明 GPU 沒有跑滿。參考 6.2.1 小節的分析，需要增加 BatchSize 來壓榨 GPU 的計算潛力。

10.4.2　增加 BatchSize

將 BatchSize 從 32 增大到 256，再次執行訓練程式。此時 GPT-mini 訓練 10240 個樣本數的平均時間下降到 2.3s 左右，標準差為 0.06s─只用了此前 30% 的時間。這時我們再次觀察性能影像如圖 10-11 所示。

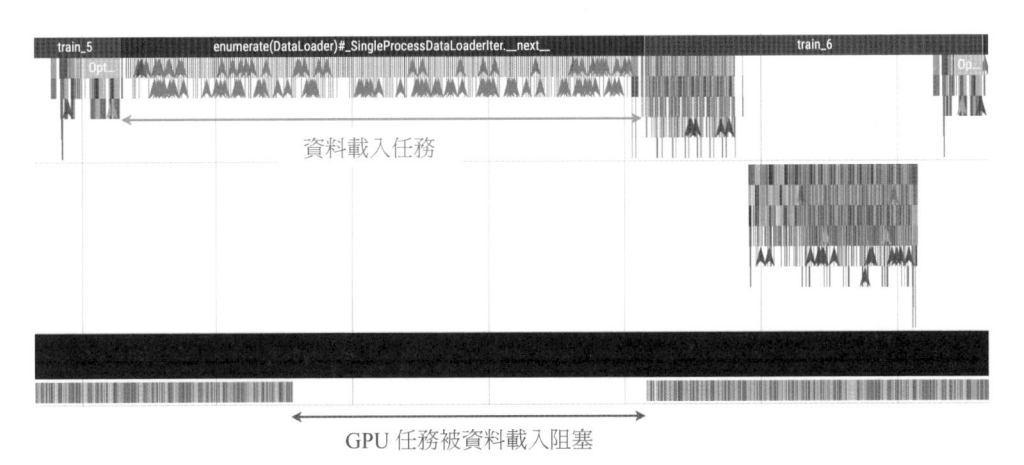

▲ 圖 10-11　BatchSize 由 32 提高到 256 之後的性能影像

我們發現 GPU 佇列中出現了一段空閒，而這段空閒出現的位置與資料載入過程重合，說明這一段空閒很可能是因為 GPU 在等待 CPU 載入資料，所以接下來需要著重最佳化資料傳輸部分。

10.4.3　增加資料前置處理的平行度

參考 6.1.1 小節中的最佳化方法，透過增加平行的資料載入與處理執行緒數量，來避免 GPU 等待資料載入過程。具體來說，將 num_workers 從 0 增大到 4，最佳化之後平均時間降低到 1.87s 左右，標準差 0.06s。觀察圖 10-12

10-15

第 10 章　GPT-2 最佳化全流程

的性能影像，可以發現資料載入的延遲在 GPU 佇列上已經消失了，說明增加 num_workers 是起了作用的。但是仔細觀察可以發現，影像中依然有一小部分 GPU 空閒。

▲ 圖 10-12　num_workers 由 0 提高到 4 之後的性能影像

進一步放大 aten::to 操作前後的 GPU 佇列，如圖 10-13 所示。

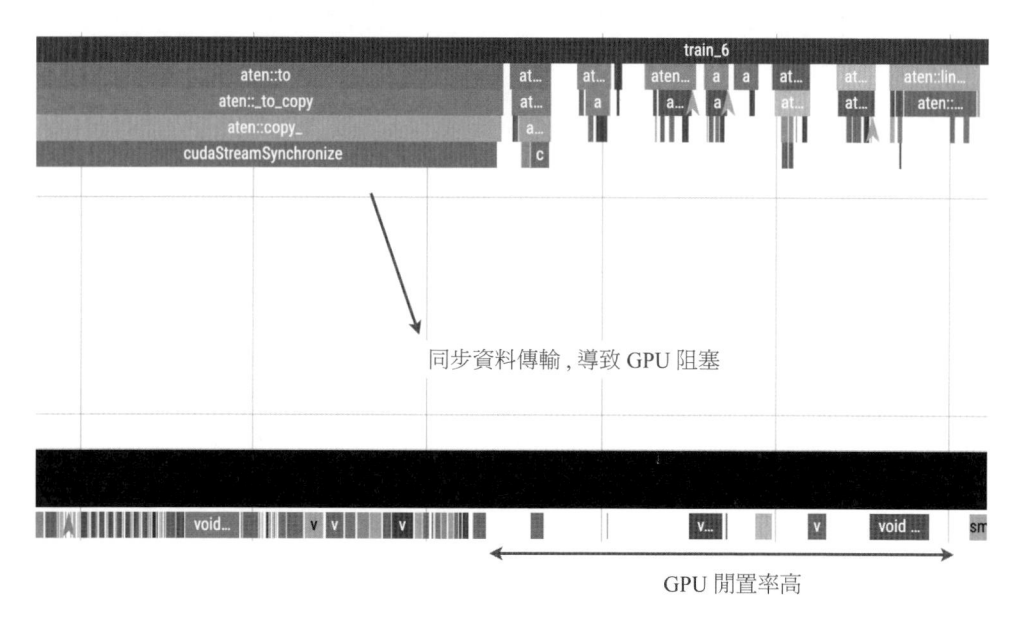

▲ 圖 10-13　同步傳輸導致 GPU 阻塞的示意圖

10.4 性能最佳化

我們發現 aten::to 呼叫時會連帶著呼叫一個 cudaStreamSynchronize 阻塞 CPU，CPU 沒辦法繼續提交任務，導致 GPU 佇列上依然出現一段閒置率較高的區域，雖然閒置時間並不多，但是這個現象在其他任務中很常見，可以透過非同步的資料傳輸輕鬆地把這一段也最佳化掉。

10.4.4 使用非同步介面完成資料傳輸

參考 6.1.2 小節的最佳化方法，我們將資料集讀取出的張量放在鎖頁記憶體上，同時在資料拷貝時使用 non_blocking=True，這樣 GPU 佇列就不需要等待 CPU 提交資料傳輸任務了，GPU 佇列上的空閒區域也就消失了，如圖 10-14 所示。

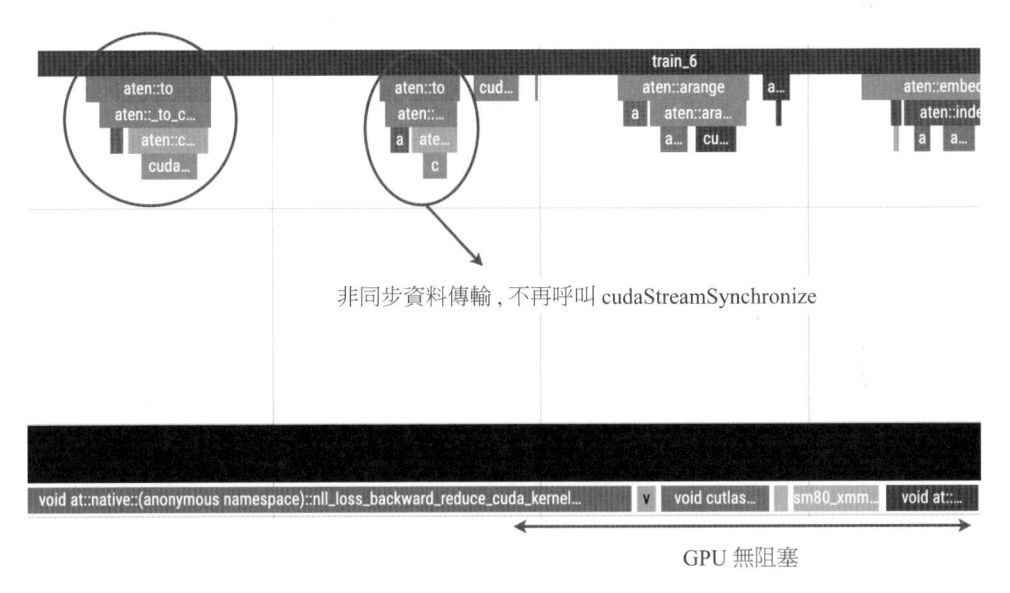

▲ 圖 10-14 開啟非同步傳輸（non_blocking）之後的性能影像

這時訓練固定樣本數量的平均時間下降到 1.81s，標準差為 0.01s。雖然有一定的最佳化效果，但是並不是特別顯著，這主要是由於訓練機器的 CPU 能力比較強，因此資料傳輸不太組成訓練的主要瓶頸點。

10-17

第 10 章　GPT-2 最佳化全流程

考慮到目前資料傳輸過程已經不組成性能瓶頸了，我們對資料傳輸的最佳化也就到此為止了。然而在其他硬體環境中，尤其是單核心 CPU 性能相對較弱的機器上，可能依然會觀察到很長的資料載入時間，這時還可以考慮使用以下方法：

- 雙重緩衝：參考 6.1.3 小節
- 低精度資料拷貝：參考 6.5.1 小節
- 資料前置處理的最佳化：參考 5.4 小節

10.4.5　使用計算圖最佳化

到目前為止，從性能影像上可以看出我們的 GPU 佇列基本已經滿負荷運轉了，所以這時的最佳化方向需要以增加 GPU 計算效率為主。

這裡有三條路線：一個是使用計算圖最佳化，一個是開啟低精度訓練，最後一個則是使用高性能自訂運算元進行加速。讓我們先參考 9.3 小節的方法，使用 torch.compile 來開啟計算圖最佳化。開啟 torch.compile 之後，性能影像如圖 10-15 所示。

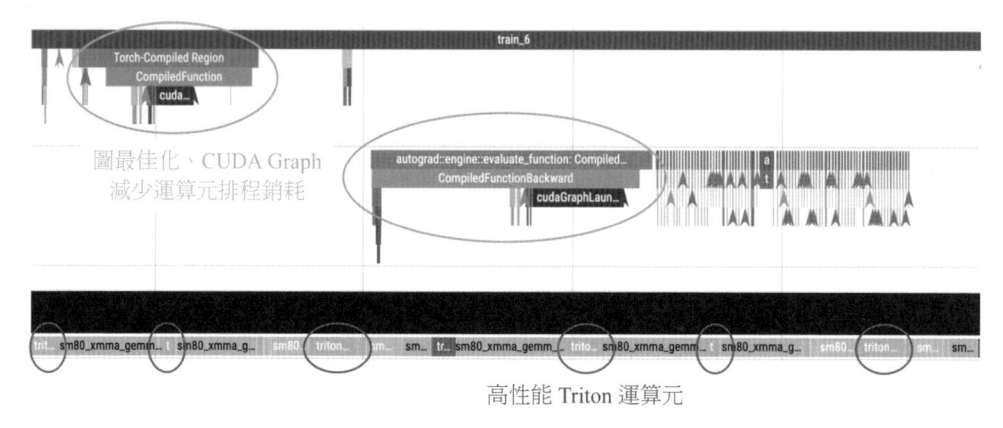

▲ 圖 10-15　開啟計算圖最佳化之後的性能影像

可以看出 torch.compile 的作用分兩部分。從 CPU 佇列上可以看到，原來的一系列 CPU 呼叫被替換為了 Torch-Compiled Region 這樣的融合呼叫，同時開啟了 CUDA Graph 等進一步降低呼叫延遲的最佳化。

GPU 方面，可以看到底層部分運算元被替換成了更加高效的 triton 運算元實現，相當於自動完成的自訂運算元加速，這也是為什麼整體計算效率變高了許多。具體來說，訓練固定樣本的時間下降到了 1.09s，標準差為 0.03s。

10.4.6 使用 float16 混合精度訓練

儘管圖最佳化已經帶來了不錯的運算元計算效率提升，但是可以看到 GPU 佇列依然處於滿負載的狀態，說明性能瓶頸依然卡在計算效率上。這時可以考慮開啟低精度訓練，但是要注意 float16 訓練可能對模型收斂性產生影響，並非完全通用的最佳化方法。經過驗證，我們目前訓練的 GPT-2 模型並不會因為混合精度訓練導致不收斂，所以讓我們直接沿用 9.1 小節的方法，開啟 float16 自動混合精度訓練。開啟自動混合精度訓練之後，可以明顯看到性能圖形中 GPU 佇列重新變得稀疏起來，如圖 10-16 所示。

這是因為 float16 降低了運算元的計算量，減輕了 GPU 的計算壓力，因此 GPU 的空閒區域再次變多了起來。

第 10 章　GPT-2 最佳化全流程

此時訓練固定樣本數的時間下降到了 0.73s，標準差為 0.04s。這裡其實可以進一步增加 BatchSize 來壓榨 GPU 算力，但本章就不重複已經進行過的最佳化了，有興趣的讀者可以自行探索其效果。

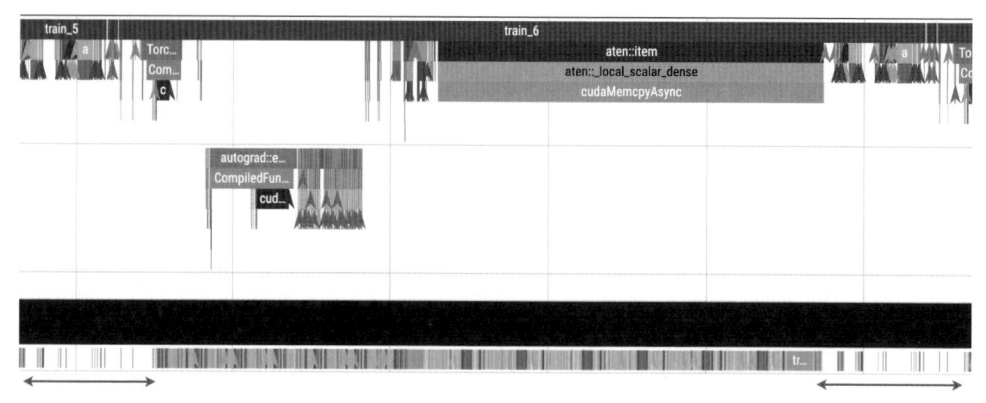

float16 導致計算量降低，可以進一步壓榨 GPU

▲ 圖 10-16　開啟自動混合精度訓練之後的性能影像

10.4.7（可選）使用自訂運算元

除了前面小節使用的 float16 低精度訓練以及圖最佳化以外，我們還可以使用高性能自定義運算元來提高 GPU 計算效率。一般來說自訂運算元的來源有兩種。

一種來源是根據對業務或模型結構的理解，自行撰寫高性能 CUDA 運算元。一些公司會配備專門的高性能計算工程師團隊，而開發這些高效率自訂運算元正是他們的主要工作內容之一。

另一種最佳化來源是開放原始碼社區提供的運算元實現。熱門的開放原始碼模型結構通常擁有龐大且活躍的社區支援。社區成員藏龍臥虎，經常能貢獻比原生運算元更高效的實現。開放原始碼社區常用的加速框架和運算元函數庫，如 Apex[1]、DeepSpeed[2]、Transformer Engine[3]、Flash Attention[4] 等都從不同的角度對訓練中使用的運算元進行了更深入的最佳化。

10-20

然而不管是撰寫自訂運算元，還是套用開放原始碼實現，其調配和偵錯過程通常比較煩瑣。綜合考慮下來，我們在範例中就不將自訂運算元納入常規最佳化方法之列了，歡迎有興趣的讀者朋友自行搜尋對應領域的高性能運算元實現。

10.4.8 使用單機多卡加速訓練

目前已經在單張 GPU 卡上將性能最佳化得七七八八了。想要繼續提升速度，可以考慮增加計算卡的數量。最為常見的是從單卡過渡到單機多卡，也就是多張 GPU 計算卡安裝在同一台訓練機器上。在 8.3 小節中介紹了使用 PyTorch DDP 進行分散式運算加速，不過這裡為了簡單起見，我們使用更為直觀的 accelerator 框架提供的高層封裝。

accelerator 的基本想法與 DDP 一樣，但是增加了更多的最佳化而且使用者介面非常友善，詳細使用方法可以參考其官方文件，或直接參考當前範例的程式。我們在 2x H100 PCIE 機器上進行測試，訓練時間下降到 0.48s，標準差為 0.02s。使用雙卡訓練的速度只是單卡的 1.5 倍左右，這個加速效果並不理想。觀察圖 10-17 中的性能影像可以看到 GPU 上出現了大量空閒，而且其位置對應於 NCCL 通訊過程，考慮到我們使用的是 PCIe 而非 NVLink 進行卡間通訊，多卡間的通訊延遲很可能是造成加速比不理想的原因之一。除此以外，在 10.3.6 小節中也能觀察到較多的 GPU 空閒，這說明我們在最佳化運算元計算效率後，其實還可以進一步增加 BatchSize 來壓榨 GPU 算力。開啟資料平行時 GPU 並未跑滿，這也是通訊開銷佔比較高的另一個原因。

---

1 https://github.com/NVIDIA/apex
2 https://github.com/microsoft/DeepSpeed
3 https://github.com/NVIDIA/TransformerEngine
4 https://github.com/Dao-AILab/flash-attention

第 10 章　GPT-2 最佳化全流程

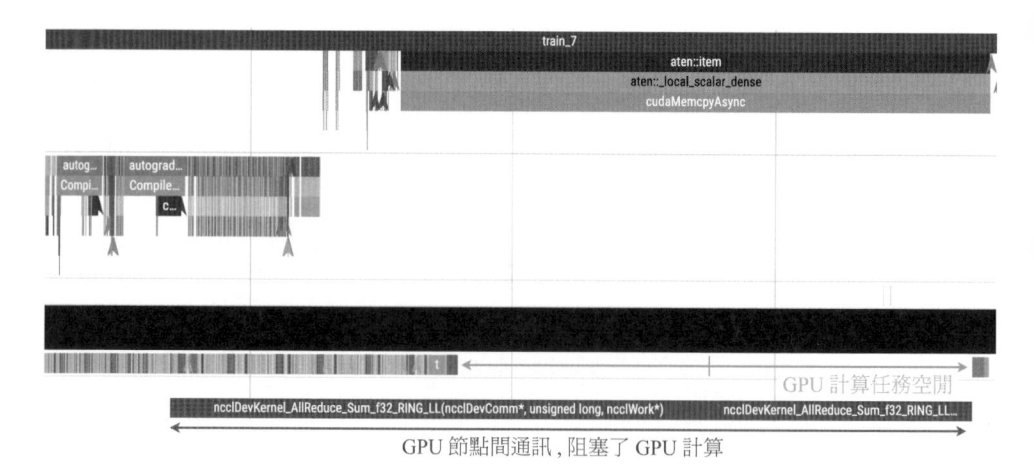

▲ 圖 10-17　開啟單機雙卡訓練後的性能影像

10.4.9　使用多機多卡加速訓練

一台機器能夠容納的 GPU 數量是有限的，通常每台機器可以容納八張 GPU 卡。但如果有更多的機器，並希望加快訓練速度，就可以採用多機多卡的方法來進一步加速訓練。正如 10.4.8 中提到的，目前最佳化後的模型需要進一步調整 Batchsize 等參數，以達到單卡性能極限並最大化分散式訓練的收益，因此這裡不再詳細說明多機訓練的時間資料，僅講解一下多機多卡的配置方法以供讀者在自行嘗試時參考。

假設有兩台機器 H1 和 H2，每台機器有 2 張 H100 訓練卡。使用上一個小節中提到的 accelerator 框架，多機多卡的配置也非常簡單，程式如下：

```yaml
# 一般儲存在 `~/.cache/huggingface/accelerate/default_config.yaml`
compute_environment: LOCAL_MACHINE
debug: false
distributed_type: MULTI_GPU  # 使用多個 GPU 參與的分佈式訓練
downcast_bf16: 'no'
enable_cpu_affinity: false
machine_rank: 0  # 當前機器的序號為 0，注意這個值在不同機器上也是不同的
main_process_ip: 172.17.0.3  # 主進程的 ip 地址，可以通過 `hostname -I` 命令查詢
main_process_port: 25006  # 主進程任意空閒端口均可
main_training_function: main
mixed_precision: 'no'
num_machines: 2  # 總共有兩臺機器參與訓練
num_processes: 4  # 總共有 4 個 GPU 參與訓練
rdzv_backend: static
same_network: true
tpu_env: []
tpu_use_cluster: false
tpu_use_sudo: false
use_cpu: false
```

隨後我們只需要在兩台機器上分別啟動訓練即可，開發者可以透過兩台機器上分別列印的訓練日誌來監測訓練的進展。

10.4.10 性能最佳化小結

用圖 10-19 總結每一步觀察到的性能瓶頸，對應的性能最佳化方法，以及最終的效果。

第 10 章 GPT-2 最佳化全流程

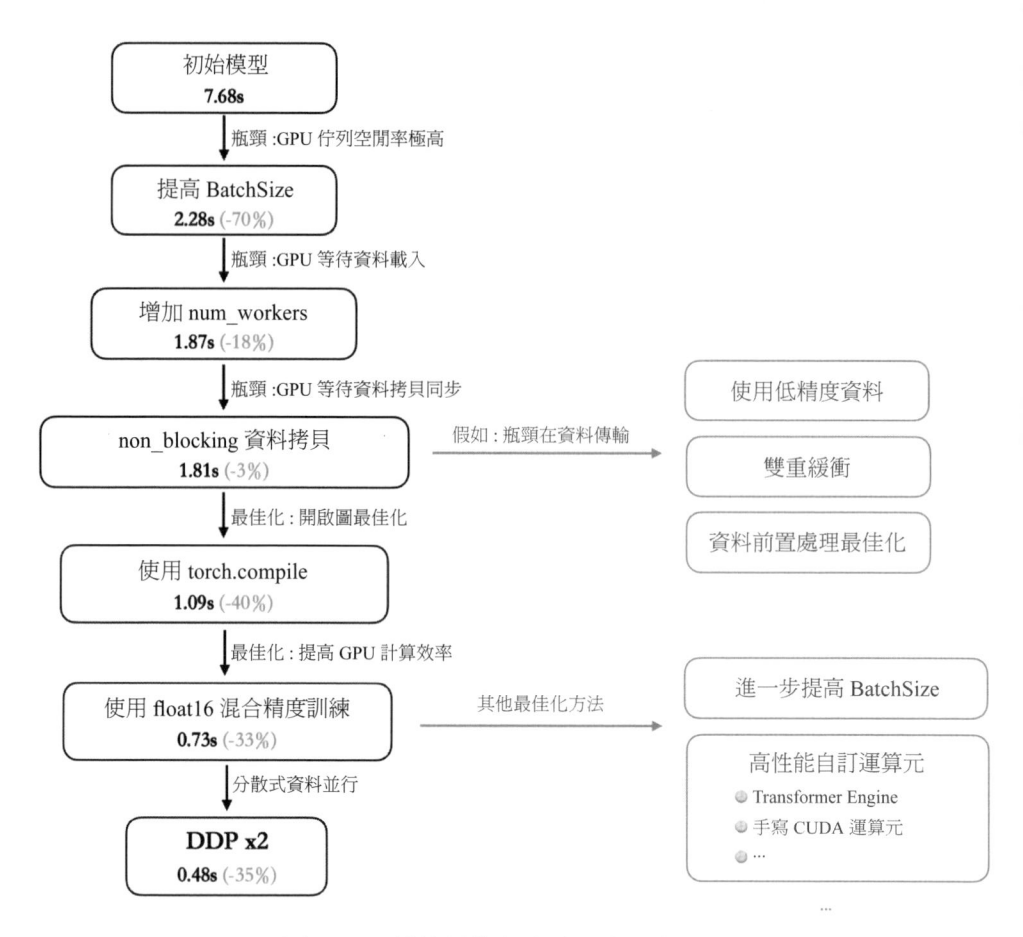

```
初始模型
7.68s
  │ 瓶頸:GPU 佇列空閒率極高
  ▼
提高 BatchSize
2.28s (-70%)
  │ 瓶頸:GPU 等待資料載入
  ▼
增加 num_workers
1.87s (-18%)
  │ 瓶頸:GPU 等待資料拷貝同步
  ▼
non_blocking 資料拷貝      假如:瓶頸在資料傳輸    →  使用低精度資料
1.81s (-3%)                                         雙重緩衝
  │ 最佳化:開啟圖最佳化                              資料前置處理最佳化
  ▼
使用 torch.compile
1.09s (-40%)
  │ 最佳化:提高 GPU 計算效率
  ▼
使用 float16 混合精度訓練   其他最佳化方法    →  進一步提高 BatchSize
0.73s (-33%)
  │ 分散式資料並行                                  高性能自訂運算元
  ▼                                                 ● Transformer Engine
DDP x2                                              ● 手寫 CUDA 運算元
0.48s (-35%)                                        ● …
                                                    …
```

▲ 圖 10-18　性能最佳化方法及實際效果整合圖

結語

　　工欲善其事，必先利其器。至此，面對大規模模型訓練中資料和模型規模迅速增長的挑戰，本書從顯示記憶體和計算效率兩個角度展開，透過實例演示和想法拆解單卡和分散式訓練中的最佳化方法，幫助讀者建構深度學習最佳化的「工具箱」，以便從容應對各種複雜的最佳化場景。

　　AI 系統工程是伴隨著人工智慧領域的快速發展而興起的新興交叉學科，與傳統的電腦科學和軟體工程緊密相關。目前，這一領域仍處於早期且快速發展的階段。正如前文所提到的，即使是相同的程式，在不同的軟體和硬體規格下也可能表現出截然不同的性能特徵。因此，書中展示的程式和性能圖譜旨在闡明解決問題的思考方式。AI 系統工程的魅力在於，它不是循規蹈矩的操作，而是需要綜合多個領域的知識、在不同維度上進行資源置換和平衡。在這種需要靈活應對的環境中，掌握找到問題、解決問題的想法比技巧本身更為關鍵。

　　本書主要針對剛開始接觸此領域的讀者，重點在於清晰講解相關的挑戰和解決問題的想法。然而，由於篇幅限制，對一些極具吸引力但更為細分的話題，探討難免有所不足。舉例來說，在分散式訓練章節中我們著重講解了切分的想法和方法，但實際操作中一個大規模模型在萬卡等級的叢集上的分散式訓練遠不止分散式策略這一項挑戰，分散式系統軟體和硬體的穩定性以及對故障的處理效率也是非常棘手的問題。不過由於深度學習模型的大規模分散式訓練涉及較廣，且仍然是一個高速發展和變化的領域，尚沒有業界較為統一和好用的解決方案，因此在本書中更希望把現有的方法和想法講清楚，希望本書的讀者將來也能對推動這一領域的發展有所幫助。再如高性能 CUDA 運算元的撰寫、AI 編譯器的自動最佳化，以及更高性能硬體的開發等內容，每個話題都足以單獨寫一本書。因此，在這些細分領域本書並不求面面俱到，而是著力於奠定基礎概念和想法。

第10章　GPT-2 最佳化全流程

儘管本書詳細討論了許多性能最佳化的策略，但有一個非常重要的技巧尚未提及，那就是「始終從小處開始（start small）」這個原則。雖然與技術無關，但它在日常的開發中幾乎無處不在。舉例來說，當你開始撰寫一個新的訓練程式時，應首先使用小型態資料集和較少的參數量來建構模型，以確保程式正確執行。隨後逐步加入新的功能，便於快速發現並修復可能存在的 bug。同樣，在遇到棘手的問題時，應努力尋找最小的可複現案例然後再進行深入分析。遵循這個原則可以讓我們將複雜問題與龐大的深度學習系統解耦，快速解決問題。

本書得益於許多開放原始碼項目和部落格分享的經驗。在寫作過程中，筆者努力將這些想法和技巧整合並以更系統、邏輯性更強的方式呈現給讀者，同時也在不斷學習和更新自己在這一領域的知識系統。儘管知識面和文筆有限，筆者仍希望本書能在實際開發中給讀者帶來幫助，也是拋磚引玉，希望有更多 AI 系統領域的優秀學者和工程師能夠加入到知識的分享中來。

深智數位
股份有限公司

深智數位
股份有限公司